安徽省高等学校省级质量工程教材建设项目

流体力学

主审 郭永存

主编 沈 刚 孟利民

编委 张立祥 王 爽

费树辉 朱增宝

中国科学技术大学出版社

内 容 简 介

本书是流体力学的基础教材，以流体力学三大方程，即连续性方程、伯努利方程及动量方程为主线，分别介绍流体及其主要物理性质、流体静力学、流体运动学基础、流体动力学方程、流体流动阻力损失计算、相似理论与量纲分析等内容。针对流体力学课程学时少的情况，将流体力学重点知识点整合，逻辑上紧密衔接，重点突出，层次分明，选用经典例题，并对习题进行筛选优化。在章节编排和选材上力求反映学科进步、符合教学规律、适应课时安排。

本书适合作为机械工程、土木工程以及安全工程等相关专业的本科教材，也适合作为有关专业的研究生教材或教学参考书，对工程技术人员也有一定的参考意义。

图书在版编目(CIP)数据

流体力学 / 沈刚，孟利民主编. -- 合肥 : 中国科学技术大学出版社，2025. 8. -- ISBN 978-7-312-06382-4

Ⅰ. O35

中国国家版本馆 CIP 数据核字第 2025X5F437 号

流体力学

LIUTI LIXUE

出版 中国科学技术大学出版社
安徽省合肥市金寨路 96 号，230026
http://press.ustc.edu.cn
https://zgkxjsdxcbs.tmall.com

印刷 安徽省瑞隆印务有限公司

发行 中国科学技术大学出版社

开本 787 mm×1092 mm 1/16

印张 11.5

字数 280 千

版次 2025 年 8 月第 1 版

印次 2025 年 8 月第 1 次印刷

定价 48.00 元

前　　言

流体力学是高等学校机械工程、土木工程以及安全工程等相关专业的必修课程。随着科技水平的不断提高,流体力学的研究方向和应用范围在不断扩大,流体力学课程在高等学校各工科专业体系中越发受到重视。

本书是流体力学的基础教材,共分为9章。第1章为绪论,介绍流体力学的研究对象、任务、发展以及研究方法等,重点介绍流体力学的基本概念。第2章为流体静力学,第3章为流体运动学基础,第4章为流体动力学基础,此三章以流体力学连续性方程、伯努利方程以及动量方程为核心内容,重点介绍流体力学三大方程及其在工程中的应用。第5章为流体流动阻力损失计算,解决伯努利方程中流体流动的损失计算问题。第6～8章分别为孔口出流、缝隙流动以及射流基础,此三章介绍除管流外的常见流动形式。第9章为相似理论。为便于读者掌握流体力学的基础理论及解决流体相关工程问题,每章末都附有总结与练习题。

本书建议安排40～60学时(其中实验8学时),可根据课时安排进行取舍。其中,学时少(28～32学时)可选取第1～5章为主要授课内容。

本书为安徽省高等学校省级质量工程教材建设项目(2023jcjs057)。

全书由安徽理工大学郭永存教授负责规划与主审;沈刚教授、孟利民教授合编第2、4、5、8章;张立祥教授编写第1章及每章末的练习题;王爽副教授编写第3、6章；费树辉教授编写第9章；朱增宝教授编写第7章；孟利民教授负责全书统一定稿工作。

本书在编写过程中借鉴了其他流体力学教材的优秀内容，在此向有关作者致谢。由于水平有限，内容不妥之处在所难免，恳请广大读者、专家给予批评指正。

编　者

2025年5月

目　　录

第1章　绪　　论

1.1　流体力学的研究对象与任务

流体力学源于古老的水力学。流体力学是一门基础性强且应用广泛的学科，是力学的一个分支，以受力而产生较大变形的流体为研究对象。主要研究流体与流体、流体与固体之间的相互作用力，也就是研究流体的机械运动规律。流体通常以水为代表，也称之为水力学(hydromechanics)。在流体力学发展史上，曾出现过理论流体力学和工程流体力学，前者偏重于数理分析，是连续介质力学的一个组成部分，属于基础学科范畴；后者着眼于工程应用，是工程力学的一个组成部分，属于应用学科范畴。由于学科和研究领域的差异，流体力学派生出液压流体力学、多相流体力学、渗流力学、黏性流体力学、非牛顿流体力学、计算流体力学和空气动力学等。

1.2　流体力学的发展

流体力学是一门古老而又充满活力的学科，已有两千多年的历史，了解流体力学的发展简史是有益的。一般认为流体力学大体上经历了如下四个时期：

1. 流体静力学以前时期

中国是一个具有古老文明的国度，对流体力学的研究和应用同样有着悠久的历史。公元前10世纪与公元前1世纪，中国分别发明了利用反作用原理控制船舶航行的木橹和尾舵，这是对船舶行业的重大贡献。直到19世纪，欧洲才开始使用橹和舵。约公元前700年，管仲(约前725—前645)科学地总结了中国的治河与修渠经验，其中包括堤坝与河渠的定量设计理论、河流与河道的相互作用等。墨子(约前468—前376)曾对浮力现象做过仔细观察和定性概括。约两个世纪后，阿基米德(Archimedes，前287—前212)提出了浮力的定量理论。公元前256—前251年，水利专家李冰主持修建的都江堰工程是水利史上的杰作。

流体力学作为一门学科是以阿基米德的浮力理论和帕斯卡(Pascal)静压理论为标志的，由此被认为是真正奠定了流体静力学(hydrostatics)的基础。

2. 理想流体力学时期

从17世纪开始，一些卓越的数学家从数学的角度出发，不计流体的黏性、可压缩性和表面张力研究流体的运动，形成了流体力学学科的雏形——理想流体力学(ideal hydraulics)。这一时期对流体力学发展做出重要贡献的有：1500年，意大利科学家和艺术大师达·芬奇(da Vinci)推导了一维不可压缩流体的质量守恒方程；随后，伽利略(Galilean)、帕斯卡和托里拆利(Torricelli)分别用实验的方法研究了运动物体的阻力和流体静力学中的一些基本问题；1738年，伯努利(Bernoulli)提出了著名的定常不可压流伯努利定理；1748年，俄国科学家罗蒙诺索夫(Lomonosov)提出了质量守恒定律；1752年，达朗贝尔(D'Alembert)根据质量守恒原理首次提出了流体连续方程；1755年，欧拉(Euler)提出了流体运动的描述方法和无黏性流体运动的方程组，并开始研究理想流体的无旋平面和空间流动，为理论流体力学奠定了基础；1781年，拉格朗日(Lagrange)引进流函数概念，并提出了理想无旋流体运动时所应满足的动力学条件(拉格朗日定理)，以及解决这类流动的复位势法，进一步完善了理想流体力学的基本理论。

3. 流体动力学时期

18世纪末至19世纪中叶，流体力学进入流体动力学时期，这一时期的研究特征是理论与实验相结合。纳维(Navier)与斯托克斯(Stokes)先后在1823年和1845年采用不同的假设和方法，建立了不可压缩与可压缩黏性流体的运动方程组(后人简称N-S方程)，从此开始了对黏性流体运动的研究。哈根(Hagen)和泊肃叶(Poiseuille)先后在1839年和1840年发表了对细小圆管中层流流动的实验结果，它与斯托克斯的理论结果完全吻合。这一时期，雷诺(Reynolds)、弗劳德(Froude)、瑞利(Rayleigh)等人创立了相似理论，奠定了实验流体力学(experimental fluid mechanics)的基础。随着亥姆霍兹(Helmholtz)和汤姆孙(Thomson)旋涡理论的提出，流体力学(fluid dynamics)体系逐步完善，也正是这一时期，流体力学与航空和航船工程的实际联系更紧密了。做出重要贡献的学者还有茹科夫斯基(Joukowski)和库塔(Kutta)等人。20世纪初，普朗特(Prandtl)创立了边界层流理论，冯·卡门(von Karman)创立了湍流理论，为近代流体力学的发展奠定了基础。中国科学家周培源、钱学森和郭永怀也先后在近代流体力学的发展中做出重要贡献。

4. 计算流体力学时期

进入20世纪60年代，电子计算机和软件技术的飞速发展和功能日益强大，为流体力学的研究和应用提供了强有力的手段。计算机科学与数学相结合，使流体力学派生出一个新的分支——计算流体力学(computational fluid dynamics，CFD)，为流体力学的发展注入了新的活力，其解决实际工程问题的强大能力和取得的巨大成果，使它越来越受到人们的关注。

随着流体力学的应用范围不断扩大，一些新的分支学科持续涌现，研究内容也日益广泛和复杂。现有的流体力学运动方程组并不能完全准确地描述这些新现象和新问题。试图用现有的运动方程组和纯计算的方法来解决这些问题也相当困难，唯一可行的途径是采用纯实验的方法或实验与计算相结合的方法。在后一种方法中，先用实验方法获得一些有用的经验数据，然后与计算方法相结合进行半经验计算，并将所得的结果与纯实验结果进行比较。这种方法用于交叉学科(如多相流体力学、生物流体力学等)获得了较好的效果。

随着工程技术的飞速发展,高科技领域持续拓展创新,这不仅显著提升了流体力学的研究要求,更直接推动了该学科的蓬勃发展。例如:微尺度流体力学和纳流体的研究表明,在微观尺度上,流体行为表现出与宏观尺度不同的特性。微流体和纳流体是流体力学在微小尺度上的应用,这些领域的研究对于开发新型生物医疗设备、化学传感器和实验室芯片等具有重要意义。多相和多组分流体的流动和传质过程也是当前流体力学研究的热点之一。这些研究对于石油开采、化工过程、能源转换和环境保护等领域具有重要意义。

由于科学技术问题趋向于专业化、专门化,流体力学也必将进一步分化出更多独立的分支学科。目前的电磁流体力学、两相流体力学、流变流体力学、高超声速流体力学、计算流体力学和生物流体力学等就是由此产生的。可以预料,更具专门化的流体力学分支必将应运而生。

1.3　流体力学的研究方法

流体力学的研究方法有理论分析方法、实验研究方法和数值计算方法。

1. 理论分析方法

理论分析方法是流体力学中的重要研究方法,指根据所给问题的特点,找出主要因素,做出一定假设,抽象出数学模型,并根据初始条件和边界条件,运用数学工具寻求流体运动的普遍解。理论求解的结果尚需实验验证。

理论分析方法的优点是明确给出了各种物理量和运动参量之间的变化关系,有较好的普遍适用性;缺点是数学上的困难,能得出解析解的数量有限。

2. 实验研究方法

将实际流体问题概括为相似的实验模型,在实验中观察现象、测定数据,并按一定的方法推测实际结果,同时与其他方法得到的结果做比较等。流体力学实验的研究形式有原型观测、系统实验和模型实验。实验研究基础理论(详见第9章流体相似准则)的内容包括相似理论、量纲分析(因次分析),如原型和模型之间的 *Re* 相似或 *Fr* 相似等内容。

实验研究方法的优点是能直接解决生产中的复杂问题,并能发现新现象和新问题,它的结果可以作为检验其他方法是否正确的依据;缺点是对不同情况,需做不同的实验,所得结果的普遍适用性差。

随着流体力学研究的发展,新型实验技术和测量设备(如粒子图像测速技术 PIV)使得研究者能够更精确地测量和观察流体流动的细节,为理论和数值模拟提供验证数据。

3. 数值计算方法

数值计算方法是在计算机应用的基础上,根据理论分析与实验观测拟定计算方案,采用各种离散化方法(如有限差分法、有限元法等),建立各种数值模型,通过编制程序输入数据,用计算机进行数值计算和数值实验,得到在时间和空间上许多数字组成的集合体,最终获得定量描述流场的数值解。近二三十年来，这一方法得到很大发展，已形成专门学科——计算流体力学（CFD）。

具体地，计算流体力学是以计算机为工具，应用各种离散化的数学方法，对流体力学的各类问题进行数值实验、计算机模拟和分析研究，以解决各种工程与科学研究问题。计算流体力学常常与传热学、燃烧学、反应动力学等相结合，运用数值方法求解非线性联立的质量、能量、组分、动量和自定义的标量的微分方程组，以便从计算结果中预测出流动、传热、传导、燃烧等过程的细节。如 COMSOL Multiphysics 能够模拟包含不同相态（如液体、气体和固体）的复杂流动，这在化工过程、石油工程和食品工业等领域非常重要。在微尺度上，COMSOL 可以模拟微通道中的流体流动，这对于微流体器件设计和实验室芯片技术至关重要。而在能源领域，COMSOL 流体力学模块可以模拟热交换器、风力涡轮机等设备的流体动力学行为，提高能源转换效率。在生物医学工程方面，COMSOL 可以模拟血液流动、呼吸动力学等，为医疗器械设计和疾病治疗提供科学依据。近年来，深度学习在流体力学研究中的应用，进一步促进流体力学数值研究发展。深度学习模型被用于求解 N-S 方程，优化湍流模型，实现流场数据超分辨率重建，进行流体流动特征的识别和分类，优化流动控制策略，提升计算流体动力学的计算效率和精度。

总之，流体力学的这三种研究方法各有所长。计算流体力学和实验流体力学的发展，丝毫不排斥理论流体力学的发展，而是相辅相成，推动这一学科不断进步。理论流体力学、计算流体力学和实验流体力学构成了流体力学的完整体系。

1.4 流体质点、流体微团与连续介质的概念

1. 流体质点

流体是由分子组成的。从微观结构看，分子之间有比分子尺度大得多的空间（从宏观上看，当然很小），流体分子离散地、不连续地分布于流体所占有的空间并随时间不断变化着。

流体力学研究流体的宏观运动，并不需要直接研究这些物质粒子的本身结构及运动，因而必须从流体的物理实体抽象出一种模型，使之便于研究分子集团宏观运动参数的平均统计值，以利于研究流体的宏观运动规律。

流体质点的宏观尺寸充分小，微观尺寸足够大。宏观尺寸充分小的数学描述为：流体质点的宏观体积极限为零，即 $\lim \Delta V \to 0$；微观尺寸足够大是说宏观尺寸趋向于零的流体质点的体积远远大于流体分子之间的间距，可容纳足够多的流体分子，是流体分子集团，个别分子运动参数的变化不影响这群分子运动参数的平均统计值。流体质点是流体的最小构成单元。流体质点之间无任何间隙。

2. 流体微团

流体微团定义为流体中任意小的微元，包含了大量流体质点。当微元体积充分小并以某坐标点为极限时，流体微团就成为处于这个坐标点上的流体质点。流体微团的概念在流

体力学理论中分析具体问题、建立数学模型、运用数学工具寻求流体运动的普遍解等方面有着重要价值。

3. 连续介质

由流体质点的性质,便可引出连续介质的概念。流体是由无穷多个、无穷小的、紧密毗邻、连绵不断的流体质点组成的无间隙的连续介质。简言之,流体由连续分布的质点构成,流体质点所在的空间也就相当于一个空间点。这样流体质点的物理量就是流体所在空间点的连续函数。连续介质的概念来自数学上的要求,并且实验证明基于连续介质假设而建立起来的流体力学理论是正确的。

1.5　流体的主要物理特性

1.5.1　流动性

液体与固体的不同之处在于各个质点之间的内聚力极小,易于流动,不能自由地保持固定的形状,只能随着容器形状而变化,这个特性叫作流动性。

1.5.2　惯性

惯性是物体反抗外力作用而维持其原有运动状态的性质。惯性的大小取决于物体的质量,质量越大,惯性越大。测量物体惯性的量,叫作这个物体的质量。流体同其他物体一样,也具有质量。流体的密度、相对密度和惯性是流体的重要属性,也是流体物质性的表达形式。

流体单位体积内所具有的质量,叫作流体的密度,用 ρ 表示,它表示流体密集的程度。

对于非均质流体,取包围空间某点的体积 ΔV,设其所含流体的质量为 Δm,则比值$\frac{\Delta m}{\Delta V}$为 ΔV 中的平均密度。若令 $\Delta V \to 0$,即当 ΔV 向该点收缩趋近于零时为该点的密度,则

$$\rho = \lim_{\Delta V \to 0} \frac{\Delta m}{\Delta V} \tag{1.5.1}$$

对于空间各处质量分布均匀的均质流体,其密度为

$$\rho = \frac{\Delta m}{\Delta V} \tag{1.5.2}$$

式中,ρ 为流体的密度,单位为 kg/m^3;Δm 为流体的质量,单位为 kg;ΔV 为流体的体积,单位为 m^3。

通常将单位质量流体所占据的空间体积称为比容,以符号 v 标记。显然,流体的比容和密度互为倒数。对均质流体,有

$$v = \frac{1}{\rho} \tag{1.5.3}$$

单位体积流体的重量称为流体的重度，用 γ 来表示。

对均质流体，其重度为

$$\gamma = \frac{G}{V} \tag{1.5.4}$$

式中，γ 为流体的重度，单位为 N/m^3。

在地球重力场的条件下，流体的密度和重度的关系为 $\gamma = \rho g$。

常温下，水的密度和重度一般采用：$\rho_w = 1000\ kg/m^3$，$\gamma_w = 9800\ N/m^3$。

实验证明，液体的密度和重度与压力和温度有关。但在通常状态下液体处于大气压力之下，并且温度的变化范围不大，所以液体的密度和重度在此情况下可以看成是不变的。

1.5.3 黏性

黏性是流体的又一重要特性，它是指发生相对运动时流体内部呈现内摩擦力而阻止流体发生剪切变形的一种特性，是流体的固有属性。从微观上说，黏性是因为流体由分子构成，而分子间有引力，发生相对运动必须克服分子间的阻力——内摩擦力或黏滞力。静止的流体因为没有相对运动而不表现出黏性。

黏性的大小用黏度表示。在机械系统中，所用的油液主要是根据黏度来选择的。

1. 牛顿内摩擦定律

图 1.1 为平行平板实验的示意图。在平行平板间充满流体，力 F 作用于上平板使之产生匀速运动（速度为 u_0），附着在此板上的薄层流体质点也以速度 u_0 随板运动。下板固定不动，附着于下板的薄层流体质点的速度为零。假设流体是分层运动，没有不规则的流体运动及脉动加入其中，则由下板到上板之间有许多流体层，各层流体由于质点间的内摩擦力作用，其速度沿 y 方向的变化规律如图 1.1 所示。各层流体的速度由零逐渐增加，最后一层的速度为 u_0。上层流体流动较快，下层流体流动较慢，上面流体层中的质点与下面流体层中的质点在接触面上发生相对滑动。快层对慢层有一作用力，与运动方向相同，带动慢层加速；慢层对快层也有一作用力，与运动方向相反，阻滞快层的运动。这一对作用力，就是流体的内摩擦力，其大小等于 F，与 u_0 和平板面积 A 成正比，与平板到固定壁面的距离 h 成反比，即 $F \propto A\dfrac{du}{dy}$。若乘以比例系数 μ，则有

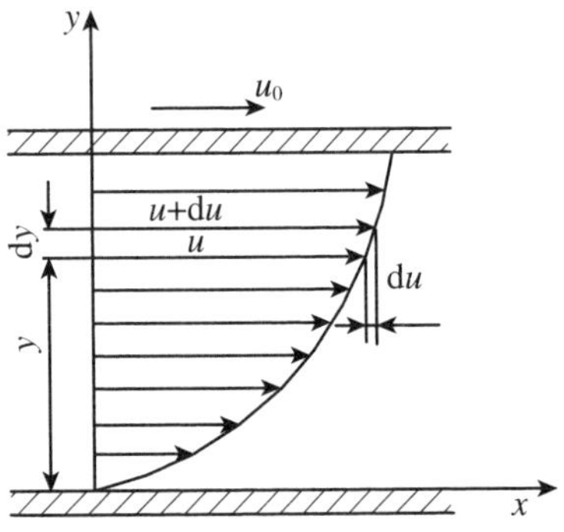

图 1.1　平行平板实验

$$F = \pm \mu A \frac{du}{dy} \tag{1.5.5}$$

$$\tau = \frac{F}{A} = \pm \mu \frac{du}{dy} \tag{1.5.6}$$

式中，F 为内摩擦力，单位为 N；τ 为单位面积上的内摩擦力或切应力，单位为 N/m^2；A 为流体层的接触面积，单位为 m^2；$\dfrac{du}{dy}$ 为速度梯度，即速度在垂直于该速度方向上的变化率，单位

为 s^{-1}；μ 为与流体性质有关的比例系数，称为动力黏性系数或动力黏度。

若距离 y 增加（或减少）而速度却减少（或增加），则 $\frac{du}{dy}$ 之前应冠以负号。

式(1.5.5)、式(1.5.6)是1687年牛顿(Newton)提出的著名的一维黏性定律，称为牛顿内摩擦定律或黏性定律。这个定律表明了流体做层状运动时，其内摩擦力的变化规律。运动中内摩擦力按此规律变化的流体，称为牛顿流体，如水、酒精、汽油和一般气体等分子结构简单的流体都是牛顿流体；否则，称为非牛顿流体，如泥浆、有机胶体、油漆、高分子溶液等。

牛顿内摩擦定律只能应用于层流运动。而非层流流场中的切应力规律将在第5章湍流理论中讨论。

当速度梯度呈线性分布时，牛顿内摩擦定律的形式可简化为

$$F = \mu A \frac{u_0}{h} \tag{1.5.7}$$

$$\tau = \frac{F}{A} = \mu \frac{u_0}{h} \tag{1.5.8}$$

2. 黏度

由式(1.5.6)可得动力黏性系数 μ：

$$\mu = \frac{\tau}{\left|\frac{du}{dy}\right|} \tag{1.5.9}$$

它反映流体的黏性，具有动力学问题的量纲，表示当速度梯度为1时单位面积上摩擦力的大小。μ 越大，τ 越大，μ 值由实验测定。

动力黏性系数 μ 的国际单位为 Pa·s(N·s/m²)。工程中常使用的单位有泊(P)或厘泊(cP)，它们的换算关系为 1 Pa·s = 10 P = 1000 cP。

在工程计算中，亦常常用到流体的动力黏度与其密度的比值，以 ν 表示，称为运动黏性系数或运动黏度：

$$\nu = \frac{\mu}{\rho} \tag{1.5.10}$$

式中，ν 的单位为 m^2/s。工程中常使用的单位有斯托克(St)或厘斯(cSt)，它们的换算关系为 $1\ m^2/s = 10^4\ St = 10^6\ cSt$。

液压油的牌号多用运动黏性系数表示。一种机械油的牌号数就是以这种油在50 ℃时的运动黏性系数的平均值标注的，号数越大，黏性就越大。例如30号机械油，就是指这种油在50 ℃时的运动黏性系数的平均值为 $30\times10^{-6}\ m^2/s$，即30 cSt。

思考　$\tau = 0$ 时，流体没有黏性，这种说法对吗？

表1.1列出了标准大气压下20 ℃时水和其他几种常见流体的物性常数。

在工程计算中，经常使用动力黏度和运动黏度，但其都难于直接测量。

流体黏度的测定方法有两种。一种是直接测定法，借助于黏性流动理论中的某一基本公式，测量该公式中除黏度以外的所有参数，从而直接求出黏度。直接测定法的黏度计有转筒式、毛细管式、落球式等，这种黏度计的测试手段比较复杂，使用不太方便。另外一种是间接测定法，首先利用仪器测定经过某一标准孔口流出一定量流体所需的时间(因为黏度大的

表 1.1　标准大气压下 20 ℃时水和其他几种常见流体的物性常数

流体种类	密度 ρ /(kg/m^3)	动力黏度 μ /($N\cdot s/m^2$)	运动黏度 ν /(m^2/s)	$d(\ln\mu)/dT$ /K^{-1}
液体				
水	998.2	1.00×10^{-3}	1.00×10^{-6}	-2.84×10^{-2}
正辛烷	702	5.42×10^{-4}	7.72×10^{-7}	-1.26×10^{-2}
乙醇	789	1.20×10^{-3}	1.52×10^{-6}	-1.95×10^{-2}
甲醇	792	5.84×10^{-4}	7.37×10^{-7}	-1.57×10^{-2}
苯	879	6.52×10^{-4}	7.42×10^{-7}	-1.57×10^{-2}
乙烯基乙二醇	1110	1.99×10^{-2}	1.79×10^{-5}	-6.03×10^{-2}
丙三醇	1260	1.49	1.18×10^{-3}	-9.23×10^{-2}
水银	13550	1.55×10^{-3}	1.14×10^{-7}	-3.71×10^{-3}
理想气体				
空气	1.204	1.82×10^{-5}	1.51×10^{-5}	2.56×10^{-3}
氢气	0.08382	8.83×10^{-6}	1.05×10^{-4}	3.95×10^{-3}
氦气	0.1664	1.95×10^{-5}	1.17×10^{-4}	2.15×10^{-3}
水蒸气	0.7498	9.57×10^{-6}	1.28×10^{-5}	3.67×10^{-3}
一氧化碳	1.165	1.76×10^{-5}	1.51×10^{-5}	2.62×10^{-3}
氮气	1.165	1.76×10^{-5}	1.51×10^{-5}	2.50×10^{-3}
氧气	1.330	2.03×10^{-5}	1.53×10^{-5}	2.56×10^{-3}
氩气	1.660	2.25×10^{-5}	1.36×10^{-5}	2.68×10^{-3}
二氧化碳	1.830	1.47×10^{-5}	8.03×10^{-6}	3.07×10^{-3}

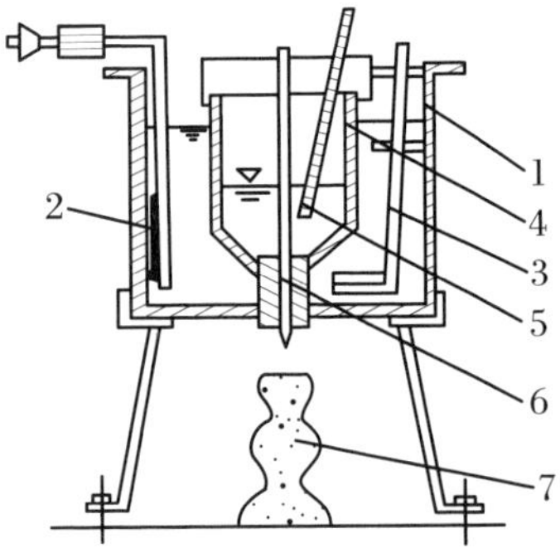

图 1.2　恩氏黏度计

1. 容器　2. 恒温加热器　3. 搅拌器　4. 容器　5. 温度计　6. 柱塞　7. 量杯

流得慢，黏度小的流得快)，然后再利用仪器所特有的经验公式间接算出流体的黏度。这种方法所用的仪器简单、操作方便，故多为工业界所采用。工程中常用恩氏黏度计来测定液体的黏度，称其为恩氏黏度。恩氏黏度的定义是：实验液体在某一温度下，在自重作用下从直径为 2.8 mm 的测定管中流出 200 cm^3 所需的时间 T_1 与在 20 ℃时流出相同体积蒸馏水所需的时间 T_2 之比。恩氏黏度计如图 1.2 所示。容器(1)中盛足够量的水，借恒温加热器(2)及搅拌器(3)使容器(4)中的待测液体稳定在某一待测温度下，其温度 t(℃)用温度计(5)读出。拔开柱塞(6)，让事先装入的定量待测液体自直径为 2.8 mm 的标准孔口流入量杯(7)中，测出待测流体在 t(℃)下流出 200 cm^3 所需的时间 T_1(s)，再将待测液体换成 20 ℃ 的蒸馏水，测得流出 200 cm^3 所需的时间 $T_2 = 51$ s，于是 T_1 与 T_2 的比值就称为待测流体在 t(℃)时的恩氏黏度，以符号 $°E_t$ 表示，脚标 t 表示测定流体的温度，即

$$°E_t = \frac{T_1}{T_2} \tag{1.5.11}$$

然后，利用恩氏黏度计的经验公式求出流体在 t(℃)时的运动黏度 ν：

$$\nu = \left(7.31°E_t - \frac{6.31}{°E_t}\right)\times 10^{-6}\ \mathrm{m^2/s} = \left(7.31°E_t - \frac{6.31}{°E_t}\right)\ \mathrm{mm^2/s} \quad (1.5.12)$$

【例 1.1】 如图 1.3 所示，直径为 d、长为 L 的柱塞在缸体内做往复运动，运动方程为 $x = x_0\sin\omega t$，ω 为频率，柱塞与缸体间隙为 δ，求柱塞上的摩擦功率。

【解】 往复运动的柱塞摩擦功率 P 等于摩擦力 F 与运动速度 u 之积。根据运动方程，可求得柱塞速度 u 为

$$u = \frac{\mathrm{d}x}{\mathrm{d}t} = \frac{\mathrm{d}}{\mathrm{d}t}(x_0\sin\omega t) = x_0\omega\cos\omega t$$

而柱塞上的摩擦力 F 为

$$F = \mu A\frac{u}{\delta} = \mu\times\pi dL\times\frac{x_0\omega}{\delta}\cos\omega t$$

则柱塞上的摩擦功率 P 为

$$P = Fu = \pi dL\mu\times\frac{x_0^2\omega^2}{\delta}\cos^2\omega t$$

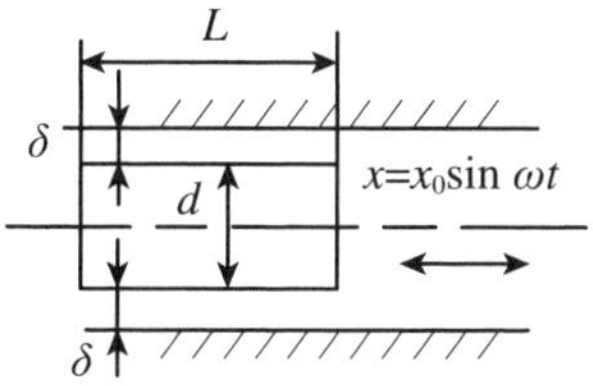

图 1.3 柱塞往复运动

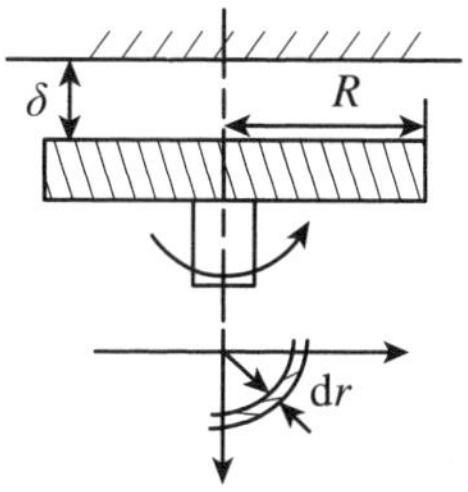

图 1.4 圆盘回转运动

【例 1.2】 如图 1.4 所示，半径为 R 的圆盘与平板间隙为 δ，旋转角速度为 ω，油液黏度为 μ，试研究圆盘的摩擦力、摩擦力矩和摩擦功率。

【解】 圆盘不同半径处线速度 $r\omega$ 不同，速度梯度不同，摩擦力也不同，但在微小面积上可视为常量。

在半径 r 处，取增量 $\mathrm{d}r$，微面积 $\mathrm{d}A = 2\pi r\mathrm{d}r$，则微面积 $\mathrm{d}A$ 上的摩擦力 $\mathrm{d}F$ 为

$$\mathrm{d}F = \mu\mathrm{d}A\frac{\mathrm{d}u}{\mathrm{d}z} = 2\pi r\mu\mathrm{d}r\frac{r\omega}{\delta}$$

对上式积分，则摩擦力为

$$F = \int_0^R\mathrm{d}F = 2\pi\mu\frac{\omega}{\delta}\int r^2\mathrm{d}r = \frac{2\pi\mu\omega}{3\delta}R^3$$

由 $\mathrm{d}F$ 可求 $\mathrm{d}A$ 上的摩擦矩 $\mathrm{d}T$，即

$$\mathrm{d}T = r\mathrm{d}F = \frac{2\pi\mu\omega}{\delta}r^3\mathrm{d}r$$

对上式积分，有

$$T = \int_0^R\mathrm{d}T = \int\frac{2\pi\mu\omega}{\delta}r^3\mathrm{d}r = \frac{\pi\mu R^4\omega}{2\delta}$$

则摩擦功率 P 为

$$P = T\omega = \frac{\pi\mu R^4\omega^2}{2\delta}$$

3. 温度、压力对黏性系数的影响

流体的黏性随温度和压力而变化，分别称为黏温特性和黏压特性。

温度对流体的黏度影响很大。温度升高时，液体的黏度降低，流动性增加；气体则相反，温度升高时，气体的黏度增大。这是因为液体的黏度主要是由分子间的内聚力造成的。温度升高，分子间的内聚力减小，黏度就要降低。而产生气体黏性的主要原因则是气体内部分子的运动，它使得速度不同的相邻气体层之间发生质量和动量的变换。当温度升高时，气体分子运动速度加大，速度不同的相邻气体之间的质量和动量交换随之加剧。所以，气体的黏度将增大。

液体的动力黏度一般随温度升高而变小，有如下公式：

$$\mu_T = \mu_0 e^{-\lambda(T-T_0)} \tag{1.5.13}$$

式中，μ_T 为温度是 T 时的黏度，$20\ ℃ < T \leqslant 80\ ℃$；$\mu_0$ 为温度是 T_0 时的黏度；λ 为黏滞系数。

压力增加，流体的黏度也增大。实验证明，只要压力不是特别高（如小于 50 MPa），压力对动力黏度的影响就很小，并且与压力变化基本是线性关系。因此一般只考虑温度对动力黏度的影响。但当压力很高时，黏度就急剧增大，如当压力由 0 升高到 150 MPa 时，矿物油的黏度将增加 17 倍。而运动黏度和密度有关，所以对可压缩流体来说，运动黏度与压力是密切相关的。在考虑到压缩性时，更多的是用动力黏度而不用运动黏度。

运动黏度与压力的关系可用下面的经验公式表示：

$$\nu_p = \nu_0 \cdot e^{bp} \tag{1.5.14}$$

式中，ν_p 为压力是 p 时的运动黏度，单位为 m^2/s；ν_0 为压力是 0 时的运动黏度，单位为 m^2/s；e 为 2.718；p 为压力，单位为 Pa；b 为黏度系数（液体特性参数）。

各种流体的动力黏度和运动黏度与温度的关系可查有关资料。

4. 理想流体与实际流体

理想流体是流体力学中的一个重要假设模型。假定不存在黏性，称黏度为 0 的流体为理想流体或无黏性流体。自然界中存在的流体都具有黏性，因此称为黏性流体或实际流体。

理想流体在运动时，不但内部不存在摩擦力，而且在它与固体接触的边界上也不存在摩擦力。理想流体虽然事实上并不存在，但这种理论模型却有重大的理论和实际价值，因为有些问题（如边界层以外的流动区域）黏性并不起重大作用，忽略黏性可以容易地分析其力学关系，所得结果与实际结果并无太大出入。有些问题虽然流体黏性不可忽视，但作为由浅入深的一种手段，我们也可以先讨论理想流体的运动规律，然后再考虑有黏性影响时的修正方法，这样问题就更容易解决。因为黏性影响非常复杂，研究流体运动时，如果将实际因素全部考虑在内，则问题有时难以解决。理想流体的运动则简单得多，所得结果虽然与实际存在很大差别，但作为定性分析仍然有可供参考之处。

理想流体运动学和动力学立论严谨，范围广泛，这些理论对于分析实际问题都有重大作用，不可因为没有理想流体而忽视理想流体理论的重要性，这种思想对于学过理论力学、熟知刚体概念的读者来说是不难理解的。理想流体也是类似于刚体这样的一种科学抽象

概念。

所以，流体力学的研究方法是：将实际流体先假想为理想流体，找出它的运动规律后，再考虑黏性的影响，修正后用于实际流体。

1.5.4 压缩性和膨胀性

1. 压缩性

在温度不变的情况下，流体的体积随压强的增大而变小的性质，称为流体的压缩性(compressibility)。流体压缩性的大小可用压缩系数 β_p 表示。处于压缩状态下的流体产生一种向外膨胀的力，这种力可以被看成是一种弹性力。流体弹性力的大小用体积弹性系数或体积弹性模量表示。体积弹性模量是体积压缩系数的倒数，用 $E=\frac{1}{\beta_p}$ 来度量。它表示温度不变，流体增加 1 个单位压力时，流体体积的相对缩小量(图 1.5)，即在温度 $T=$ 常数时，流体的压强为 p_1，体积为 V_1；当压强增大为 $p_2=p_1+\Delta p$ 时，体积由 V_1 减小到 $V_2=V_1-\Delta V$。ΔV 的大小正比于 V_1 和 Δp，即 $\Delta V=\beta_p V_1\Delta p$。考虑到 Δp 增大而 ΔV 减小，并取 $V_1=V$，则

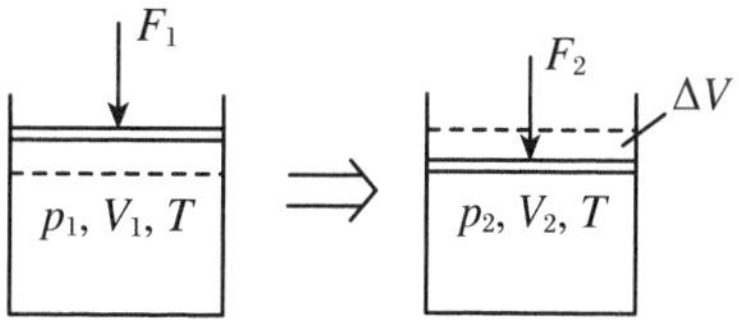

图 1.5 流体的压缩性

$$\beta_p=\lim_{\Delta V\to 0}\left(-\frac{\Delta V}{V\Delta p}\right)=-\frac{1}{V}\frac{\mathrm{d}V}{\mathrm{d}p} \tag{1.5.15}$$

式中，ΔV 为流体在压强增大 Δp 时的体积减小量，$\Delta V=V_1-V_2$，V_1、V_2 分别为压强是 p_1、p_2 时流体的体积；Δp 为压强增量，$\Delta p=p_2-p_1$，p_1、p_2 分别为流体体积是 V_1、V_2 时的压力。

在后面可以看到，流体的体积不但与压强有关，而且与温度有关。强调 V_1 到 V_2 为等温条件是必要的，β_p 的大小表示流体被压缩的难易程度。对于不可压缩流体，$\beta_p=0$。流体被压缩的难易程度还可以用 β_p 的倒数 $E=\frac{1}{\beta_p}$ 表示，即

$$E=\frac{1}{\beta_p}=\lim_{\Delta V\to 0}\left(-\frac{V\Delta p}{\Delta V}\right)=-V\frac{\mathrm{d}p}{\mathrm{d}V}=\rho\frac{\mathrm{d}p}{\mathrm{d}\rho} \tag{1.5.16}$$

当压强增加 Δp 时，液体的体积总是缩小的，即 ΔV 为负值，为保持 E 或 β_p 为正值，在上式的右边加一负号。

液体的体积压缩系数是非常小的。例如压强在 1～50 MPa、温度在 0～20 ℃时，水的体积压缩系数不超过 1/20000。因此，在实际工程中，经常把液体当作不可压缩的；当压力和温度在整个流动过程中变化很小时(如通风系统)，也可将气体按不可压缩流体处理，如矿井通风系统。这种假定可使许多分析计算简化，但在一些特殊情况下，如研究液体的振动、冲击时，则要考虑液体的压缩性。

在通常情况下，水的 E 值可取 $2\times10^9\ \mathrm{N/m^2}$；常用矿物油的 E 值取 $(1.4\sim2)\times10^9\ \mathrm{N/m^2}$。

2. 膨胀性

在压强不变的情况下，流体的体积随温度的升高而变化的性质，称为流体的膨胀性(expansibility)，通常也称热膨胀性。膨胀性的大小用体积膨胀系数 β_t 来度量。它表示在

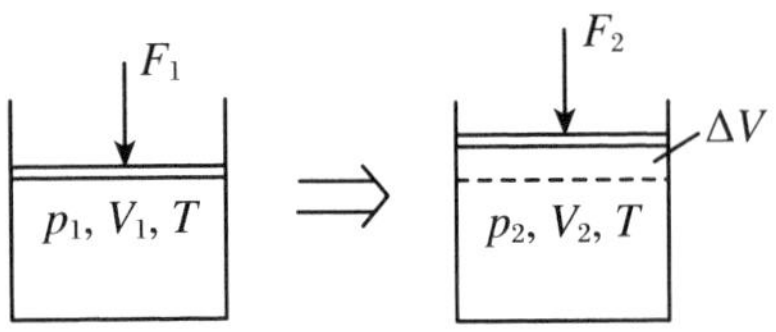

图 1.6　流体的膨胀性

压强不变的情况下，流体的温度每增高 1 个单位时，其体积的相对增大量(图 1.6)，即

$$\beta_t = \lim_{\Delta T \to 0} \frac{1}{V} \frac{\Delta V}{\Delta T} = \frac{1}{V} \frac{dV}{dT} \qquad (1.5.17)$$

式中，ΔT 为温度的升高量，$\Delta T = T_2 - T_1 > 0$，单位为 K 或℃；ΔV 为体积的增大量，$\Delta V = V_2 - V_1 > 0$，单位为 m^3。

对于水，在大气压力下，当温度变化为 0～10 ℃时，其体积膨胀系数的平均值 $\beta_t = 14 \times 10^{-6}$/℃；当温度变化为 10～20 ℃时，其平均值 $\beta_t = 150 \times 10^{-6}$/℃；当温度变化为 20～50 ℃时，其平均值 $\beta_t = 422 \times 10^{-6}$/℃。一般地，润滑油、液压油的 β_t 值可近似取$(8.5 \sim 9.0) \times 10^{-6}$/℃。由此可见，$\beta_t$ 是一个很小的数。因为很小，所以在一般工程问题中可以忽略不计。

易流动性是液体和气体区别于固体的基本宏观表现，而不可压缩性(严格地讲应为少压缩性)则是液体区别于气体的基本宏观表现。在工程上，液体的 β_t 很小，一般不考虑其膨胀性；气体的 β_t 很大，当压力和温度变化时，密度明显改变，必须考虑膨胀性，其间的关系可用理想气体状态方程来描述。

由于液体的易流动性和不可压缩性或少压缩性，它才可以作为液压传动的介质迅速和正确地传递力和运动。但是，液体有易流动性，也就不可避免地带来了渗漏和泄漏问题，在液压系统中必须采用各种密封装置，以防止漏油。密封装置又带来了摩擦阻力，造成能量损失。由于液体的少压缩性，在运动状态变换时，往往产生较大的液压冲击，影响元件的使用寿命和系统的可靠性。这就促使我们采取适当的措施减少冲击，以便使液压元件和液压系统有较高的效能和良好的工作条件。

本章小结

流体力学研究流体的宏观运动——流体微团或流体质点的运动。流体是由体积充分小而分子数充分多的流体质点构成的连续介质。要认真理解连续介质的重要概念。

流体物理特性最重要的是流体的黏性和可压缩性。流体黏性的主要理论是牛顿黏性定律 $\tau = \mu \frac{du}{dy}$，以及运动黏度、相对黏度、黏温特性和黏压特性。描述流体可压缩性的重要公式为 $k = -\frac{1}{V}\frac{dV}{dp}$，以及 $\beta = \frac{1}{k} = -V\frac{dp}{dV} = \rho\frac{dp}{d\rho}$。

要注意根据 $\tau = \mu \frac{du}{dy}$ 和 $k = -\frac{1}{V}\frac{dV}{dp}$ 分析和解答有关计算问题。

思考与练习

1.1　流体的基本特性是什么？

1.2　黏度的表示方法以及黏度与温度和压力的关系怎样？

1.3　动力黏性系数和运动黏性系数的区别与联系是什么？

1.4　什么是流体的连续介质模型？为何提出连续介质概念？

1.5　流体的黏性阻力与固体的摩擦力有何本质区别？

1.6　已知水的密度 $\rho = 997.0\ \text{kg/m}^3$，运动黏度 $\nu = 0.893 \times 10^{-6}\ \text{m}^2/\text{s}$，求它的动力黏度 μ。

1.7　一块可动平板与另一块不动平板同时浸在某种液体中，它们之间的距离为 0.5 mm，可动板若以 0.25 m/s 的速度移动，为了维持这个速度需要单位面积上的作用力为 $2\ \text{N/m}^2$。求这两块平板间流体的动力黏度 μ。

1.8　如图 1.7 所示，上、下两个平行的圆盘，直径均为 d，间隙厚度为 δ，间隙中的液体动力黏性系数为 μ。若下盘固定不动，上盘以角速度 ω 旋转，求所需力矩 T 的表达式。

1.9　如图 1.8 所示，水流在平板上运动，靠近板壁附近的流速呈抛物线形分布，E 点为抛物线的端点，E 点处 $\mathrm{d}u/\mathrm{d}y = 0$，水的运动黏度 $\nu = 1.0 \times 10^{-6}\ \text{m}^2/\text{s}$，试求 $y = 0$、2 cm、4 cm 处的切应力。（提示：先设流速分布 $u = Ay^2 + By + C$，再利用给定的条件确定待定常数 A、B、C。）

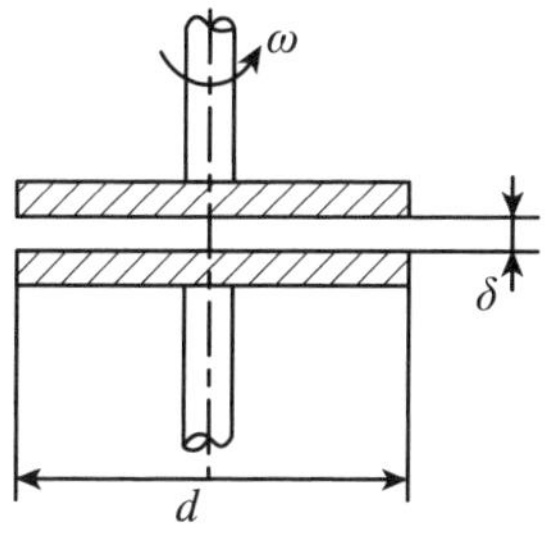

图 1.7　题 1.8 图

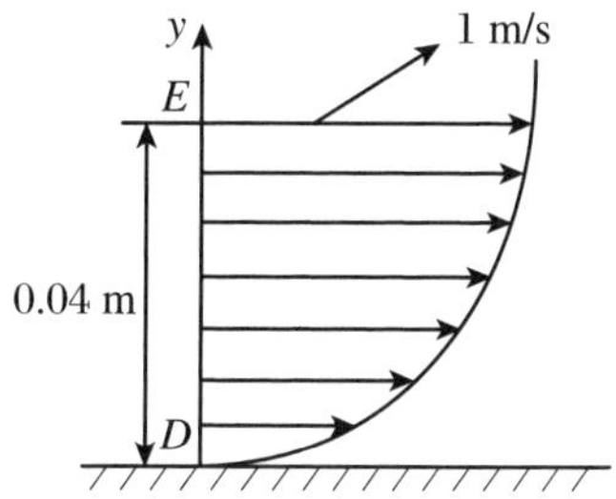

图 1.8　题 1.9 图

1.10　某流体在圆筒形容器中，当压强为 $2 \times 10^6\ \text{N/m}^2$ 时，体积为 995 cm^2；当压强为 $1 \times 10^6\ \text{N/m}^2$ 时，体积为 1000 cm^2。求此流体的压缩系数 k。

1.11　当压强增量为 50000 N/m^2 时，某种液体的密度增长为 0.02%，求此液体的体积弹性模量 β。

第 2 章　流体静力学

流体力学中的“静止”不仅包含我们非常熟悉的牛顿力学中的相对地球(惯性坐标系)静止,即所谓的绝对静止;还包括流体相对选定坐标系静止,即相对静止。例如:匀加速直线运动的容器中、匀角速度旋转容器中的流体质点虽然都有加速度,但是它们也都处于静止状态,这区别于我们在牛顿力学中对“静止”的一贯认识。可以看到,流体力学中的静止本质上是指流体质点相对所选坐标系的静止。不论绝对静止还是相对静止,静止的基本特征在于:流体质点间没有相对运动。处于静止状态的流体受力平衡。下面首先讨论流体所受的作用力。

2.1　流体的作用力

当研究流体运动规律时,首先必须分析作用于流体上的力,力是使流体运动状态发生变化的外因。作用在流体上的力按其作用方式不同,可分为表面力与质量力。

表面力是作用在流体表面或截面上且与作用面的面积成正比的力;表面力包括压力和切力。作用于单位面积的压力称为压强,以 p 表示;作用于单位面积的切力称为剪切应力,以 τ 表示。表面力还包括表面张力,主要用于讨论毛细管现象,本书这里省略,不做介绍。

质量力是作用于流体的质点上且与质量成正比的力;质量力包括重力和惯性力。单位质量($m=1$)的力 $\boldsymbol{F}_m = m\boldsymbol{a}_m = \boldsymbol{a}_m$ 在 x、y、z 向的轴上的投影 f_x、f_y、f_z,称单位质量力在 x、y、z 向的分力,或简称单位质量分力。特别地,当单位质量($m=1$)的重力 $\boldsymbol{G} = m\boldsymbol{g} = \boldsymbol{g}$,即 f_x、f_y、f_z 为 $\boldsymbol{g}$ 在 x、y、z 向的分量,对于正规直角坐标系,$f_x = f_y = 0$,$f_z = \pm g$;若坐标 Z 不是指向或离开地球中心的,则 $f_x \neq 0$,$f_y \neq 0$,$f_z \neq \pm g$。

做等加速直线运动或匀速旋转运动的液体——相对平衡的液体,存在惯性力。根据达朗贝尔原理,加上一个假想的由牵连运动而形成的惯性力,可将相对平衡液体作为绝对平衡来处理,列入静力学范畴,另做讨论。

2.2　流体静压强及其特性

2.2.1　流体静压强

静止的流体无相互运动，不表现出黏性，即不存在摩擦力(剪力)，只存在法向应力即压力。仿照材料力学方法，如图2.1所示，设作用在 m 点周围微小面积 ΔA 上的合力为 ΔP，则根据压强的定义，可得其平均压强为

$$\bar{p} = \frac{\Delta P}{\Delta A} \tag{2.2.1}$$

当面积 ΔA 无限缩小到点 m 时，可得

$$p = \lim_{\Delta A \to 0} \frac{\Delta P}{\Delta A} \tag{2.2.2}$$

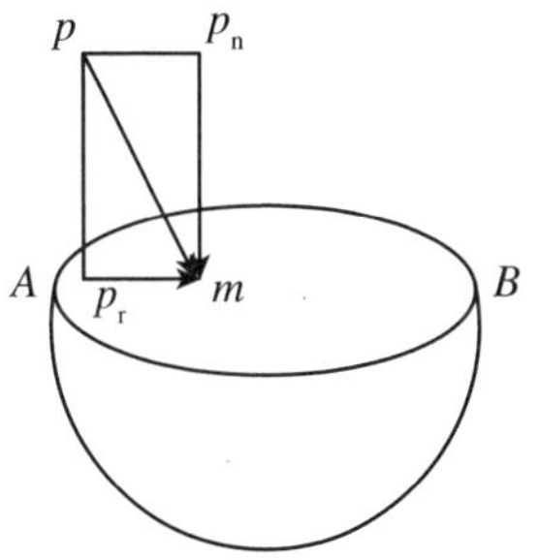

图2.1　流体静压强的方向

式中，p 为静止流体中的应力，称静止流体中的压强，简称流体静压强。它是外部流体作用在流体内部 m 点上而产生的压力，流体静压强的物理意义是作用在单位面积上的力。由式看出 p 的单位为牛/米^2(N/m^2)，简称帕(Pa)。

2.2.2　流体静压强的特性

在 $O\text{-}xyz$ 直角坐标系中，m 点流体内部一点的流体静压强 p 可用 x、y、z 向的分量 p_x、p_y、p_z 来表示。

流体静压强有如下两个重要特性：

(1) 静压强的方向总是沿作用面的内法线方向。

采用反证法证明：假设图2.1中流体截面某点 m 的流体应力 p 不是内向垂直于作用面，则可把 p 分解为两个分量。一个是切向分量 p_r，与作用面相切；另一个是法向分量 p_n，与作用面垂直。其中，切向分量显然就是切应力。在讨论流体的黏性时，从牛顿内摩擦定律 $\tau = \pm \mu \dfrac{du}{dy}$ 可以看出，静止流体内部是不出现切应力的。因而，在静止流体中切应力的分量是不存在的，即 $p_r = 0$。若 $p_r \neq 0$，则液体平衡遭到破坏，这表明流体存在相对运动，与静止或平衡的约束条件相矛盾，所以流体静压强 p 只可能内向垂直于作用面。

(2) 平衡流体中任意点的静压强值只能由该点的坐标决定，而与该压强的作用方向无关。即沿各个方向作用于同一点的压强是等值的，即 $p_x = p_y = p_z = p_0$。

证明如下：取微四面体 $M\text{-}ABC$，如图2.2所示，记△ABC、△MBC、△MAC、△MAB 的面积依次为 S、S_x、S_y、S_z，由于所划取的是一个微元四面体，同一微元面上各点的压强均可用该面上的平均压强表示，四个面上的压强依次为 p、p_x、p_y、p_z。四面体的三条边长 $MA = dx$，$MB = dy$，$MC = dz$。取△ABC 的高 CD，连接 MD，则△CMD 为直角三角形。

△ABC 上的压强为 p(图 2.3),法线方向为 $\boldsymbol{n}$,则作用力

$$P_{\mathrm{n}} = pS = \frac{1}{2}p \cdot AB \cdot CD$$

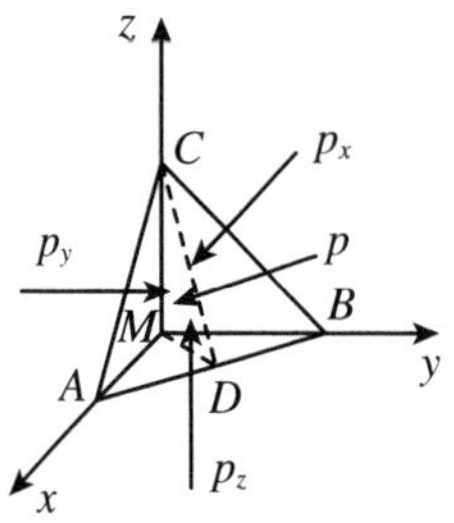

图 2.2　微四面体平衡

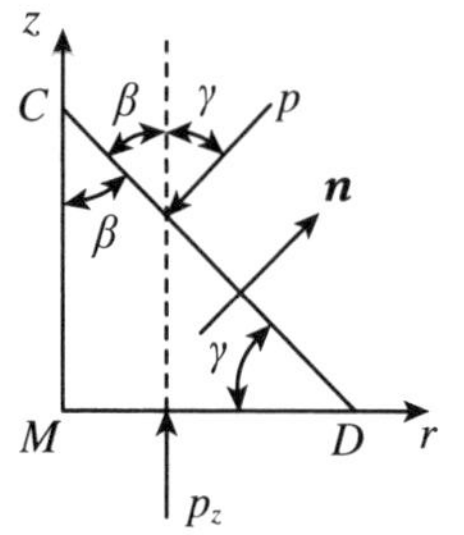

图 2.3　正向压力平衡

P_{n} 在 z 向的分量为 $P_{\mathrm{n}z}$,则

$$P_{\mathrm{n}z} = P_{\mathrm{n}}\cos\gamma = \frac{p}{2}AB \cdot CD\cos\gamma = \frac{p}{2}AB \cdot MD = pS_z$$

压强 p_z 在 z 方向的作用力为

$$P_z = \frac{p_z}{2}MA \cdot MB = \frac{p_z}{2}AB \cdot MD = p_z S_z$$

由于静止流体沿 z 轴的合力为零,$P_{\mathrm{n}z}$ 指向 z 轴正向,则

$$p_z S_z - pS_z = 0$$

于是

$$p_z = p$$

同样可以证明

$$p = p_x, \quad p = p_y$$

故

$$p_x = p_y = p_z = p$$

当微四面体充分小时,则 M 点的压强,即静止流体的任一点的压强在各方向等值。这表明:平衡流体中各点的压强 p 只是位置坐标(x,y,z)的连续函数,与作用方向无关,即

$$p = f(x,y,z) \tag{2.2.3}$$

p 的全微分或某点附近的压力增量 $\mathrm{d}p$ 为

$$\mathrm{d}p = \frac{\partial p}{\partial x}\mathrm{d}x + \frac{\partial p}{\partial y}\mathrm{d}y + \frac{\partial p}{\partial z}\mathrm{d}z = \mathrm{grad}(p) \cdot \mathrm{d}\boldsymbol{r} = \nabla p \cdot \mathrm{d}\boldsymbol{r} \tag{2.2.4}$$

式中,∇p 为压强梯度,$\mathrm{grad}(p) = \nabla p = \boldsymbol{i}\frac{\partial p}{\partial x} + \boldsymbol{j}\frac{\partial p}{\partial y} + \boldsymbol{k}\frac{\partial p}{\partial z}$;$\mathrm{d}\boldsymbol{r}$ 为矢径增量,$\mathrm{d}\boldsymbol{r} = \boldsymbol{i}\mathrm{d}x + \boldsymbol{j}\mathrm{d}y + \boldsymbol{k}\mathrm{d}z$。

2.3　流体的平衡微分方程及其积分

2.3.1　流体的平衡微分方程

如图2.4所示，设在平衡流体中取边长分别为 dx、dy、dz 的微六面体，其中心为点 M，压强为 $p(x,y,z)$，建立图2.4所示的坐标系。其中，微六面的体积为 $dV = dxdydz$，密度为 ρ，质量为 $dm = \rho dV$。该六面体流体微团在质量力 $d\boldsymbol{F}_m$ 和表面力 dP_x、dP_x'……的作用下，处于平衡状态。

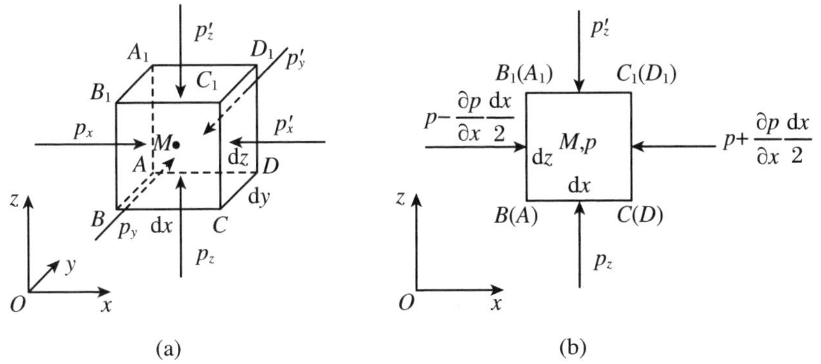

图2.4　微六面体平衡

分析平衡流体所受的力。其中，质量力 $d\boldsymbol{F}_m = \rho dxdydz\boldsymbol{a}_m$ 在各轴上的投影分别为

$$dF_{mx} = \rho dxdydzf_x = \rho f_x dV \tag{2.3.1}$$

$$dF_{my} = \rho dxdydzf_y = \rho f_y dV \tag{2.3.2}$$

$$dF_{mz} = \rho dxdydzf_z = \rho f_z dV \tag{2.3.3}$$

平衡流体所受的表面力：平面 ABB_1A_1 的压强为 p_x，对应面 DCC_1D_1 的压强为 p_x'，按泰勒公式展开，舍弃二阶以上无限小量，有

$$p_x = p - \frac{\partial p}{\partial x}\frac{dx}{2},\quad p_x' = p + \frac{\partial p}{\partial x}\frac{dx}{2} \tag{2.3.4}$$

则 x 向的表面力为

$$dP_x = (p_x - p_x')dydz = -\frac{\partial p}{\partial x}dV \tag{2.3.5}$$

由于 x 向静力平衡，$\sum dF_x = dF_{mx} + dP_x = 0$，故

$$\rho f_x dV - \frac{\partial p}{\partial x}dV = 0$$

即

$$f_x - \frac{1}{\rho}\frac{\partial p}{\partial x} = 0 \tag{2.3.6}$$

对 y 和 z 向做类似分析,则有类似结论。故流体平衡方程为

$$\begin{cases} f_x - \dfrac{1}{\rho}\dfrac{\partial p}{\partial x} = 0 \\ f_y - \dfrac{1}{\rho}\dfrac{\partial p}{\partial y} = 0 \\ f_z - \dfrac{1}{\rho}\dfrac{\partial p}{\partial z} = 0 \end{cases} \tag{2.3.7}$$

或记为矢量形式

$$\boldsymbol{F}_m - \frac{1}{\rho}\nabla p = \boldsymbol{F}_m - \frac{1}{\rho}\mathrm{grad}(p) = 0 \tag{2.3.8}$$

式(2.3.7)表示单位质量流体所承受的质量力和表面力沿各轴向的平衡关系,称为流体平衡微分方程,它是瑞士科学家欧拉在1755年首先提出的,故称欧拉平衡微分方程。由于在推导过程中,并非就某种特定情况来进行分析,因此它适用于绝对平衡流体,也适用于相对平衡流体,是通用微分方程。如果 grad(p)为圆柱或球面坐标形式,则为相应坐标系中的微分方程。

2.3.2 平衡微分方程的积分形式

式(2.3.7)中各项分别乘以 $\mathrm{d}x$、$\mathrm{d}y$、$\mathrm{d}z$,将它们相加并稍加整理,则

$$\frac{\partial p}{\partial x}\mathrm{d}x + \frac{\partial p}{\partial y}\mathrm{d}y + \frac{\partial p}{\partial z}\mathrm{d}z = \rho(f_x\mathrm{d}x + f_y\mathrm{d}y + f_z\mathrm{d}z) \tag{2.3.9}$$

由式(2.2.4)可知,式(2.3.9)左侧为 $p(x,y,z)$的全微分 $\mathrm{d}p$,即

$$\mathrm{d}p = \rho(f_x\mathrm{d}x + f_y\mathrm{d}y + f_z\mathrm{d}z) \tag{2.3.10}$$

此式称为欧拉平衡方程的微分形式,也叫作压强微分公式。

压强微分公式的左端是压强的全微分,积分后得到一点上的静压强 p。而平衡流体中一点上的流体静压强应该由其坐标唯一确定,因此式(2.3.10)的右端必须也是一个坐标函数的全微分,这样才能保证积分结果的唯一性。

不难看到,如果单位质量分力与某一个坐标函数 $W = W(x,y,z)$具有下列关系,即 W 对某一个坐标的偏导数的负值等于该坐标方向上的质量分力:

$$f_x = -\frac{\partial W}{\partial x},\quad f_y = -\frac{\partial W}{\partial y},\quad f_z = -\frac{\partial W}{\partial z} \tag{2.3.11}$$

则式(2.3.11)成为

$$\mathrm{d}p = -\rho\left(\frac{\partial W}{\partial x}\mathrm{d}x + \frac{\partial W}{\partial y}\mathrm{d}y + \frac{\partial W}{\partial z}\mathrm{d}z\right) = -\rho\mathrm{d}W \tag{2.3.12}$$

由上可知,$W(x,y,z)$是描述质量力的标量函数,称为质量力的势函数(potential function)。由势函数决定的力称为有势力。重力作用的空间称为重力场,为有势场。上式右边规定为负号,表明质量力正功等于质量力势的减少。

由此可以看到:在有势的质量力作用下,流体中任何一点上的流体静压强可以由坐标唯一确定,这样流体才能保持平衡状态,因而结论是只有在有势的质量力作用下流体才能平衡。

如果单位质量力与时间变量有关，那就找不到纯坐标变量的质量力的势函数，因而压强也就不能由坐标唯一确定，这种情况下的流体当然不能保持平衡状态。

质量力的势函数通常可以根据平衡流体所受的单位质量分力用积分方法加以确定。

对式(2.3.12)积分，则

$$p = -\rho W + c \tag{2.3.13}$$

式中，c 为积分常数(由边界条件决定)。

若某点(x_0, y_0, z_0)的势函数为 W_0 时压强为 p_0，则 $c = p_0 + \rho W_0$，此时式(2.3.13)可以重新表示为

$$p = p_0 + \rho(W_0 - W) \tag{2.3.14}$$

式中，p_0 为点(x_0, y_0, z_0)处压强；W_0 为点(x_0, y_0, z_0)处势函数。

2.3.3　等压面

流体中压强相等的点所组成的面称为等压面。换句话说，凡是处于同一等压面内的各点，其压强应该是相等的。即在等压面内各点的压强应该是一个常数，$p = C$，$\mathrm{d}p = 0$。根据式(2.3.10)，则得等压面的微分方程是

$$\mathrm{d}p = \rho(f_x\mathrm{d}x + f_y\mathrm{d}y + f_z\mathrm{d}z) = 0 \tag{2.3.15}$$

在平衡流体中，ρ = 常数，上式为

$$f_x\mathrm{d}x + f_y\mathrm{d}y + f_z\mathrm{d}z = 0 \tag{2.3.16}$$

或记为矢量形式

$$\mathrm{d}\boldsymbol{a}_m \cdot \mathrm{d}\boldsymbol{r} = 0 \tag{2.3.17}$$

讨论：

(1) 因为 f_x、f_y、f_z 系单位质量力 $\boldsymbol{a}_m$ 在各轴上的投影，而 $\mathrm{d}x$、$\mathrm{d}y$、$\mathrm{d}z$ 系等压面上微元长度在各轴上的投影，所以 $f_x\mathrm{d}x + f_y\mathrm{d}y + f_z\mathrm{d}z$ 是单位质量力 $\boldsymbol{a}_m$ 在等压面内移动微元长度 $\mathrm{d}\boldsymbol{r}$ 所做的功。一般地，单位质量力 $\boldsymbol{a}_m$ 不为零，微元移动长度 $\mathrm{d}\boldsymbol{r}$ 也不为零，而式(2.3.17)所表示的意义是其功为零，则必须 $\boldsymbol{a}_m$ 垂直于 $\mathrm{d}\boldsymbol{r}$，由此可得到等压面的特征为：等压面是一个垂直于质量力的面。当然，在不同形式的平衡流体中，质量力的作用方向是不同的，因而将会形成不同形式的等压面。

(2) 由式(2.3.12)可知，当 $\mathrm{d}p = 0$ 时，$\mathrm{d}W = 0$，即 $W = C$。它表示质量力势函数等于常数，我们把质量力势函数等于常数的面叫作等势面，等压面也就是等势面。特别地，在重力场中，$W = gz$，所以当 $W = C$ 时，其等势面或等压面必然为 $z = C$，它代表水平面族。暴露在大气中的自由面当然是等压面且水平，这正是“水平面”一词的由来。当然，若流体还受其他质量力作用，这时即使仍是暴露在大气中的自由面，却不一定是水平面。

(3) 式(2.3.14)中 $W_0 - W$ 一项的值，由流体所受的质量力决定，与平衡流体中的表面压强 p_0 无关。因此，在处于平衡状态下的不可压缩流体($\rho = C$)中，如果设法改变其某点处的压强，比如边界某点 M 处的压强由 p_0 变为 $p_0 + \Delta p_0$，那么此平衡流体内任意点 N 处的压强 p 也将做相应的改变，且仍然满足式(2.3.14)，即

$$p \pm \Delta p = (p_0 \pm \Delta p_0) + \rho(W_0 - W)$$

显然，N 点的压强改变值 Δp 就等于 M 点压强的变化量，即 $\pm\Delta p = \pm\Delta p_0$。

结论:在处于平衡状态下的不可压缩流体中,任意点处的压强变化值 Δp_0,将等值地传递到此平衡流体中的其他各点。这就是帕斯卡定律。

值得注意的是:首先,帕斯卡定律只适用于不可压缩的平衡流体;其次,不论装盛液体的容器是封闭的还是开口的,帕斯卡定律都适用。但应该满足“流体中某点处的压强虽然变化了,但并未破坏流体平衡状态”这样的基本条件。

如上所述,在绝对静止的平衡状态下,等压面的选取如图 2.5 和图 2.6 所示。

图 2.5 中容器为同一液体,等压面可任取;图 2.6 中容器有重度为 γ_1 和 γ_2 的两种液体,以两种液体的分界面作为等压面是最方便的。当然也可以取容器底部为等压面。综合以上情况,等压面选取可遵循“同液等高”原则。

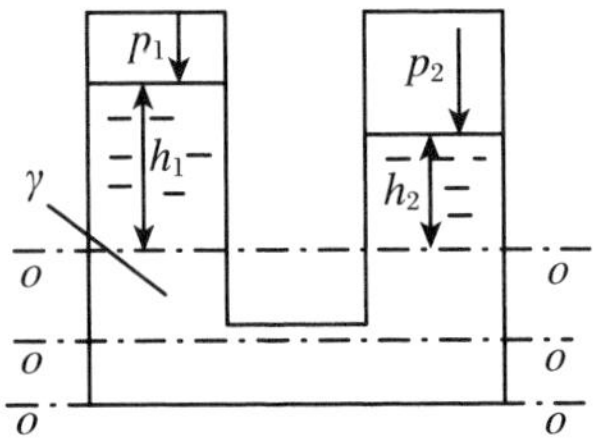

图 2.5　同一液体的等压面

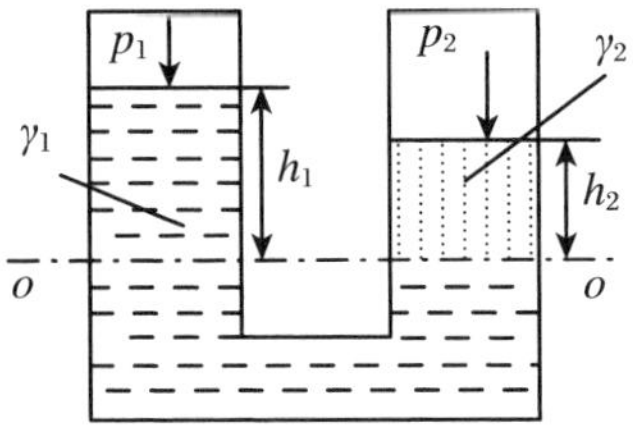

图 2.6　不同液体的等压面

2.4　重力场中的平衡流体

在实际工程中,最常见的是质量力仅受重力作用,且为相对于地球处于静止状态的液体。讨论这一种情况下的液体平衡问题,更有实用意义。

2.4.1　液体静力学基本方程

如图 2.7 所示,重力作用下的静止液体,在直角坐标系 $O\text{-}xyz$ 中,自由液面的位置高度为 z_0,压强为 p_0。液体中任一点的压强,满足欧拉平衡方程的微分形式,即式(2.3.10):

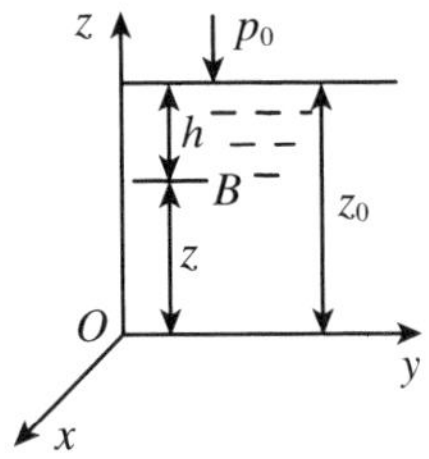

图 2.7　静止液体压强

$$dp = \rho(f_x dx + f_y dy + f_z dz)$$

因为质量力只有重力,所以式中

$$f_x = f_y = 0,\quad f_z = -g$$

则在重力场中的欧拉平衡方程为

$$dp = -\rho g dz = -\gamma dz \tag{2.4.1}$$

对于不可压缩流体来说,其密度是恒定的常量,对上式积分得

$$p = -\gamma z + c' \tag{2.4.2}$$

由边界条件 $z = z_0$, $p = p_0$,求出积分常数

$$c' = p_0 + \gamma z_0$$

代入式(2.4.2),得

$$p = p_0 + \gamma(z_0 - z) \quad 或 \quad p = p_0 + \gamma h \tag{2.4.3}$$

或在流体连续区域内积分,得

$$z + \frac{p}{\gamma} = c \tag{2.4.4}$$

在式(2.4.3)和式 (2.4.4)中,p 为静止液体内一点的压强;p_0 为液体表面压强,对于液面通大气的开口容器,p_0 即为大气压强,并以符号 p_a 表示;h 为该点到液面的距离;z 为该点在坐标平面以上的高度;γ 为液体的重度。

式(2.4.3)和式(2.4.4)以不同形式表示重力作用下液体静压强的分布规律,都称为液体静力学基本方程。

2.4.2　基本方程的推论

由液体静力学基本方程 $p = p_0 + \gamma h$,可以得出以下推论:

(1) 静压强的大小与液体的体积无直接关系。相同的液体,其压强只和深度 h 有关。

(2) 两点的压强差,等于两点间单位面积垂直液柱的重量。如图 2.8 所示,液体内的任意两点 1、2 的压强关系可写为

$$z_1 + \frac{p_1}{\gamma} = z_2 + \frac{p_2}{\gamma} \tag{2.4.5}$$

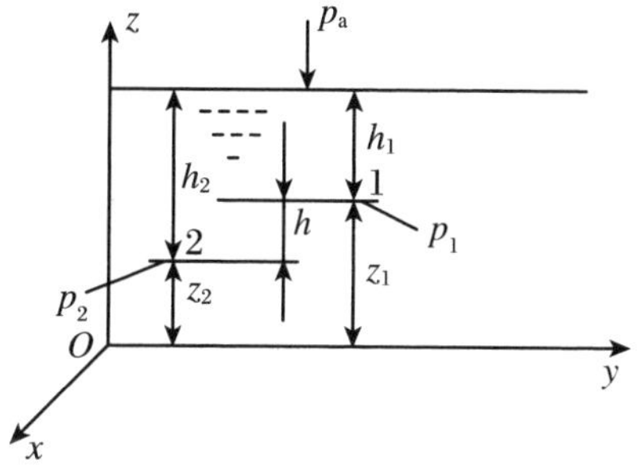

图 2.8　静止液体两点压强差

则

$$p_2 - p_1 = \gamma(z_1 - z_2) = \gamma h$$

或

$$p_2 = p_1 + \gamma h \tag{2.4.6}$$

由上可以看出,只要知道一点的压强以及和另一点的高度差,就可以求出另一点的压强。

(3) 平衡状态下,液体内任意点压强的变化,等值地传递到其他点。由式(2.4.6),在平衡状态下,若 1 点的压强增加了 Δp,则 2 点的压强变为

$$p_2' = (p_1 + \Delta p) + \gamma(z_1 - z_2) = p_1 + \gamma(z_1 - z_2) + \Delta p = p_2 + \Delta p \tag{2.4.7}$$

即某点压强的变化,等值地传递到其他各点,这就是著名的帕斯卡原理。这一原理自 17 世纪中叶发现以来,在水压机和液压传动设备中得到了广泛的应用。

2.4.3　流体静力学基本方程的几何意义与能量意义

式(2.4.5)中各项的单位量纲为[长度],并可用某一线段长度来表示其大小,称为“水头”。如图 2.9 所示,以 $z = 0$ 为基准,公式中各项意义如下:

1. 几何意义

z——位置水头,以任取水平面为基准面,$z = 0$,铅垂向上为正;

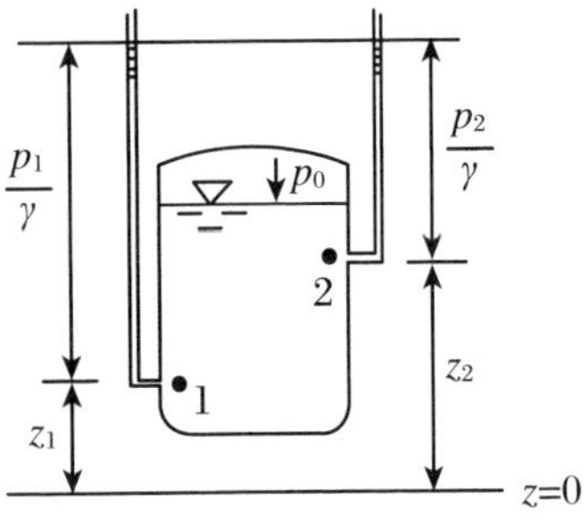

图 2.9　测压管水头与静压水头

$\frac{p}{\gamma}$——压强水头；

$z+\frac{p}{\gamma}$——测压管水头，图中为位置高度与测压管高度之和。

式(2.4.5)说明：静止液体中各点位置水头和压强水头可以相互转换，但各点测压管水头却永远相等，即敞口测压管最高液面处于同一水平面——测压管水头面。

2. 能量意义（物理意义）

z——位能，表示单位重量液体对基准面 0—0 的位能；

$\frac{p}{\gamma}$——压力能，表示单位重量液体所具有的压力能；

$z+\frac{p}{\gamma}$——势能，表示单位重量液体对基准面具有的势能。

式(2.4.5)的能量意义：在同一静止液体中，各点处单位重量液体的位能与压力能可以不相等，二者能量可以相互转化，总势能是相等的，是一个不变的常量，这是能量守恒定律在静止液体中的体现。

2.5　静压强的计算与测定

2.5.1　压强的计量方法

流体静压强可以表示为绝对压强、相对压强、表压强与真空度。其关系如图 2.10 所示。

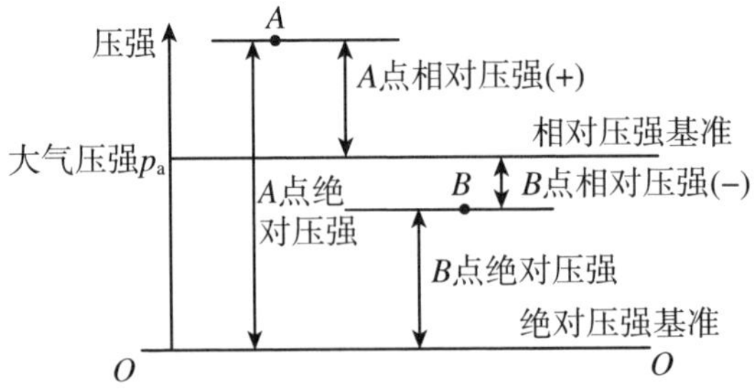

图 2.10　压强的计量方法

1. 绝对压强

以绝对零压或真空为起始点计量的压强，用符号 p_{abs}表示。

2. 相对压强

以当地大气压 p_a为零点，相对压强记为 p_r。相对压强与当地大气压 p_a 之间的关系为

$$p_r = p_{abs} - p_a \tag{2.5.1}$$

由式(2.5.1)可知,当绝对压强大于当地大气压时,相对压强为正;反之,为负。

3. 表压强

以当地大气压 p_a 为起始点向上计量的压强,用符号 p_g 表示。表压强的标准单位为帕斯卡,以往也常用工程大气压表示。由图 2.10 可以看出,表压强是相对压强为正时的压强值。表压强越大,则绝对压强越大。

4. 真空度

当相对压强为负值时,其绝对值称为真空度,用符号 p_v 表示,即以当地大气压 p_a 为起始点向下计量的压强。真空度越大,则绝对压强越小。两者之间的关系为

$$p_v = |p_{abs} - p_a| = p_a - p_{abs} \tag{2.5.2}$$

因此,压强的测量值有三种,分别为绝对压强、表压强以及真空度。

2.5.2　压强的单位

压强的单位很多,国际标准化组织(ISO)及我国法定计量单位规定的标准单位是帕斯卡(Pa),1 Pa = 1 N/m^2。此外,下面是一些过去常用的压强计量单位及其与标准单位的转换关系:

(1) 应力单位　　N/m^2,Pa,MPa(10^6 Pa)

(2) 液柱高度　　m 液体柱(水柱、油柱、汞柱)

(3) 大气压的位数　　1 atm = 1.013×10^5 Pa(标准大气压)

(4) 工程大气压　　1 at = 1 kgf/cm^2 = 9.8×10^4 Pa(工程大气压)

(5) 巴　　1 bar = 10^5 Pa

2.5.3　压强的测定

在工程实际中,常需要测量和计算流体流动过程中某点的压强或两点的压强差。用来测量压强的仪器大致可分为三种:液柱式、金属式和电测式。在此,我们重点介绍作为基础的液柱式测压计。

1. 液柱式测压计

(1) 测压管

如图 2.11 所示,简单的测压管就是一根玻璃管,一端连在要测量压力处的容器壁上,另一端开口与大气相通。根据管内液面上升的高度,便可得出容器中液体某点的静压力数值。图 2.11 中 M 点的绝对压强为

$$p_M = p_a + \rho gh \tag{2.5.3}$$

M 点的相对压强为(这里也即表压强)

$$p_M = \rho gh \tag{2.5.4}$$

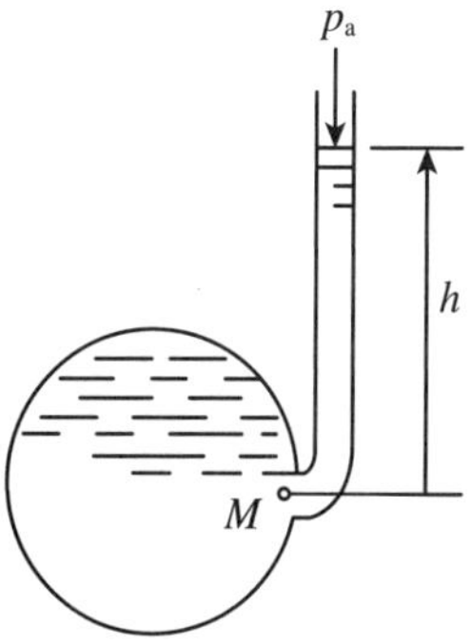

图 2.11　测压管

(2) U 形管测压计

为了克服测压管测量范围和工作液体的限制,常使用 U 形测

压管和U形管真空计来测量3个大气压以内的压强。在管内装有测压用的工作液体，称为封液，这是与被测流体不相混的液体。常用的封液有水、水银、油及酒精等。如图2.12所示，U形管测压计中1、2两点在等压面上，故 $p_1=p_2$。又有

$$p_1 = p + \rho g h_1, \quad p_2 = p_a + \rho_{Hg} g h_2$$

于是

$$p + \rho g h_1 = p_a + \rho_{Hg} g h_2$$

由此可得测点 M 处的绝对压强为

$$p = p_a + g(\rho_{Hg} h_2 - \rho h_1) \tag{2.5.5}$$

其相对压强，这里也即表压强为

$$p = g(\rho_{Hg} h_2 - \rho h_1) \tag{2.5.6}$$

这是被测容器中流体压力大于大气压力的情况，被测流体压力小于大气压力的情况同理很容易推得。

(3) 压差计

在工程实际中，测量两点压强差的仪器叫作压差计，如图2.13所示，此时 A 与 B 两点的压强差为

$$p_A - p_B = \gamma(h_A - h_B) + \gamma_g h_1 \tag{2.5.7}$$

或者因为 $h_A + h_1 = h_B + h$，所以 $h_A - h_B = h - h_1$，故

$$p_A - p_B = (\gamma_g - \gamma) h_1 + \gamma h \tag{2.5.8}$$

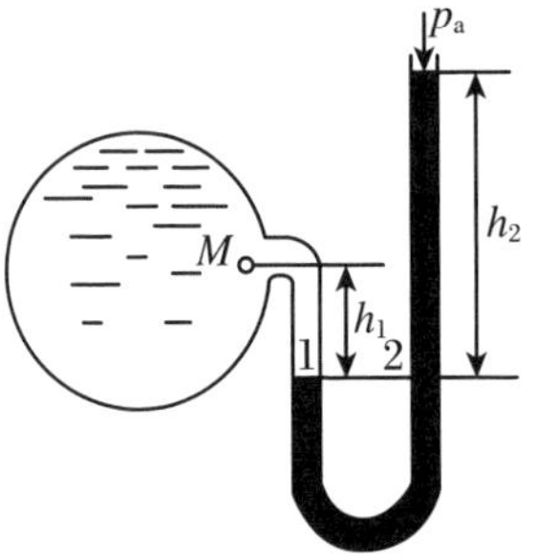

图2.12　U形管测压计

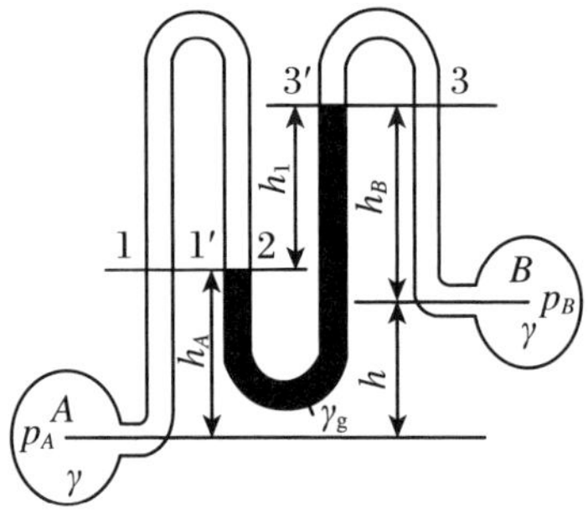

图2.13　压差计

(4) 倾斜微压计

当测量微小的流体压强时，如仍用U形管测压计，则会因读数小而引起误差，为了提高测量精度一般可采用倾斜微压计。倾斜微压计常用于测量气体压强。

如图2.14所示，因为气体的重度比液体的重度小得多，所以可以忽略，则 $p=p_a+\gamma h$。由于 $h=l\sin\alpha$，因此

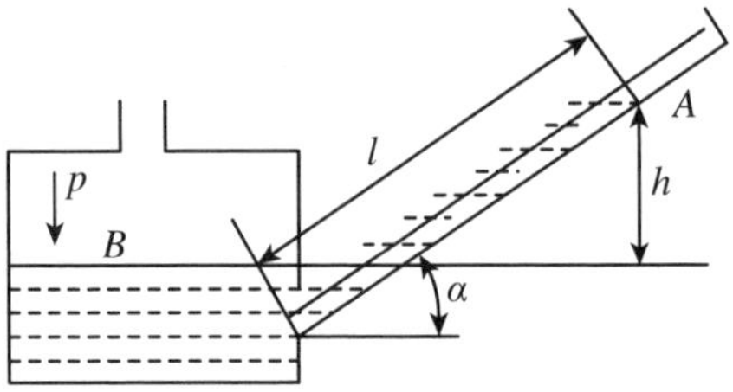

图2.14　倾斜微压计

$$p = p_a + \gamma l \sin\alpha$$

测出管中 l 的长度则可计算出压强 p 值，p 的相对压强即表压强为

$$p = \gamma l \sin\alpha \tag{2.5.9}$$

2. 金属测压计

当测量较大的压力时，常采用金属测压计（又称金属压力表），如图 2.15 所示。这种测量仪器具有构造简单、测压范围广、携带方便、测量精度足以满足工程需要等优点，因而在工程中被广泛采用。现在常用的有弹簧管压力表。

原理：其内装有一端开口，一端封闭端面为椭圆形的镰刀形黄铜管，开口端与被测定压强的液体连通，测压时，由于压强的作用，黄铜管随着压强的增加而发生伸展，从而带动扇形齿轮使指针偏转，把液体的相对压强值在表盘上显示出来。

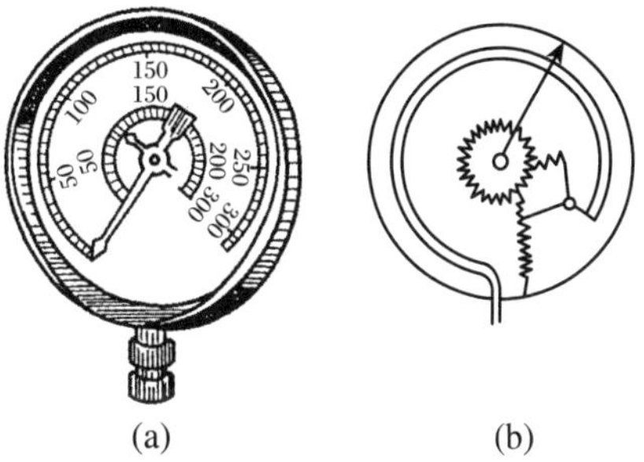

图 2.15　金属测压计

2.6　流体的相对平衡

在工程实际中，会遇到流体相对于地球运动，而液体内部质点以及流体与容器之间没有相对运动的情况，这种就称为流体的相对平衡。以下将讨论两类典型的情况：等加速直线运动容器中液体和等角速度旋转容器中液体的相对平衡。

2.6.1　等加速直线运动容器中液体的相对平衡

1. 静压分布规律

如图 2.16 所示，建立坐标系，坐标原点 O 在液面不动的点上，铅直方向为 z 轴，小车运动方向为 x 轴。

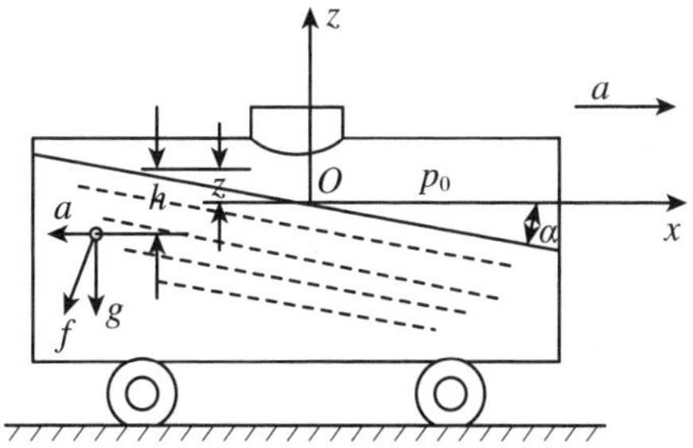

图 2.16　等加速直线运动容器中液体的相对平衡

小车在水平导轨上以加速度 a 运动，液面上压强为 p_0，由于惯性力作用，液面与水平面成 α 角。

根据达朗贝尔原理，此时小车内液体的单位质量力分别为

$$f_x = - a, \quad f_y = 0, \quad f_z = - g$$

代入欧拉平衡方程的微分形式式(2.3.10),即

$$\mathrm{d}p = \rho(f_x \mathrm{d}x + f_y \mathrm{d}y + f_z \mathrm{d}z)$$

得

$$\mathrm{d}p = \rho(- a\mathrm{d}x - g\mathrm{d}z)$$

积分,得

$$p = - \rho(ax + gz) + C \tag{2.6.1}$$

根据边界条件,$x = 0$,$y = 0$ 时,$p = p_0$,代入上式得 $C = p_0$,则

$$p = p_0 - \rho(ax + gz) \tag{2.6.2}$$

上式即为在水平直导轨上等加速运动容器中液体内部静压强的计算公式。

2. 等压面

令式(2.6.2)中 $p = C$(常数),得等压面方程

$$ax + gz = \frac{p_0 - C}{\rho} = b \tag{2.6.3}$$

式中,b 为常数。

可见,等加速度直线运动容器中流体的等压面不再是水平面,而是一簇平行的斜面,且斜面相对于水平面的后斜角为

$$\alpha = \arctan \frac{a}{g} \tag{2.6.4}$$

显然,自由液面是一等压面(压强为 p_0),将坐标原点代入式(2.6.3),得 $b = 0$,则自由液面的方程为

$$z_s = - \frac{a}{g} x \tag{2.6.5}$$

式中,z_s 表示自由液面上的 z 坐标。

2.6.2 等角速度旋转容器中液体的相对平衡

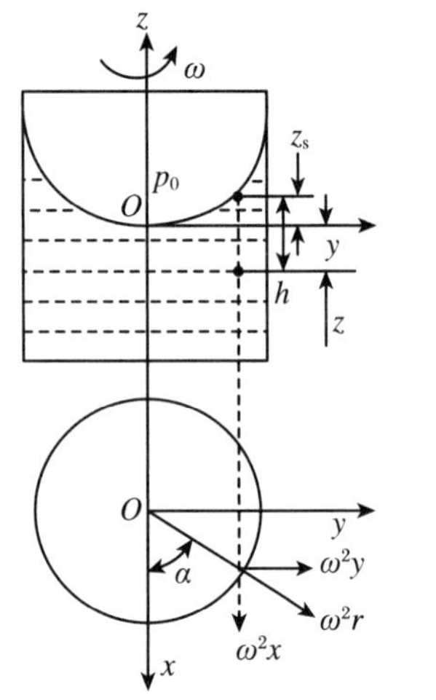

图 2.17 等角速度旋转容器中液体的相对平衡

如图 2.17 所示,盛有液体的圆形开口容器等角速度绕中心铅直轴旋转,经过一段时间达到稳定运动状态后,流体和容器一起以角速度 ω 运动,液体自由液面形成一个旋转曲面。将坐标系固定在容器上并将坐标原点选在自由液面中心处,z 轴垂直向上,x 轴和 y 轴取为水平方向。

1. 静压分布规律

由图 2.17 可知,此时液体中某一点所受到的单位质量力分别为

$$f_x = \omega^2 r\cos\alpha = \omega^2 x$$
$$f_y = \omega^2 r\sin\alpha = \omega^2 y$$
$$f_z = - g$$

代入欧拉平衡方程的微分形式式(2.3.10),得

$$dp = \rho(\omega^2 x dx + \omega^2 y dy - g dz) \tag{2.6.6}$$

积分,得

$$p = -\rho g z + \frac{\rho\omega^2}{2} r^2 + C \tag{2.6.7}$$

将边界条件 $z=0$,$r=0$ 时 $p=p_0$,代入上式得 $C=p_0$,则

$$p = p_0 + \rho g\left(\frac{\omega^2 r^2}{2g} - z\right) \tag{2.6.8}$$

上式即为等角速度旋转容器中液体内部静压强的分布规律。

2. 等压面

令式(2.6.8)中 $p=C$(常数),整理后得等压面方程

$$z = \frac{\omega^2}{2g} r^2 + b \tag{2.6.9}$$

式中,b 为常数。

可见,做等角速度旋转运动容器中液体的等压面是一簇旋转抛物面。显然,自由液面也是一等压面,将原点的坐标代入上式,得

$$z_s = \frac{\omega^2}{2g} r^2 \tag{2.6.10}$$

式中,z_s 表示自由液面上的 z 坐标。

3. 特例

(1) 装满液体的容器在顶盖中心开口的相对平衡

如图2.18所示,容器绕其中心轴做等角速度旋转时,液体在离心惯性力作用下向外甩,但由于受到顶盖的限制,液面并不能形成旋转抛物面。此时顶盖上各点静压强仍按旋转抛物面分布,顶盖中心处压强为大气压强,其他处各点压强大于大气压强。液体内各点的静压强分布为

$$p = p_a + \rho g\left(\frac{\omega^2 r^2}{2g} - z\right) \tag{2.6.11}$$

边缘点半径为 R 处流体静压强最高。角速度 ω 越大,则边缘处流体静压强越大。工业上的离心铸造机就是这个原理。

(2) 装满液体的容器在顶盖边缘开口的相对平衡

如图2.19所示,容器绕其中心轴做等角速度旋转时,液体在离心惯性力作用下向外甩,但容器内部产生真空又将阻止液体被甩出。顶盖上液体负压(真空)同样按旋转抛物面分布;

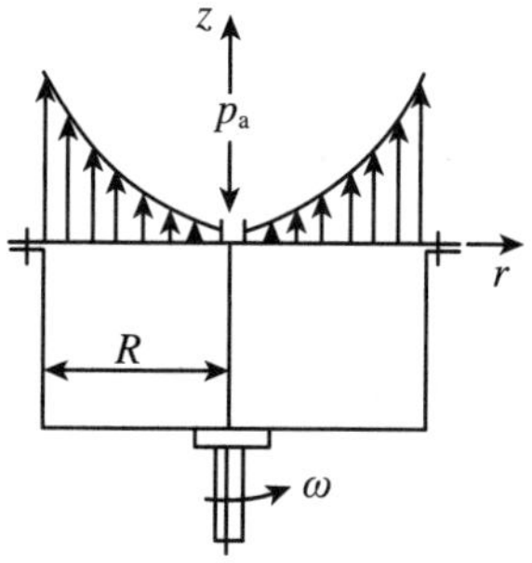

图2.18　顶盖中心开口容器

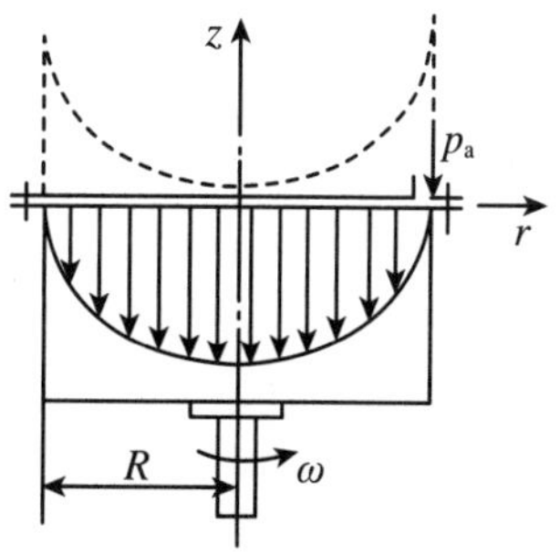

图2.19　顶盖边缘开口容器

顶盖边缘开口处液面压强为大气压强,其他处各点压强小于大气压强。液体内各点的静压强分布为

$$p = p_a - \rho g\left[\frac{\omega^2}{2g}(R^2 - r^2) + z\right] \tag{2.6.12}$$

顶盖各处的相对压强为

$$p' = p - p_a = -\rho g\frac{\omega^2}{2g}(R^2 - r^2)$$

“-”号说明顶盖处各点存在真空度,图中向下的箭头表示真空度的分布情况。离心水泵、风机、旋风分离器、除尘器等都是这种原理。

【例 2.1】 如图 2.17 所示,有一圆筒,直径为 0.60 m,高为 1 m,里面盛满了水。如果它绕其中心轴以 60 r/min 的转速旋转,问:能有多少水溢出?作用于距中心线 0.2 m 处容器底面上的压强为多大?

【解】 (1) 先求旋转角速度,得

$$\omega = \frac{2\pi n}{60} = \frac{60\times 2\pi}{60}\ \text{rad/s} = 2\pi\ \text{rad/s}$$

根据溢出水的体积应等于抛物体的体积及式(2.6.10),可列出下式:

$$V = \frac{2g\pi}{\omega^2}\int_0^H z\mathrm{d}z = g\pi\left(\frac{H}{\omega}\right)^2 \qquad ①$$

根据题意,求得

$$H = \frac{\omega^2 R^2}{2g} = \frac{(2\pi)^2\times(0.3)^2}{2\times 9.8}\ \text{m} = 0.18\ \text{m}$$

代入式①,得

$$V = g\pi\left(\frac{H}{\omega}\right)^2 = 9.8\pi\times\left(\frac{0.18}{2\pi}\right)^2\ \text{m}^3 = 0.025\ \text{m}^3$$

(2) 半径 0.2 m 处 A 点对应水面 B 与最低水面 C 的垂直距离 z 由式(2.6.10)求得:

$$z = \frac{\omega^2 r^2}{2g} = \frac{(2\pi)^2\times(0.2)^2}{2\times 9.8}\ \text{m} = 0.081\ \text{m}$$

则 A 点处的水深为

$$h = 1 - H + z = (1 - 0.18 + 0.081)\ \text{m} = 0.901\ \text{m}$$

故 A 点的压强为

$$p_A = \rho g h = (9.8\times 10^3\times 0.901)\ \text{Pa} = 8.83\times 10^3\ \text{Pa}$$

2.7 静止液体作用于平面壁上的总压力

工程上除要确定点压强外,还需要确定流体作用在受压面上的总压力。对于气体,各点压强相等,总压力就等于压强与受压面积的乘积。对于液体,因各点压强往往不同,计算总压力时必须考虑压强的分布。计算液体的总压力,实质就是求受压面上分布力的合力。

2.7.1　总压力的方向

静压强的方向总是沿作用面的内法线方向，因此静止液体作用于平面壁上的总压力方向垂直指向受压面。

2.7.2　总压力的计算

如图 2.20 所示，任意形状平面板，面积为 A，与水平面的夹角为 α；以平面板与液面的交线为 Ox 轴，Oy 轴垂直于 Ox 轴向下。

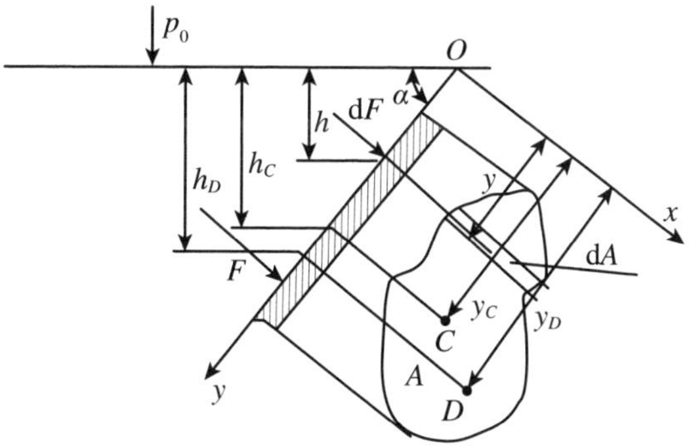

图 2.20　任意平面静水总压力的计算图

在受压面上任取一微元面积 $\mathrm{d}A$，其所受到的压力为

$$\mathrm{d}F = p\mathrm{d}A = (p_0 + \rho gh)\mathrm{d}A = (p_0 + \rho gy\sin\alpha)\mathrm{d}A \tag{2.7.1}$$

积分，得

$$F = \int \mathrm{d}F = \int_A (p_0 + \rho gy\sin\alpha)\mathrm{d}A = p_0\int_A \mathrm{d}A + \rho g\sin\alpha\int_A y\mathrm{d}A$$

即

$$F = (p_0 + \rho gy_c\sin\alpha)A = (p_0 + \rho gh_c)A = p_cA \tag{2.7.2}$$

式中，y_c 为平面的形心坐标；p_c 为形心处静压强；$\int_A y\mathrm{d}A$ 为受压面 A 对 Ox 轴的静矩。

上式表明，静止流体对平面的总压力等于该平面形心处的压强 p_c 与平面面积 A 的乘积。如液面压强为大气压时，$p_0 = p_a$，若不计大气压力 p_a，则

$$F = \gamma h_cA \tag{2.7.3}$$

2.7.3　总压力的作用点

总压力的作用点（压力中心）D 到 Ox 轴的距离为 y_D，根据合力矩定理及式(2.7.3)，有

$$Fy_D = \int y\mathrm{d}F = \rho g\sin\alpha\int_A y^2\mathrm{d}A = \rho g\sin\alpha I_x \tag{2.7.4}$$

式中，$I_x = \int_A y^2\mathrm{d}A$ 为受压面 A 对 Ox 轴的惯性矩。

将 $F = \rho gy_c\sin\alpha A$ 代入式(2.7.4)，得

$$y_D = \frac{I_x}{y_cA} \tag{2.7.5}$$

由惯性矩的平行移轴定理，$I_x = I_c + y_c^2 A$，代入式(2.7.5)，得

$$y_D = y_c + \frac{I_c}{y_c A} \tag{2.7.6}$$

讨论：由于上式中$\dfrac{I_c}{y_c A}>0$，故 $y_D > y_c$，即总压力的作用点 D 一般在受压面形心 C 的下方。只有当受压面为水平面，即 $y_c \to \infty$ 时，$\dfrac{I_c}{y_c A}\to 0$，作用点 D 才与受压形心 C 重合。即当受压面上压强均匀分布时，其总压力作用在形心上。

实际工程中的受压壁面大都是轴对称面（此轴与 y 轴平行），$\boldsymbol{F}$ 的作用点 D 必位于此对称轴上。

为了便于计算，现将工程上常用的几何平面图形的面积 A、形心坐标 l_c 和惯性矩 I_c 列于表 2.1。

表 2.1　常用的几何平面图形的几何量

几何图形名称		面积 A	形心坐标 l_c	通过形心轴的惯性矩 I_c
矩形	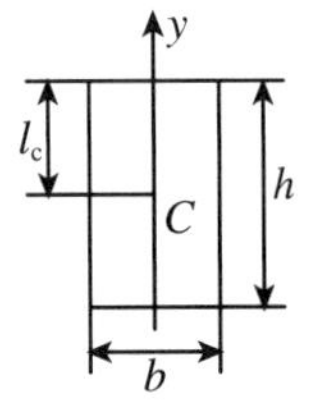	bh	$\frac{1}{2}h$	$\frac{1}{12}bh^3$
三角形	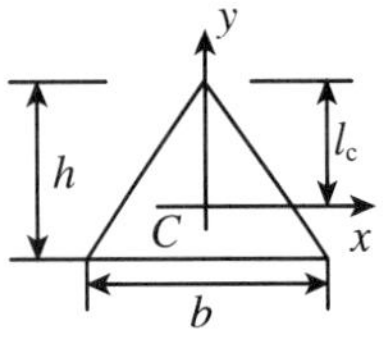	$\frac{1}{2}bh$	$\frac{2}{3}h$	$\frac{1}{36}bh^3$
半圆	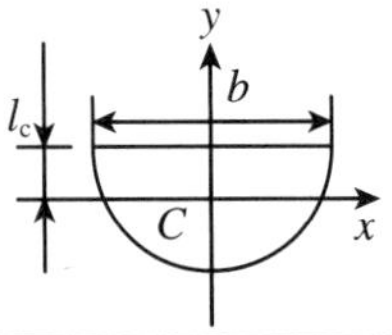	$\frac{\pi}{8}d^2$	$\frac{4r}{3\pi}$	$\frac{9\pi^2-64}{72\pi}r^4$
梯形	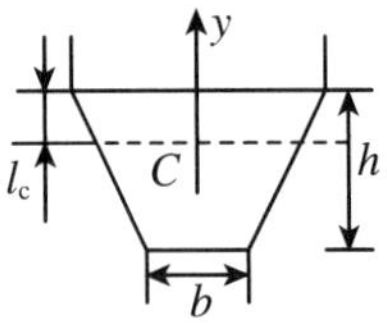	$\frac{h}{2}(a+b)$	$\frac{h}{3}\frac{a+2b}{a+b}$	$\frac{h^3}{36}\frac{a^2+4ab+b^2}{a+b}$
圆	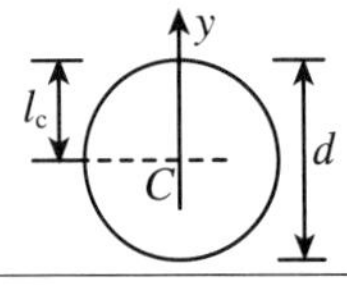	$\frac{\pi}{4}d^2$	$\frac{d}{2}$	$\frac{\pi}{64}d^4$
椭圆	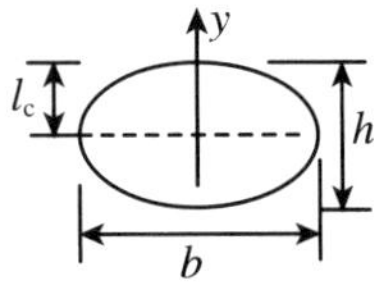	$\frac{\pi}{4}bh$	$\frac{h}{2}$	$\frac{\pi}{64}bh^3$

【例2.2】 如图2.21所示，倾斜闸门 AB，其宽度 $b=1$ m(垂直于图面)，A 处为铰接轴，整个闸门可绕此轴转动。已知 $H=3$ m，$h=1$ m，闸门自重及铰接轴处的摩擦力可略去不计。求升此闸门时所需垂直向上的拉力。

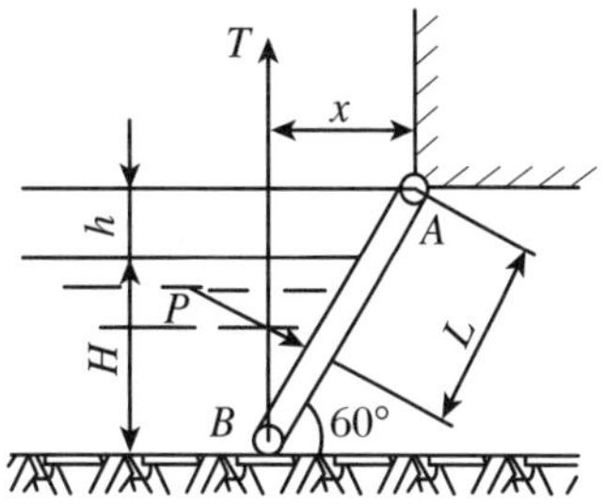

图2.21　倾斜闸门压力计算

【解】

$$P=\rho g h_c A=\rho g\frac{H}{2}\frac{Hb}{\sin 60^\circ}$$

$$=9800\times 1.5\times\left(\frac{3}{\sin 60^\circ}\times 1\right)\text{ N}=50923\text{ N}$$

压力中心 D 点到铰轴的距离为

$$L=\frac{h}{\sin 60^\circ}+\left(z_c+\frac{I_c}{z_c A}\right)=\frac{h}{\sin 60^\circ}+\left[\frac{1}{2}\times\frac{H}{\sin 60^\circ}+\frac{\frac{1}{12}b\left(\frac{H}{\sin 60^\circ}\right)^3}{\frac{1}{2}\frac{H}{\sin 60^\circ}\left(b\frac{H}{\sin 60^\circ}\right)}\right]$$

$$=3.455\text{ m}$$

$$x=\frac{H+h}{\tan 60^\circ}=\frac{4}{\sqrt{3}}\text{ m}=2.31\text{ m}$$

则根据理论力学力矩平衡原理，有 $\sum M_A=PL-Tx=0$，代入可得

$$T=\frac{PL}{x}=\frac{50923\times 3.455}{2.31}\text{ N}=76164\text{ N}$$

2.8　静止液体作用于曲面壁上的总压力

在工程中常会遇到液体作用于曲面的情况，如圆形贮水池壁面、圆管壁面、弧形闸门以及球形容器等，多为二向曲线或球面。本节将着重讨论液体作用在二向曲面上的总压力。

2.8.1　总压力及其方向

如图2.22所示，设有受到流体压力的二向曲面 ab，其面积为 A，选坐标系的 z 轴铅直向下，原点在液面上，y 轴和二向曲面的母线平行，在曲线上取一微元面积 $\mathrm{d}A$，则受到的压力为

$$\mathrm{d}F=\rho g h\,\mathrm{d}A \tag{2.8.1}$$

将 $\mathrm{d}F$ 分解为水平分力和垂直分力，即

$$\mathrm{d}F_x=\mathrm{d}F\cos\alpha=\rho g h\,\mathrm{d}A\cos\alpha=\rho g h\,\mathrm{d}A_x \tag{2.8.2}$$

$$\mathrm{d}F_z=\mathrm{d}F\sin\alpha=\rho g h\,\mathrm{d}A\sin\alpha=\rho g h\,\mathrm{d}A_z \tag{2.8.3}$$

式中，$\mathrm{d}A_x$、$\mathrm{d}A_z$ 分别为 $\mathrm{d}A$ 在垂直投影面上和水平投影面上的投影。

总压力的水平分力为

$$F_x=\iint_A \mathrm{d}F_x=\iint_A \rho g h\,\mathrm{d}A_x=\rho g\iint_A h\,\mathrm{d}A_x \tag{2.8.4}$$

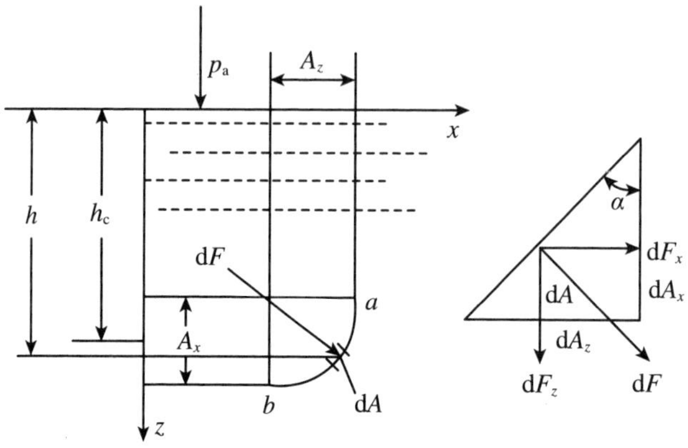

图 2.22　二维曲面上的液体总压力

式中，$\iint_A h\mathrm{d}A_x$ 为曲面的垂直投影面 A_x 对 Oy 轴的静矩，则 $\iint_A h\mathrm{d}A_x = h_c A_x$，代入上式，得

$$F_x = \rho g h_c A_x = p_c A_x \tag{2.8.5}$$

式中，A_x 为曲面的垂直投影面积；h_c 为投影面 A_x 形心点的淹深；p_c 为投影面 A_x 形心点处的压强。

总压力的铅直分力为

$$F_z = \iint_A \mathrm{d}F_z = \iint_A \rho g h \mathrm{d}A_z = \rho g \iint_A h\mathrm{d}A_z = \rho g V_p \tag{2.8.6}$$

式中，$\iint_A h\mathrm{d}A_z = V_p$ 为曲面和自由液面(或者其延长面)之间的铅垂柱体体积，称为压力体。上式表明，液体作用在曲面上的总压力的铅直分力大小等于压力体的重量。

平面汇交力系的合力就是液体作用在二向曲面上的总压力，即

$$F = \sqrt{F_x^2 + F_z^2} \tag{2.8.7}$$

总压力作用线与水平面的夹角满足

$$\tan\alpha = \frac{F_z}{F_x} \tag{2.8.8}$$

即

$$\alpha = \arctan\frac{F_z}{F_x} \tag{2.8.9}$$

2.8.2　压力体

由式(2.8.6)可知，式 $\iint_A h\mathrm{d}A_z = V_p$ 表示的几何体积称为压力体。求得压力体大小就可计算铅直分压力。

如图 2.23 所示，压力体的构成包括：① 曲面本身；② 通过曲面周界的铅垂面；③ 自由液面或其延续面。压力体分为实压力体与虚压力体。

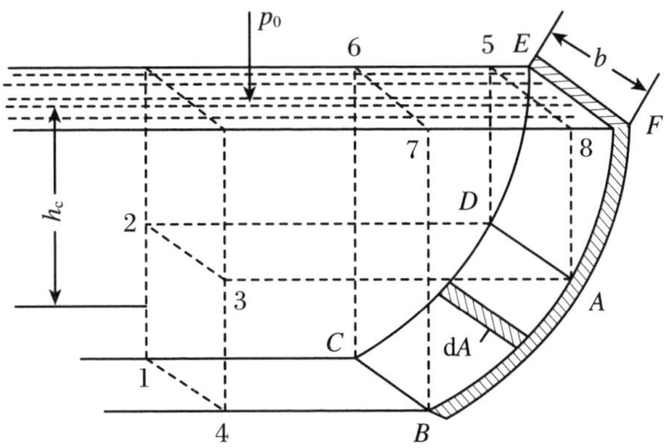

图 2.23　压力体的构成

1. 实压力体

如图 2.24(a)所示,压力体和液体在曲面$\overset{\frown}{AB}$的同侧,压力体内有液体,称为实压力体,垂直分力方向向下。

2. 虚压力体

如图 2.24(b)所示,压力体和液体在曲面$\overset{\frown}{AB}$的异侧,其上底面为自由液面的延伸面,压力体内无液体,称为虚压力体,垂直分力方向向上。

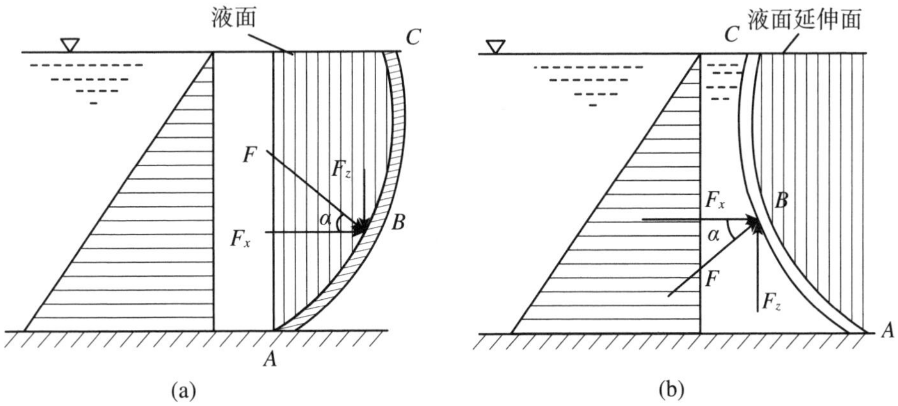

图 2.24　实压力体与虚压力体

2.8.3　总压力的作用点

过 F_x 作用线(通过 A_x 压强分布图形心)和 F_z 作用线(通过压力体的形心)的交点,作与水平面成 α 角的直线就是总压力的作用线,该线和曲面的交点即为总压力的作用点,如图 2.24 所示。

2.9 浮力原理

1. 阿基米德浮力原理

什么是浮力？浮力是流体对浸没（或半浸没）物体表面所施加的流体静压力的合力。

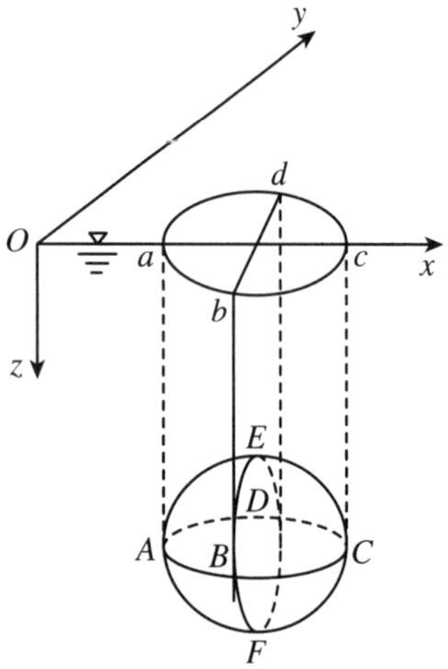

图 2.25 液体作用在完全浸没物体上的浮力

如图 2.25 所示，有一物体完全浸没在静止液体中，物体受到的静压力 F 可以分解成水平方向的分量 F_x、F_y 和垂直方向的分量 F_z。根据作用在曲面上的流体静压力特点，当把物体表面分为左与右、前与后两部分时，物体表面左与右、前与后部分受到的流体静压力大小相等，方向相反。流体静压力在左右、前后方向平衡。

当把物体表面分为上、下两部分时，上表面 $ABCDE$ 的压力体为 $ABCDEabcd$，压力体为实压力体，方向向下；下表面 $ABCDF$ 的压力体为 $ABCDFabcd$，压力体为虚压力体，方向向上。因此，完全浸没物体在铅垂方向的受力大小为两个压力体之差，即物体的体积 $ABCDEF$ 确定。

对于物体的上半部分，压力体为 $ABCDEabcd$，受到的铅垂方向的力为 $F_{p1} = \rho g V_{ABCDEabcd}$，方向向下。

对于物体的下半部分，压力体为 $ABCDFabcd$，受到的铅垂方向的力为 $F_{p2} = -\rho g V_{ABCDFabcd}$，方向向上。

从而物体所受浮力为 $F_z = F_{p2} - F_{p1} = -\rho g V_{ABCDEF}$，方向向上。可见，液体对物体的浮力只与液体的密度和物体排开液体的体积有关，与液体的深度和物体的形状无关。因此，浸没于液体中的物体（潜沉）受到浮力（垂直向上的合压力）的大小等于该物体所排开液体的重量，浮力的作用点称为浮心，为物体的形心。这个结论是由阿基米德首先提出的，故称阿基米德浮力原理，它不仅适用于各种液体，还适用于气体。另外，物体有可能不是完全沉没在液体中，而是部分沉没在液体中，这种半浸没物体受到的浮力的计算与完全浸没物体类似，阿基米德浮力原理同样适用。

2. 浮体的稳定性

设物体的重量为 G，浮力为 F_z，显然得如下结论：

当 $G > F_z$ 时，物体将下沉至水底，称为沉体；

当 $G < F_z$ 时，物体将上浮而露出水面，称为浮体，这样，物体排开液体的体积变小（浮力变小），直至重力等于浮力；

当 $G = F_z$ 时，物体处于淹没平衡状态，称为潜体。

【例 2.3】 图 2.26 所示的贮水容器，其壁面上有三个半球形的盖。设 $d = 0.5$ m，$h = 2.0$ m，$H = 2.5$ m。试求作用在每个球盖上的液体总压力。

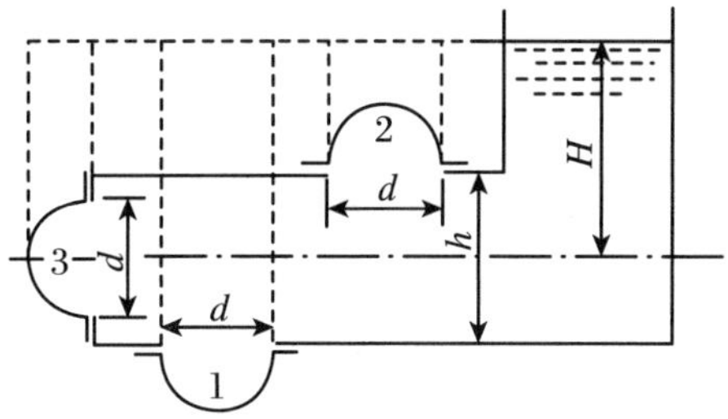

图 2.26　贮水容器的压力计算

【解】 底盖:因为作用在底盖的左、右两半部分的压力大小相等,而方向相反,故水平分力为零。其总压力就等于总压力的垂直分力,即

$$P_{z1}=\rho gV_{p1}=\rho g\left[\frac{\pi d^2}{4}\left(H+\frac{h}{2}\right)+\frac{\pi d^3}{12}\right]$$

$$=9800\times\left[\frac{\pi\times0.5^2}{4}\times(2.5+1.0)+\frac{\pi\times0.5^3}{12}\right]\ \text{N}$$

$$=7052\ \text{N}\quad(\text{方向向下})$$

顶盖:与底盖一样,总压力的水平分力为零。其总压力也等于曲面总压力的垂直分力,即

$$P_{z2}=\rho gV_{p2}=\rho g\left[\frac{\pi d^2}{4}\left(H-\frac{h}{2}\right)-\frac{\pi d^3}{12}\right]$$

$$=9800\times\left[\frac{\pi\times0.5^2}{4}\times(2.5-1.0)-\frac{\pi\times0.5^3}{12}\right]\ \text{N}$$

$$=2564\ \text{N}\quad(\text{方向向上})$$

侧盖:其液体总压力为垂直分力与水平分力的合成。其总压力的水平分力为半球体在垂直平面上投影面积的液体总压力,即

$$P_{x3}=\rho gh_cA_x=\rho gH\frac{\pi d^2}{4}=9800\times2.5\times\frac{\pi\times0.5^2}{4}\ \text{N}=4808\ \text{N}\quad(\text{方向向左})$$

其总压力的垂直分力应等于侧盖的下半部分实压力体与下半部分虚压力体之差的水重,即半球体积水重,亦即

$$P_{z3}=\rho gV_{p3}=\frac{\rho g\pi d^3}{12}=\frac{9800\times\pi\times0.5^3}{12}\ \text{N}=320.5\ \text{N}\quad(\text{方向向下})$$

故侧盖上总压力的大小和方向分别为

$$P_z=\sqrt{P_{x3}^2+P_{z3}^2}=\sqrt{4808^2+320.5^2}\ \text{N}=4819\ \text{N}$$

$$\tan\alpha=\frac{P_{z3}}{P_{x3}}=\frac{320.5}{4808}=0.067$$

$$\alpha=3°50'$$

因为总压力的作用线一定与盖的球面相垂直,所以一定通过球心。

本章小结

(1) 本章所得的结论,对理想流体或黏性流体都是适用的。在一般情况下,液体可以被看成不可压缩的物质,在讨论中可认为重度 γ 或密度 ρ 为常量。

(2) 流体所受到的力主要分为表面力与质量力。表面力包括压力与切向力,质量力包括重力与惯性力。其中,单位质量($m=1$)力 $\boldsymbol{F}_m = m\boldsymbol{a}_m = \boldsymbol{a}_m$ 在 x、y、z 向的轴上的投影 f_x、f_y、f_z 称为单位质量力在 x、y、z 向的分力,或简称单位质量分力。

(3) 静压强及其特性,点压强的计算;

液体静力学的基本方程式 $z+\dfrac{p}{\rho g}=C$ 及其三个推论。

(4) 静压强的计量方法:绝对压强、相对压强、表压强和真空度。

(5) 压强单位:国际标准的压强单位为帕斯卡(Pa)。

压强的主要测定方式为液柱式测压,介绍了常用的测压管、U 形管测压计、压差计、倾斜微压计等。

(6) 两类典型液体的相对平衡:

① 等加速直线运动容器中液体的相对平衡。

内部静压强的计算公式:$p=p_0-\rho(ax+gz)$;等压面方程:$ax+gz=b$,$\alpha=\arctan\dfrac{a}{g}$,其表示一簇斜角 α 平行的斜面。

② 等角速度旋转容器中液体的相对平衡。

静压强的分布规律:$p=p_0+\rho g\left(\dfrac{\omega^2 r^2}{2g}-z\right)$;等压面方程:$z=\dfrac{\omega^2}{2g}r^2+b$ 表示一簇旋转抛物面。

(7) 静止液体作用于平面壁上的总压力:$F=p_{\mathrm{c}}A$(p_{c} 为形心处静压强);总压力的作用点:$y_D=y_{\mathrm{c}}+\dfrac{I_x}{y_{\mathrm{c}}}A$($y_{\mathrm{c}}$ 为受压面形心处坐标,I_x 为受压面 A 对 Ox 轴的惯性矩)。

(8) 静止液体作用于曲面壁上的总压力:

分水平分力和垂直分力,求解其力为

$$\begin{cases} F_x = p_{\mathrm{c}}A_x \\ F_z = \rho g V_p \end{cases}$$

则合力为

$$F = \sqrt{F_x^2 + F_z^2}$$

总压力的作用线与水平面的夹角为

$$\alpha = \arctan\frac{F_z}{F_x}$$

式中,A_x 为曲面的垂直投影面积;p_{c} 为投影面 A_x 形心点处的压强;$\iint_A h\,\mathrm{d}A_z = V_{\mathrm{p}}$ 为曲面和

自由液面(或者其延长面)之间的铅垂柱体体积,称为压力体。

压力体包括实压力体和虚压力体。

(9) 浮力原理(阿基米德原理):液体作用于潜体或浮体上的总压力,只有垂直向上的浮力,大小等于所排开的液体重量,作用线通过潜体的几何中心。

$$p_z = \rho g \int_{A_x} h \mathrm{d}A_x = \rho g V$$

式中,A_x 为物体在水平面的投影面积;$\int_{A_x} h\mathrm{d}A_x = V$ 是浸没在液体中的物体体积。

思考与练习

2.1　在海面以下深度 $h=30$ m 处测得相对压强为 309 kN/m²,则海水的平均重度为多少?

2.2　受压壁面垂直时,其总压力作用点的计算有何特点?平面壁上压强分布曲线的形状如何?

2.3　在海水面以下深 $h=30$ m 处测得相对压强为 309 kN/m²,求海水的平均密度。

2.4　已知大气压强为 98.1 kN/m²。求:

(1) 绝对压强为 117.7 kN/m²时的相对压强;

(2) 绝对压强为 68.5 kN/m²时的真空度,并用水柱高度表示。

2.5　一盛水封闭容器,容器内液面压强 $p_0=80$ kN/m²。液面上有无真空存在?若有,求出真空值。

2.6　如图 2.27 所示,两容器底部连通,顶部空气互相隔绝,并装有压力表,$p_1=24.5$ kPa,$p_2=14.5$ kPa,试求两容器中水面的高差 H。

2.7　如图 2.28 所示,水压机由两个尺寸不同而彼此连通的置于缸筒内的一对活塞组成,缸内充满水或油。已知活塞的面积分别为 A_1,A_2,若忽略两活塞的质量及其与圆筒摩阻的影响,当小活塞加力 F_1 时,求大活塞所产生的力 F_2。

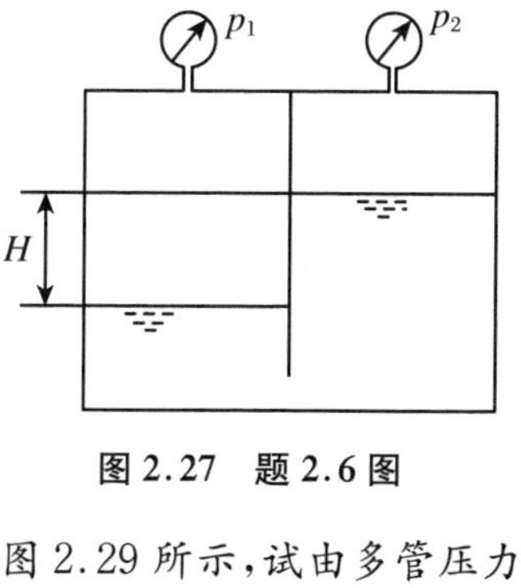

图 2.27　题 2.6 图

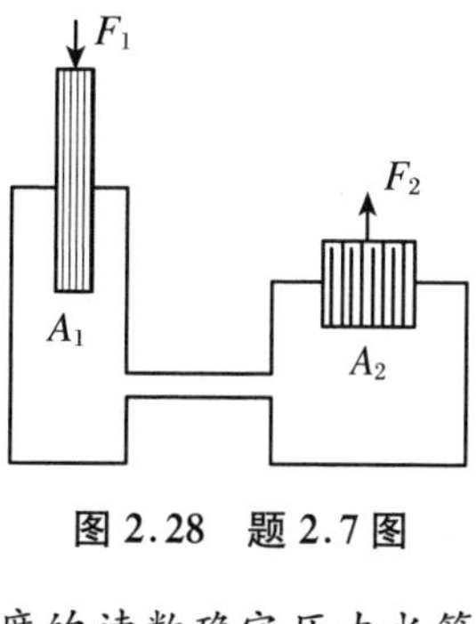

图 2.28　题 2.7 图

2.8　如图 2.29 所示,试由多管压力计中水银面高度的读数确定压力水箱中 A 点的相对压强(所有读数均自地面算起,其单位为 m)。

2.9　装有空气、油($\rho=801$ kg/m³)及水的压力容器,油面及 U 形压差计的液面高如图

2.30 所示，求容器中空气的压强。

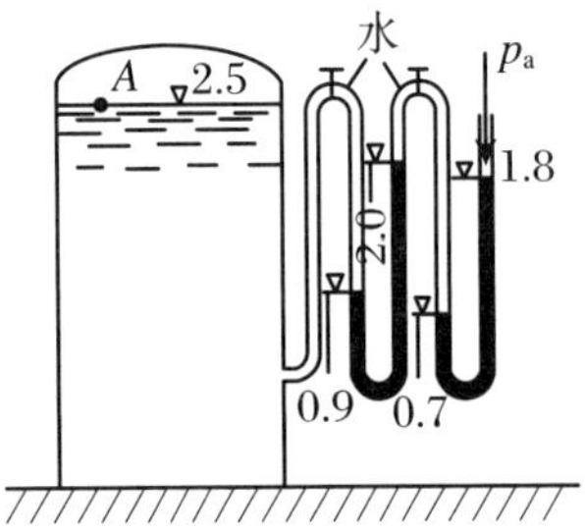

图 2.29　题 2.8 图

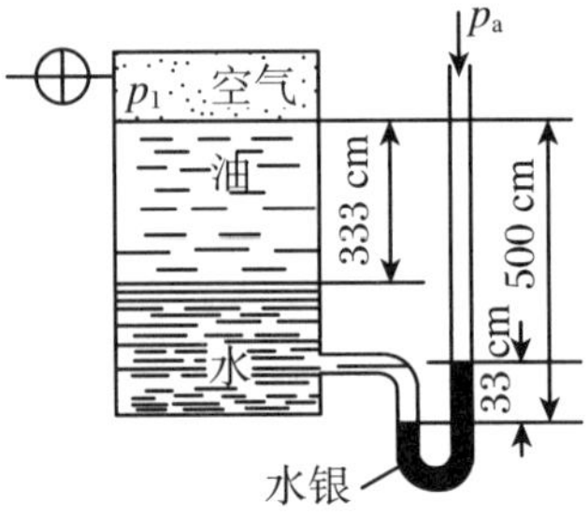

图 2.30　题 2.9 图

2.10　如图 2.31 所示，在高 $H=1$ m 的容器中，上半装油下半装水，油上部真空表读数 $p_1=4500$ Pa，水下部压力表读数 $p_2=4500$ Pa，试求油的密度 ρ。

2.11　如图 2.32 所示，用两个水银测压计连接到水管中心线上，左边测压计中交界面在中心 A 点之下的距离为 z，其水银柱高度为 h；右边测压计中交界面在中心 A 点之下的距离为 $z+\Delta z$，其水银柱高为 $h+\Delta h$。

(1) 试求 Δh 与 Δz 的关系；

(2) 如果令水银的相对密度为 13.6，$\Delta z=136$ cm，求 Δh。

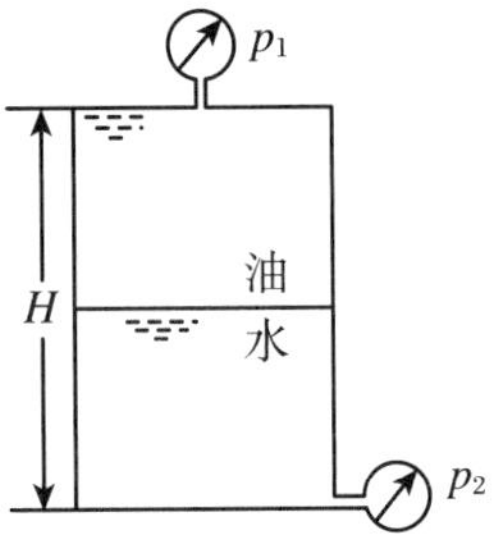

图 2.31　题 2.10 图

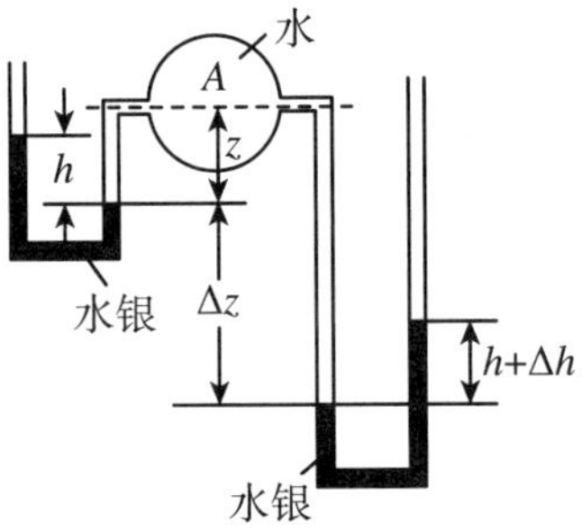

图 2.32　题 2.11 图

2.12　如图 2.33 所示，水压机的大活塞直径 $D=0.5$ m，小活塞直径 $d=0.2$ m，$a=0.25$ m，$b=1.0$ m，$h=0.4$ m，试问当外加压力 $P=200$ N 时，A 块受力为多少？(活塞重量不计)

2.13　一铅直矩形平板 AB 如图 2.34 所示，板宽为 1.5 m，板高 $h=2.0$ m，板顶水深 $h_1=1$ m，求板所受的总压力的大小及力的作用点。

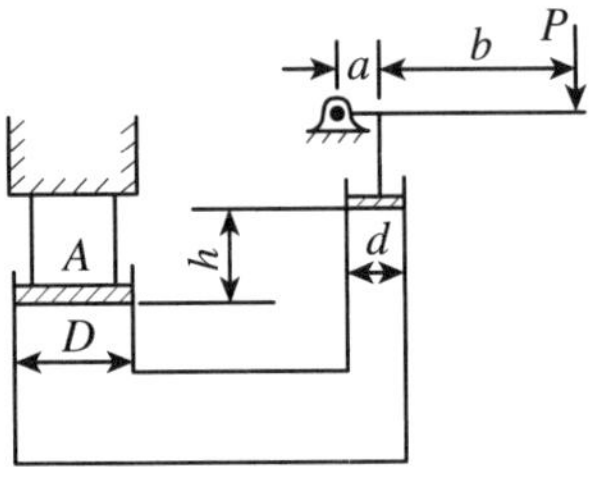

图 2.33　题 2.12 图

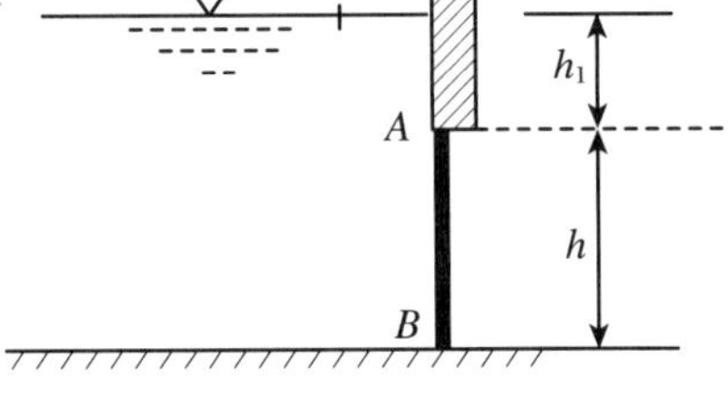

图 2.34　题 2.13 图

2.14　图 2.35 所示为一侧有水的倾斜安装的均质矩形闸门，其宽度 $b=2$ m，倾斜角 α

$=60^\circ$，铰链中心 O 位于水面以上 $C=1$ m，水深 $h=3$ m，求闸门开启时所需铅直向上的提升力 T，设闸门重力 $G=0.196\times10^5$ N。

2.15　如图 2.36 所示，一水库闸门，自重 $W=2500$ N，宽 $b=3$ m，闸门与支撑间的摩擦因数 $\mu=0.3$，当水深 $H=1.5$ m 时，试问提升闸门所需的力 T 为多少？

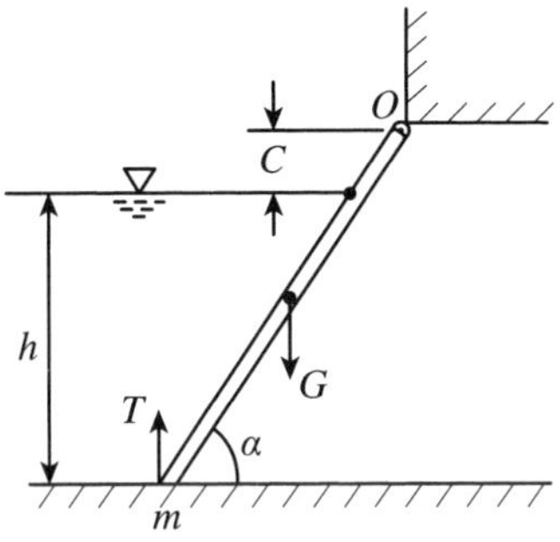

图 2.35　题 2.14 图

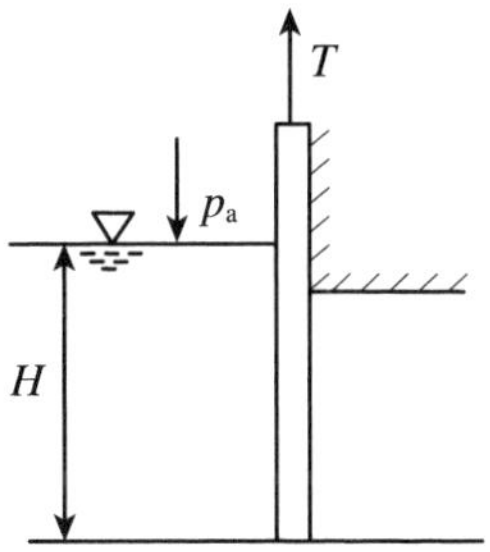

图 2.36　题 2.15 图

2.16　如图 2.37 所示，在水深 2 m 的水池下部有一个宽为 1 m、高为 $H=1$ m 的正方形闸门 OA，其转轴在 O 点处，试问在 A 点处需加多大的水平推力 F，始能封闭闸门？

2.17　绕铰链轴 O 转动的自动开启水闸如图 2.38 所示，当水位超过 $H=2$ m 时，闸门自动开启。若闸门另一侧的水位 $h=0.4$ m，角 $\alpha=60^\circ$，试求铰链的位置 x。

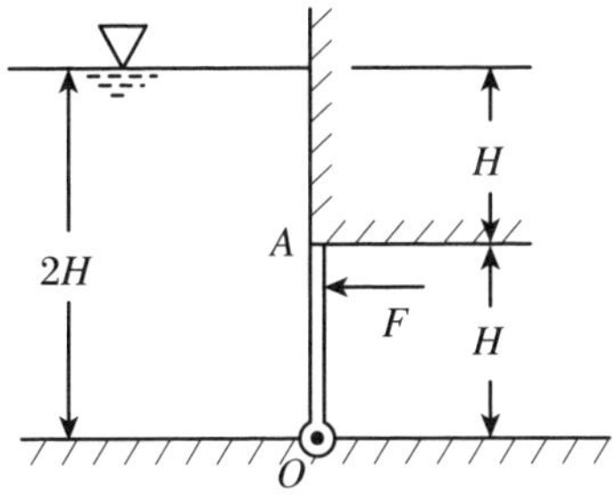

图 2.37　题 2.16 图

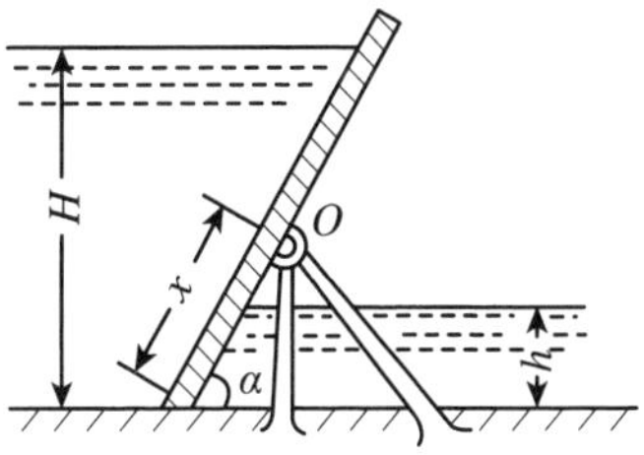

图 2.38　题 2.17 图

2.18　如图 2.39 所示，一矩形闸门，已知 a 及 h，求证：$H>a+\frac{14}{15}h$ 时，闸门可自动打开。

2.19　如图 2.40 所示，一圆柱，其左半部在水作用下受到浮力 P_z，试问圆柱在该浮力作用下能否绕其中心轴转动不息？

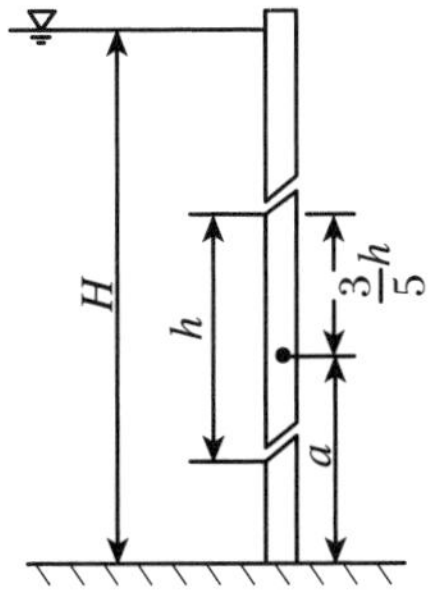

图 2.39　题 2.18 图

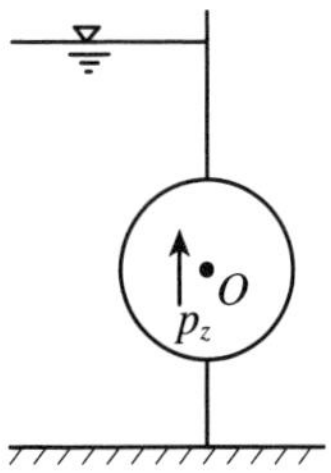

图 2.40　题 2.19 图

2.20　如图 2.41 所示，一圆柱形闸门，直径 $d=4$ m，长度 $L=10$ m，上游水深 $H_1=4$ m，下游水深 $H_2=2$ m，求作用于闸门上的静水总压力。

2.21　一扇形闸门如图 2.42 所示，中心角 $\alpha=45^\circ$，宽度 $B=1$ m(垂直于图面)，可以绕铰链 C 旋转，用以蓄(泻)水。水深 $H=3$ m，试确定水作用于此闸门上的总压力 P 的大小和方向。

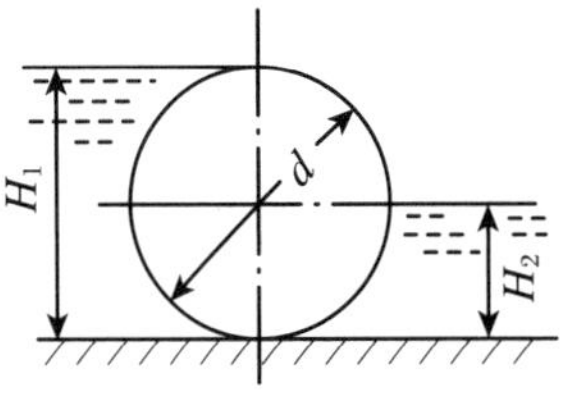

图 2.41　题 2.20 图

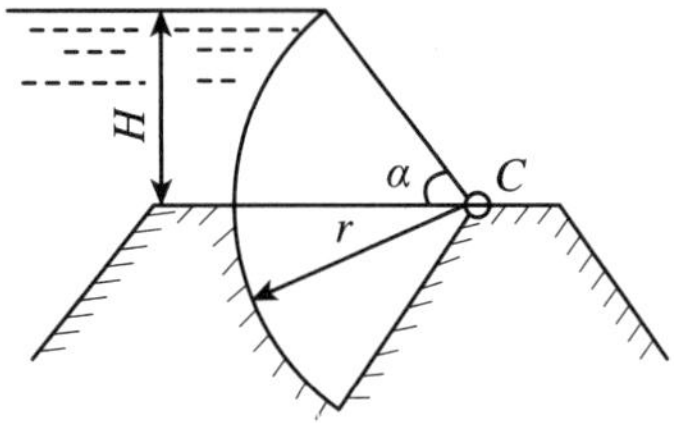

图 2.42　题 2.21 图

2.22　如图 2.43 所示，(a)和(b)是同样的圆柱形闸门，半径 $R=2$ m，水深 $H=R=2$ m，不同的是图(a)中水在左侧，而图(b)中水在右侧，求作用在闸门 AB 上的静水总压力 P 的大小和方向(闸门长度(垂直于纸面)按 1 m 计算)。

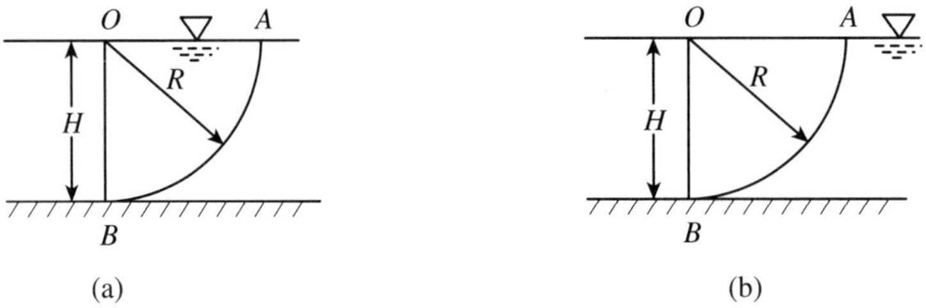

图 2.43　题 2.22 图

2.23　图 2.44 所示为一贮水设备，在 C 点测得绝对压强为 $p=19600$ N/m^2，$h=2$ m，$R=1$ m，求半球曲面 AB 的垂直分力。

2.24　挡水弧形闸门如图 2.45 所示，闸前水深 $H=18$ m，半径 $R=8.5$ m，圆心角 $\theta=45^\circ$，门宽 $b=5$ m。求作用在弧形门上总压力的大小和方向。

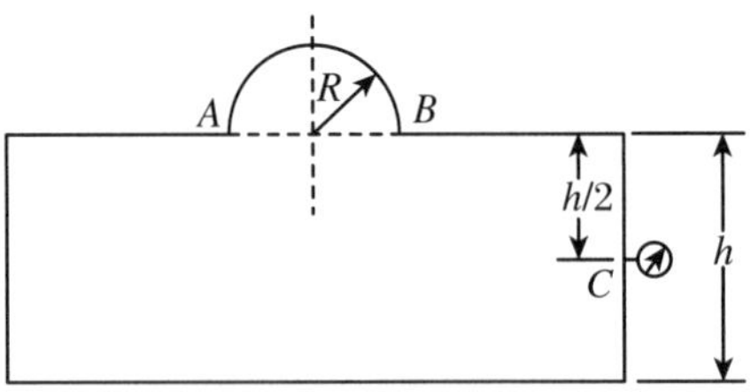

图 2.44　题 2.23 图

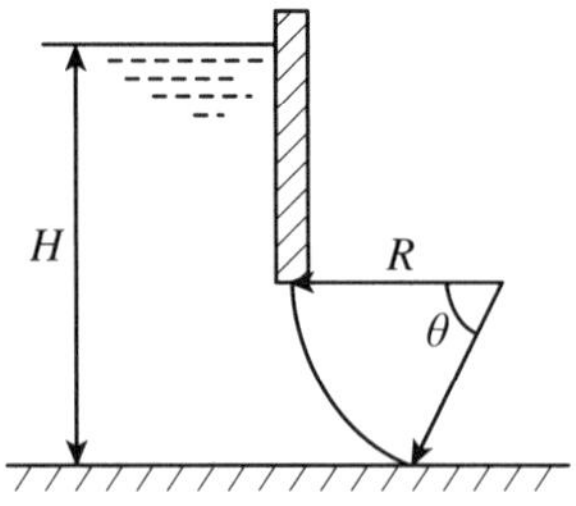

图 2.45　题 2.24 图

2.25　如图 2.46 所示，有一半圆柱形门扉(直径 1.5 m，长 1 m)，将门扉沿壁 DE 向上提起来，其摩擦因数为 0.15。若门扉的重量为 5886 N 时，求提起它所需要的力。

2.26　水池的侧壁上，装有一根直径 $d=0.6$ m 的圆管，圆管内口切成 $\alpha=45^\circ$ 的倾角，并在切口上安装一块可以绕上端铰链旋转的盖板，$h=2$ m，如图2.47所示。如果不计盖板自重以及盖板与铰链间的摩擦力，试问升起盖板的力 T 为多少？$\left(椭圆形面积：I_c=\frac{\pi}{64}bh^3\right)$

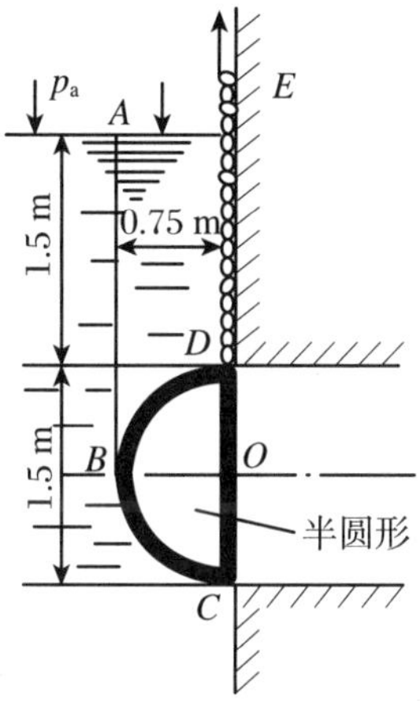

图2.46　题2.25图

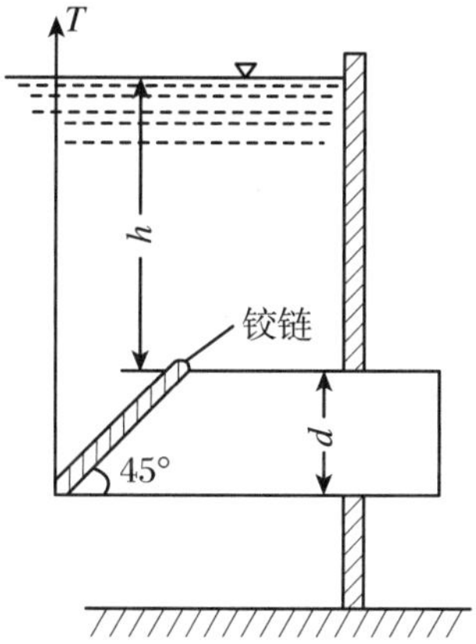

图2.47　题2.26图

2.27　一洒水车以等加速度 $a=0.98\ \mathrm{m/s^2}$ 向前平驶，如图2.48所示，试求车内自由液面与水平面间的夹角 α。若 A 点在运动前位于 $x_A=-1.5$ m，$z_A=-1.0$ m，试求 A 点的相对压强 p_A。

2.28　盛有水的开口圆筒容器，如图2.49所示，以角速度 ω 绕垂直轴 O 做等速旋转，当露出筒底时，ω 应为多少？（图中符号说明：坐标原点设在筒底中心处。圆筒未转动时，筒内水面高度为 h。当容器绕轴旋转时，其中心处液面降至 H_0，贴壁液面上升至 H 高度。容器的直径为 D。）

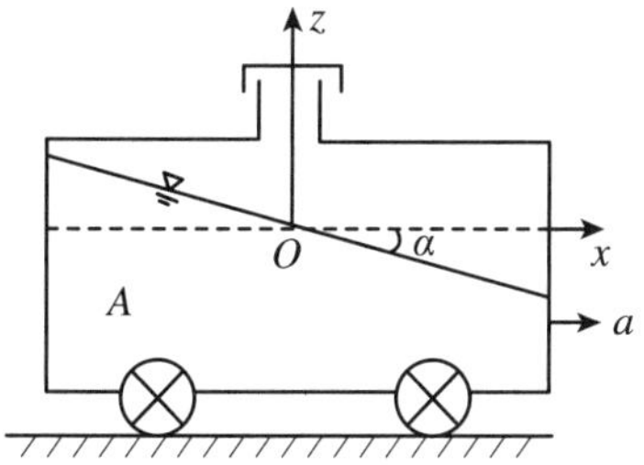

图2.48　题2.27图

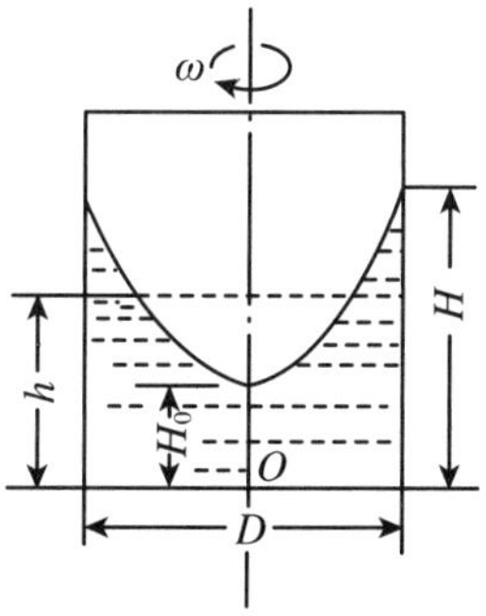

图2.49　题2.28图

第3章　流体运动学基础

流体运动学主要讨论流体的运动参数(例如速度和加速度)和运动描述等问题。运动是物体的存在形式,是物体的本质特征。流体的运动无时不在,百川归海、风起云涌是自然界流体运动的壮丽景色。而在工程实际中,很多领域都需要对流体运动规律进行分析和研究。因此,相对于流体静力学,流体运动学的研究具有更加深刻和广泛的意义。

3.1　流体运动的研究方法

为研究流体运动,首先需要建立描述流体运动的方法。从理论上说,有两种可行的方法:拉格朗日法和欧拉法。流体运动的各物理量如位移、速度、加速度等称为流体的流动参数。对流体运动的描述就是要建立流动参数的数学模型,这个数学模型能反映流动参数随时间和空间的变化情况。拉格朗日法是一种"质点跟踪"方法,即通过描述各质点的流动参数来描述整个流体的流动情况。欧拉法则是一种"观察点"方法,通过分布于各处的观察点,记录流体质点通过这些观察点时的流动参数,同样可以描述整个流体的流动情况。下面将分别介绍这两种方法。

3.1.1　拉格朗日法

这是一种基于流体质点的描述方法。通过描述各质点的流动参数变化规律,来确定整个流体的变化规律。无数的质点运动组成流体运动,那么如何区分每个质点呢? 区分各质点的方法是根据它们的初始位置来判别。这是因为在初始时刻($t=t_0$),每个质点所占的初始位置(a,b,c)各不相同,所以可以据此区别。这就像长跑运动员一样,在比赛前给他们编上号码,在任何时刻都不至于混淆身份。当经过 Δt 时间后,$t=t_0+\Delta t$,初始位置为(a,b,c)的某质点到达了新的位置(x,y,z),因此拉格朗日法需要跟踪质点的运动,以确定该质点的流动参数。拉格朗日法在直角坐标系中位移的数学描述是

$$\begin{cases} x = x(a,b,c,t) \\ y = y(a,b,c,t) \\ z = z(a,b,c,t) \end{cases} \tag{3.1.1}$$

式中,初始坐标(a,b,c)与时间变量 t 无关,(a,b,c,t)称为拉格朗日变数。类似地,对任一物理量 N,都可以描述为

$$N = N(a,b,c,t) \tag{3.1.2}$$

显然,对于流体使用拉格朗日法困难较大,不太合适。

3.1.2 欧拉法

欧拉法描述适应流体的运动特点，在流体力学上获得广泛的应用。欧拉法利用了流场的概念。所谓流场，是指流动的空间充满了连续的流体质点，而这些质点的某些物理量分布在整个流动空间，形成物理量的场，如速度场、加速度场、温度场等，这些场统称流场。通过在流场中不同的空间位置(x,y,z)设立许多观察点，对流体的流动情况进行观察，来确定经过该观察点时流体质点的流动参数，得到物理量随时间的函数(x,y,z,t)，(x,y,z,t)称为欧拉变数。欧拉法在直角坐标系中对速度的数学描述是

$$\begin{cases} x = x(x,y,z,t) \\ y = y(x,y,z,t) \\ z = z(x,y,z,t) \end{cases} \tag{3.1.3}$$

类似地，对任一物理量 N，都可以描述为

$$N = N(x,y,z,t) \tag{3.1.4}$$

需要注意的是，观察点的空间位置(x,y,z)是固定的。若质点从一个观察点运动到另一个观察点，质点的位移是时间 t 的函数(同样地，其他物理量也是)，只不过这种函数是用观察点和时间 t 为变量，即欧拉变数(x,y,z,t)表示出来的。因此欧拉变数(x,y,z,t)中的 x、y、z 不是独立变量，它们也是 t 的函数，即有

$$\begin{cases} x = x(t) \\ y = y(t) \\ z = z(t) \end{cases} \tag{3.1.5}$$

欧拉法对流场的表达式举例如下：

描述速度场的表达式：

$$\boldsymbol{u} = \boldsymbol{u}(a,b,c,t) \tag{3.1.6}$$

或写成分量形式：

$$\begin{cases} u_x = u_x(x,y,z,t) \\ u_y = u_y(x,y,z,t) \\ u_z = u_z(x,y,z,t) \end{cases} \tag{3.1.7}$$

描述压强场的表达式：

$$p = p(x,y,z,t) \tag{3.1.8}$$

描述密度场的表达式：

$$\rho = \rho(x,y,z,t) \tag{3.1.9}$$

描述温度场的表达式：

$$T = T(x,y,z,t) \tag{3.1.10}$$

可以用河流上的水文站来理解欧拉法。为测绘河流的水情，需要在河流沿线设立许多水文站，即水情观察点，综合各水文站的数据，即可知道整个河流的水文情况(如水位分布、流速分布等)。

如果将观察点的区域适当扩大，这样的观察点又称为控制体。与观察点一样，控制体的

空间坐标和形状一经确定,即固定不变。控制体的表面称为控制面,流体质点经过控制面进出控制体。控制体是研究流体运动的常用方法。

3.1.3 质点导数

将式(3.1.4)对时间 t 求导,因其中的变量 x、y、z 又是 t 的复合函数,见式(3.1.5),故有

$$\frac{\mathrm{d}N}{\mathrm{d}t}=\frac{\partial N}{\partial x}\frac{\mathrm{d}x}{\mathrm{d}t}+\frac{\partial N}{\partial y}\frac{\mathrm{d}y}{\mathrm{d}t}+\frac{\partial N}{\partial z}\frac{\mathrm{d}z}{\mathrm{d}t}+\frac{\partial N}{\partial t} \tag{3.1.11}$$

我们称上式为质点导数。

考虑到位移对时间的导数就是速度,即

$$\frac{\mathrm{d}x}{\mathrm{d}t}=u_x,\quad \frac{\mathrm{d}y}{\mathrm{d}t}=u_y,\quad \frac{\mathrm{d}z}{\mathrm{d}t}=u_z \tag{3.1.12}$$

所以质点导数又可写为

$$\frac{\mathrm{d}N}{\mathrm{d}t}=u_x\frac{\partial N}{\partial x}+u_y\frac{\partial N}{\partial y}+u_z\frac{\partial N}{\partial z}+\frac{\partial N}{\partial t} \tag{3.1.13}$$

若令

$$\nabla=\boldsymbol{i}\frac{\partial}{\partial x}+\boldsymbol{j}\frac{\partial}{\partial y}+\boldsymbol{k}\frac{\partial}{\partial z} \tag{3.1.14}$$

则式(3.1.13)又可写为

$$\frac{\mathrm{d}N}{\mathrm{d}t}=(\boldsymbol{u}\cdot\nabla)N+\frac{\partial N}{\partial t} \tag{3.1.15}$$

式中,∇称为哈密顿(Hamilton)算子,是按照式(3.1.14)进行微分的记号。

分析式(3.1.15),知质点导数由两部分组成。

(1) $\frac{\partial N}{\partial t}$:称为当地导数,反映物理量随时间的变化率。若各物理量均不随时间变化,则当地导数必为零。

(2) $u_x\frac{\partial N}{\partial x}+u_y\frac{\partial N}{\partial y}+u_z\frac{\partial N}{\partial z}$或$(\boldsymbol{u}\cdot\nabla)N$:称为迁移导数,反映物理量随空间的变化率。若各物理量均不随空间变化,则迁移导数必为零。

下面以物理量速度 $\boldsymbol{u}$ 为例,进一步说明质点导数的物理意义。由式(3.1.15),速度 $\boldsymbol{u}$ 的质点导数为

$$\frac{\mathrm{d}\boldsymbol{u}}{\mathrm{d}t}=(\boldsymbol{u}\cdot\nabla)\boldsymbol{u}+\frac{\partial \boldsymbol{u}}{\partial t} \tag{3.1.16}$$

在直角坐标系中,也可写为

$$\begin{cases}\dfrac{\mathrm{d}u_x}{\mathrm{d}t}=(\boldsymbol{u}\cdot\nabla)u_x+\dfrac{\partial u_x}{\partial t}=u_x\dfrac{\partial u_x}{\partial x}+u_y\dfrac{\partial u_x}{\partial y}+u_z\dfrac{\partial u_x}{\partial z}+\dfrac{\partial u_x}{\partial t}\\[2ex]\dfrac{\mathrm{d}u_y}{\mathrm{d}t}=(\boldsymbol{u}\cdot\nabla)u_y+\dfrac{\partial u_y}{\partial t}=u_x\dfrac{\partial u_y}{\partial x}+u_y\dfrac{\partial u_y}{\partial y}+u_z\dfrac{\partial u_y}{\partial z}+\dfrac{\partial u_y}{\partial t}\\[2ex]\dfrac{\mathrm{d}u_z}{\mathrm{d}t}=(\boldsymbol{u}\cdot\nabla)u_z+\dfrac{\partial u_z}{\partial t}=u_x\dfrac{\partial u_z}{\partial x}+u_y\dfrac{\partial u_z}{\partial y}+u_z\dfrac{\partial u_z}{\partial z}+\dfrac{\partial u_z}{\partial t}\end{cases} \tag{3.1.17}$$

在式(3.1.17)中,速度的质点导数就是质点的加速度,它同样由当地导数(当地加速度)和迁移导数(迁移加速度)组成。

3.1.4　拉格朗日法与欧拉法的等价关系

尽管上述两种方法的着眼点不同,但实质上它们是等价的。如果编号为(a,b,c)的质点,在 t 时刻正好到达空间位置(x,y,z),则根据式(3.1.1)和式(3.1.3),有

$$N = N(x,y,z,t) = N[x(a,b,c,t),y(a,b,c,t),z(a,b,c,t)] = N(a,b,c,t) \tag{3.1.18}$$

因此,用一种方式描述的质点流动规律完全可以转化为另一种方式。本书中的描述主要是用欧拉法。

3.2　流体运动学中的基本概念

为后面叙述方便,本节集中介绍流体运动学中经常使用的几个概念。

3.2.1　定常流动与非定常流动

如果流场中的各物理量的分布与时间 t 无关,即

$$\frac{\partial u}{\partial t} = \frac{\partial p}{\partial t} = \frac{\partial \rho}{\partial t} = \frac{\partial T}{\partial t} = \cdots = 0 \tag{3.2.1}$$

则称为定常场或定常流动。定常流动各物理量分布具有时间不变性。若任何一个物理量分布不具有时间不变性,则称为非定常场或非定常流动。

3.2.2　均匀流动与非均匀流动

若流场中的各物理量的分布与空间无关,即

$$\frac{\partial u}{\partial x} = \frac{\partial u}{\partial y} = \frac{\partial u}{\partial z} = \frac{\partial p}{\partial x} = \frac{\partial p}{\partial y} = \frac{\partial p}{\partial z} = \frac{\partial \rho}{\partial x} = \frac{\partial \rho}{\partial y} = \frac{\partial \rho}{\partial z} = \frac{\partial T}{\partial x} = \frac{\partial T}{\partial y} = \frac{\partial T}{\partial z} = \cdots = 0 \tag{3.2.2}$$

则称为均匀场或均匀流动。均匀场各物理量分布具有空间不变性。若任何一个物理量分布不具有空间不变性,则称为非均匀场或非均匀流动。

3.2.3　迹线与流线

1. 迹线

定义　迹线是流体质点的运动轨迹线,是拉格朗日法描述的几何基础,用此方法描述时,表达式就是式(3.1.1)。

特点　迹线上各点的切线方向表示同一质点在不同时刻的速度方向(迹线具有历时性)。

迹线微分方程 由于迹线表示同一质点在一段时间内的运动轨迹，如果从拉格朗日变量给出，便可以从运动方程式消去时间 t，得到迹线方程。如果流体运动由欧拉变量给出，便可给出迹线的运动微分方程组为

$$\frac{dx}{u_x}=\frac{dy}{u_y}=\frac{dz}{u_z}=dt \tag{3.2.3}$$

2. 流线

定义 流线是流场中假想的这样一条曲线：某一时刻，位于该曲线上的所有流体质点的运动方向都与这条曲线相切。可见，流线是欧拉法描述的几何基础。

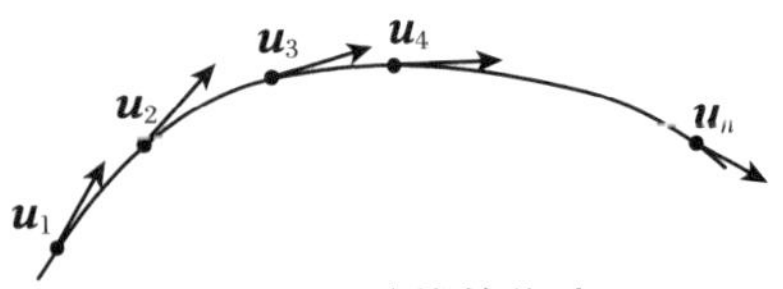

图 3.1 流线的作法

在流场中任取一点，如图 3.1 所示，绘出某时刻通过该点的流体质点的流速矢量 $\boldsymbol{u}_1$，再画出距 1 点很近的 2 点在同一时刻通过该处的流体质点的流速矢量 $\boldsymbol{u}_2$……如此继续下去，得一折线 1234…n，若各点无限接近，则其极限就是某时刻的流线。

特点 流线具有以下性质：

(1) 对于定常流动，流线与迹线重合；对于非定常流动，流线与迹线一般不重合。

(2) 同一时刻，过空间一点只有一条流线，这是因为同一时刻流场中某点处的速度只有一个值。换句话说，流线不能相交或产生分叉，或为折线，因为在流线的交点处速度的方向不能定义——速度在同一点上不可能有两个方向，如图 3.2 中(a)与(b)所示。但速度等于零或无穷大时是一种例外。流线的分叉点或相交点处速度必然为零，交点称为驻点或停滞点，如图 3.2 中(c)所示。

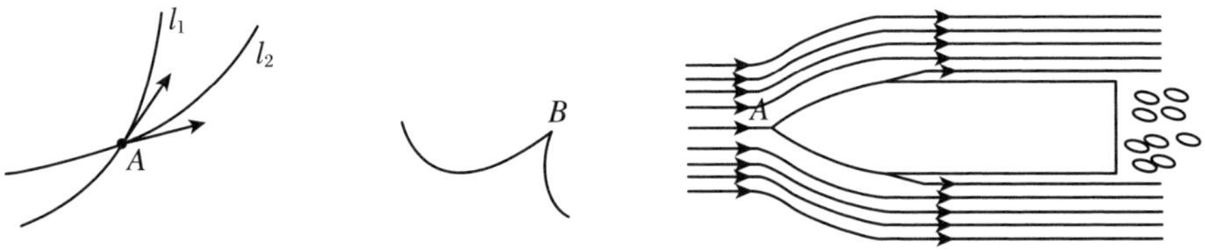

图 3.2 流线的特性

(3) 流线直观描述了流场中的速度分布，流线的走向反映流速的方向，流线的疏密程度反映流速的大小。流线密集处流速相对较大，反之，流线稀疏处流速相对较小。

(4) 起点在不可穿越的光滑固体边线上的流线与该边界线的位置重合，因为在不可穿越的固体边界上沿边界法向的流速分量为零。

流线微分方程 参见图 3.3，设流线上某质点 A 的瞬时速度为

$$\boldsymbol{u}=u_x\boldsymbol{i}+u_y\boldsymbol{j}+u_z\boldsymbol{k} \tag{3.2.4}$$

流线上微小线段长度的矢量为

$$d\boldsymbol{s}=dx\boldsymbol{i}+dy\boldsymbol{j}+dz\boldsymbol{k} \tag{3.2.5}$$

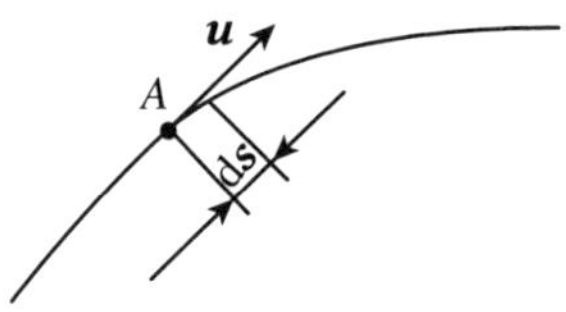

图 3.3 流线微分方程

则根据流线定义，速度矢量 $\boldsymbol{u}$ 与流线矢量 $d\boldsymbol{s}$ 方向一致，矢量的

叉积为零，于是有

$$\boldsymbol{u} \times \mathrm{d}\boldsymbol{s} = 0 \tag{3.2.6}$$

写成投影形式，得

$$\frac{\mathrm{d}x}{u_x} = \frac{\mathrm{d}y}{u_y} = \frac{\mathrm{d}z}{u_z} \tag{3.2.7}$$

这就是最常用的流线微分方程。

【例 3.1】 已知流场中质点的速度为

$$\begin{cases} u_x = kx \\ u_y = -ky \quad (y \geqslant 0) \\ u_z = 0 \end{cases}$$

试求流场中质点的加速度及流线方程。

【解】 从 $u_z = 0$ 和 $y \geqslant 0$ 知，流体运动只限于 $O\text{-}xy$ 平面的上半部分，质点的速度为

$$u = \sqrt{u_x^2 + u_y^2} = k\sqrt{x^2 + y^2} = kr$$

由式(3.1.17)可得质点的加速度为

$$a_x = \frac{\mathrm{d}u_x}{\mathrm{d}t} = u_x \frac{\partial u_x}{\partial x} = k^2 x$$

$$a_y = \frac{\mathrm{d}u_y}{\mathrm{d}t} = u_y \frac{\partial u_y}{\partial y} = k^2 y$$

$$a_z = 0$$

$$a = \sqrt{a_x^2 + a_y^2} = k^2\sqrt{x^2 + y^2} = k^2 r$$

从流线方程 $\dfrac{\mathrm{d}x}{kx} = \dfrac{\mathrm{d}y}{-ky}$ 消去 k，积分得

$$\ln x = -\ln y + \ln C$$

即

$$xy = C$$

作流线方程 $xy = C$ 的曲线，如图 3.4 所示，是一簇双曲线，质点离原点越近，即 r 越小，其速度与加速度均越小，在 $r = 0$ 点处，速度与加速度均为零。流体力学上称速度为零的点为驻点(或滞止点)，如图中 O 点即是。

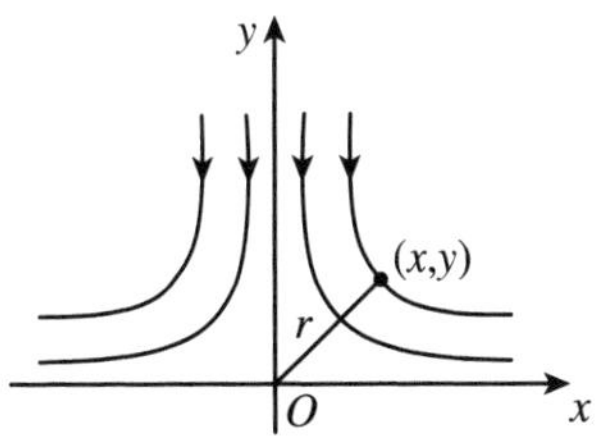

图 3.4　双曲线型流线

在 $r \to \infty$ 的无穷远处，质点速度与加速度均趋于无穷。流体力学上称速度趋于无穷的点为奇点。

驻点和奇点是流场中的两种极端情况，一般流场中不一定存在。

3.2.4　流管与流束

在流场中，任意取出一个有流线从中通过的封闭曲线，如图 3.5 中的 l 所示，l 上的所有流线围成一个封闭管状曲面，称为流管。流管内所包含的所有流体称为流束。当流管的横断面积无穷小时，所包含的流束称为微小流束或元流，最小的元流就退化为一条流线。若封

闭曲线取在管道内壁周线上，则流束就是管道内部的全部流体，这种情况称为总流。

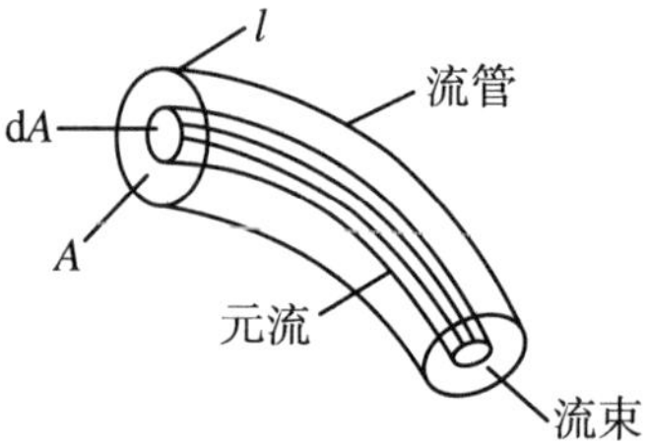

图 3.5 流管与流束

3.2.5 过流截面、流量和平均流速

1. 过流截面

流管内与流线处处垂直的截面称为过流截面(或过流断面)，过流截面可以是平面或曲面，如图 3.6 所示。

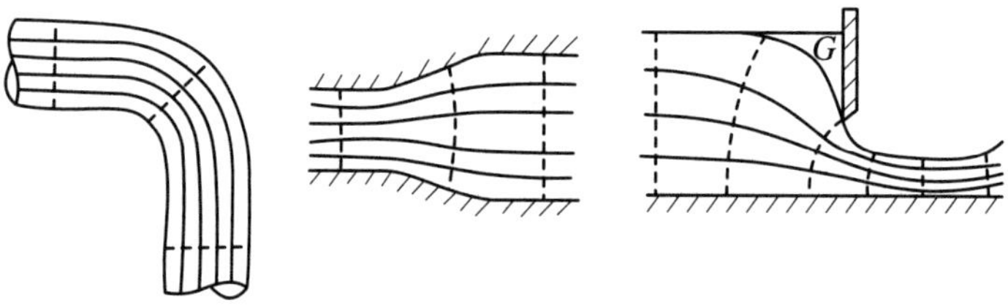

图 3.6 过流截面

2. 流量

单位时间内流过某过流截面的流体体积称为体积流量，也简称流量。如果流过的流体按质量计量，则称为质量流量；如果按重量计量，则称为重量流量。如无特别说明，流量通常指体积流量。

选择用来计算流量的截面称为控制面。当控制面为过流截面(不论是平面还是曲面)时，由于速度方向与面积垂直，流量的计算式如下：

在微元面积 dA 上质点的速度大小为 u，则 dA 上的流量为

$$\mathrm{d}q = u\mathrm{d}A \tag{3.2.8}$$

当控制面是平面时

$$q = \int_A u\mathrm{d}A \tag{3.2.9}$$

当控制面是曲面时

$$q = \iint_A u\mathrm{d}A \tag{3.2.10}$$

如果控制面不是过流截面，需要将面积向过流截面上投影再计算流量。如图 3.7 所示，设面积矢量的法矢与质点速度方向的夹角为 θ，则 dA 上的流量为

$$\mathrm{d}q = u\mathrm{d}A\cos\theta = \boldsymbol{u} \cdot \mathrm{d}\boldsymbol{A} = \boldsymbol{u} \cdot \boldsymbol{n}\mathrm{d}A \tag{3.2.11}$$

当控制面是平面时

$$q = \int_A \boldsymbol{u} \cdot \mathrm{d}\boldsymbol{A} = \int_A \boldsymbol{u} \cdot \boldsymbol{n}\mathrm{d}A \tag{3.2.12}$$

当控制面是曲面时

$$q = \iint_A \boldsymbol{u} \cdot \mathrm{d}\boldsymbol{A} = \iint_A \boldsymbol{u} \cdot \boldsymbol{n}\mathrm{d}A \tag{3.2.13}$$

3. 平均流速

流体在流场中流动，一般情况下空间各点的速度都不相同，而且速度分布规律函数 $u = u(x, y, z)$有时难以确定，即使在简单的等径管道中(图 3.8)，由于黏性、摩擦和质点碰撞混杂等原因，速度分布规律也是不容易确定的。在工程实际中，有时也没有必要弄清楚精确的速度分布。为简化计算，可以用平均速度代替各点的瞬时速度。若通流截面的面积为 A，流量为 q，则定义体积流量与断面面积之比为断面的平均流速，即

$$v = \frac{q}{A} \tag{3.2.14}$$

式中，q 值可以通过测量获得。平均流速为流过流断面上不均匀流速 u 的一个平均值。

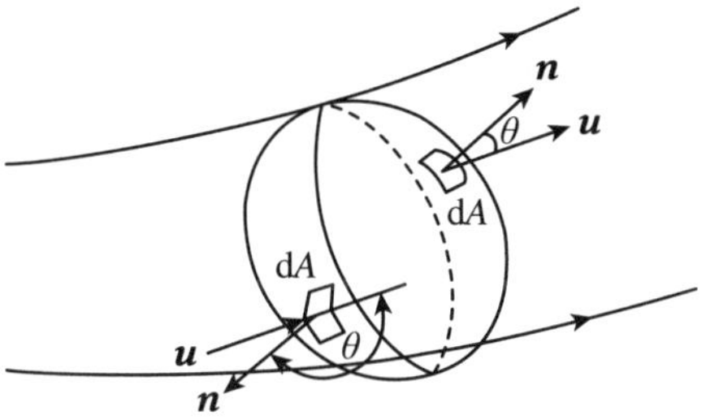

图 3.7　流量与净通量

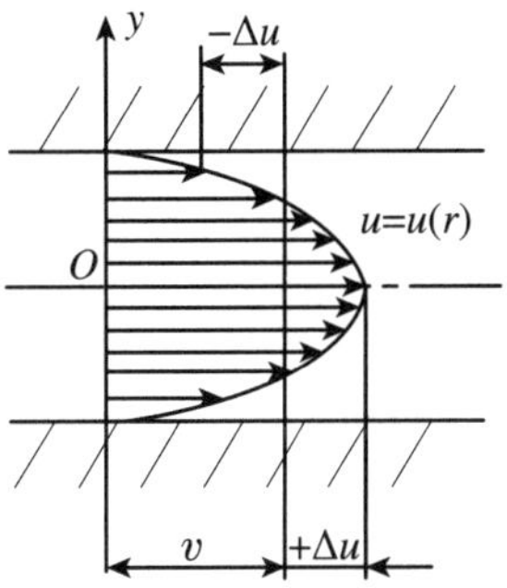

图 3.8　平均速度

3.2.6　湿周、水力半径与水力直径

对于非圆管流道，通过给非圆管流动取一个合适的特征长度，可以使非圆形流道和圆管一样研究流动特性(如雷诺数计算、流动阻力特性等)。

(1) 湿周：总流过流断面上，流体与固体相接触的线的总和。可用 X 表示。

(2) 水力半径：总的过流断面的面积与湿周之比。可用 R 表示。

(3) 水力直径：或称当量直径，为水力半径的 4 倍。可用 De 表示，则 $De = 4R = 4A/X$。其中，A 为过流断面的面积。

3.2.7　三元流动、二元流动和一元流动

除时间 t 以外，若流场中的流动参数依赖于空间的三个坐标，则称这样的流动为三元流动；流动参数依赖于空间的二个坐标，称为二元流动；流动参数依赖于空间的一个坐标(可以是曲线坐标)，称为一元流动。

比较而言，一元流动的情形最为简单。因此，在工程实际中，常常将流动问题简化为一元流动来解决。

3.3 流体运动的连续性方程

3.3.1 微分形式的连续性方程

在总流中断面平均流速沿流向变化,可用质量守恒定律来研究。连续性方程实质上是质量守恒定律在流体力学中的具体应用。连续方程因坐标系选择不同在形式上也不同,但本质上是等价的。以下采用直角坐标系求证流体运动的连续性方程。

取微六面体为控制体,如图 3.9 所示。微六面体的体积为 $\mathrm{d}V=\mathrm{d}x\mathrm{d}y\mathrm{d}z$,中心点为 $M(x,y,z)$,M 处速度 $\boldsymbol{u}=\boldsymbol{u}(x,y,z,t)$,$u$ 在 x、y、z 向的分量分别为 $u_x(x,y,z,t)$、$u_y(x,y,z,t)$、$u_z(x,y,z,t)$;M 处密度为 $\rho(x,y,z,t)$。x、y 向的流入和流出控制体的速度和密度如图 3.9(b)所示。在 $\mathrm{d}t$ 时间内,x 向的流入质量 $\mathrm{d}m_{x1}$ 和流出质量 $\mathrm{d}m_{x2}$ 可分别表示为

$$\mathrm{d}m_{x1}=\left(\rho-\frac{\partial\rho}{\partial x}\frac{\mathrm{d}x}{2}\right)\left(u_x-\frac{\partial u_x}{\partial x}\frac{\mathrm{d}x}{2}\right)\mathrm{d}y\mathrm{d}z\mathrm{d}t \tag{3.3.1}$$

$$\mathrm{d}m_{x2}=\left(\rho+\frac{\partial\rho}{\partial x}\frac{\mathrm{d}x}{2}\right)\left(u_x+\frac{\partial u_x}{\partial x}\frac{\mathrm{d}x}{2}\right)\mathrm{d}y\mathrm{d}z\mathrm{d}t \tag{3.3.2}$$

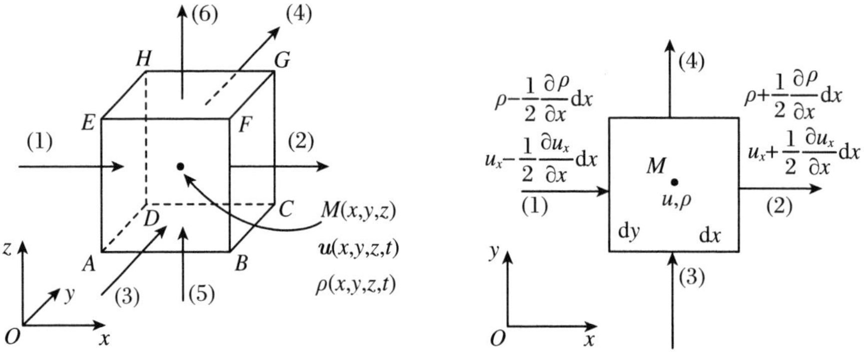

(a) 空间三维流动图　　(b) 在 O-xy 内的投影图

图 3.9　微六面体上的质量守恒

x 向的净流出质量 $\mathrm{d}m_x$ 为

$$\mathrm{d}m_x=\mathrm{d}m_{x1}-\mathrm{d}m_{x2}=\left(u_x\frac{\partial\rho}{\partial x}+\rho\frac{\partial u_x}{\partial x}\right)\mathrm{d}V\mathrm{d}t=\frac{\partial}{\partial x}(\rho u_x)\mathrm{d}V\mathrm{d}t \tag{3.3.3}$$

同样 y 和 z 向的净流出质量 $\mathrm{d}m_y$ 和 $\mathrm{d}m_z$ 分别为

$$\mathrm{d}m_y=\frac{\partial}{\partial y}(\rho u_y)\mathrm{d}V\mathrm{d}t,\quad \mathrm{d}m_z=\frac{\partial}{\partial z}(\rho u_z)\mathrm{d}V\mathrm{d}t \tag{3.3.4}$$

故微六面体的净流出质量和为

$$\mathrm{d}m=\mathrm{d}m_x+\mathrm{d}m_y+\mathrm{d}m_z=\left[\frac{\partial}{\partial x}(\rho u_x)+\frac{\partial}{\partial y}(\rho u_y)+\frac{\partial}{\partial z}(\rho u_z)\right]\mathrm{d}V\mathrm{d}t \tag{3.3.5}$$

微六面体内质量为 $\rho\mathrm{d}V$,由于 $\mathrm{d}V$ 固定,空间坐标固定,质量的流出必然导致密度的降

低，即密度的变化率$\frac{d\rho}{dt}=\frac{\partial \rho}{\partial t}<0$。因密度的变化而导致的质量减少量为$-\frac{\partial \rho}{\partial t}dtdV>0$，按质量守恒定律，则

$$\left[\frac{\partial}{\partial x}(\rho u_x)+\frac{\partial}{\partial y}(\rho u_y)+\frac{\partial}{\partial z}(\rho u_z)\right]dVdt=-\frac{\partial \rho}{\partial t}dVdt \tag{3.3.6}$$

故可得

$$\left[\frac{\partial}{\partial x}(\rho u_x)+\frac{\partial}{\partial y}(\rho u_y)+\frac{\partial}{\partial z}(\rho u_z)\right]+\frac{\partial \rho}{\partial t}=0 \tag{3.3.7}$$

对于稳定流$\frac{\partial \rho}{\partial t}=0$，则

$$\frac{\partial}{\partial x}(\rho u_x)+\frac{\partial}{\partial y}(\rho u_y)+\frac{\partial}{\partial z}(\rho u_z)=\mathrm{div}(\rho u)=0 \tag{3.3.8}$$

此式为流体定常流动的连续性方程，它表明流体在单位时间内流入与流出固定空间的质量相等，或者说该空间内流体质量不变。

对于不可压缩流体，$\rho=$常数，则

$$\frac{\partial u_x}{\partial x}+\frac{\partial u_y}{\partial y}+\frac{\partial u_z}{\partial z}=\mathrm{div}\,\boldsymbol{u}=\nabla\cdot\boldsymbol{u}=0 \tag{3.3.9}$$

式(3.3.9)表明不可压缩流体在单位时间内流入与流出固定空间的质量相等，或者说该空间内流体质量不变。

【例 3.2】　在三元不可压缩流动中，已知$u_x=x^2+z^2+5$，$u_y=y^2+z^2-3$，求u_z的表达式。

【解】

$$\frac{\partial u_z}{\partial z}=-\left(\frac{\partial u_x}{\partial x}+\frac{\partial u_y}{\partial y}\right)=-2(x+y)$$

积分，得

$$\int\frac{\partial u_z}{\partial z}dz=\int-2(x+y)dz$$

求解，得

$$u_z=-2(x+y)z+f(x,y)\quad（积分常数）$$

3.3.2　一元流动的连续性方程

如图 3.10 所示，微小流束取过流断面 1—1、2—2，两断面对应的过流面积分别为 dA_1、dA_2，对应的速度分别为 u_1、u_2。在 dt 时间内，微段流束上流入与流出的质量相等，可得

$$\rho_1u_1dA_1dt=\rho_2u_2dA_2dt$$

若流体不可压缩，$\rho=$常数，则连续性方程变为

$$u_1dA_1=u_2dA_2 \tag{3.3.10}$$

即微小流束的连续性方程为

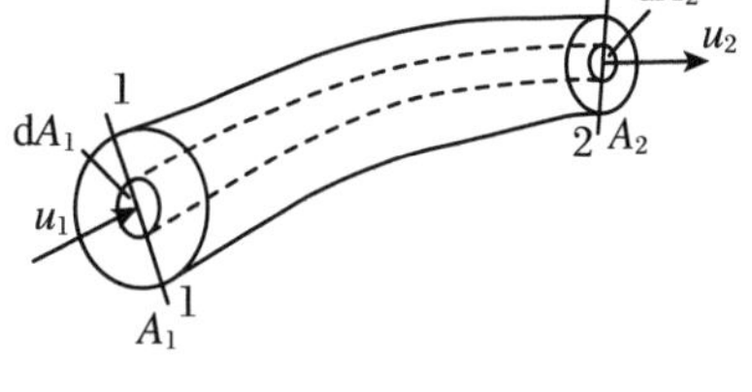

图 3.10　微小流束的连续性方程

$$dq_1 = dq_2 \tag{3.3.11}$$

相应地,总流的连续性方程为

$$\int_{A_1} \rho_1 u_1 dA = \int_{A_2} \rho_2 u_2 dA$$

积分,得

$$\rho v_1 A_1 = \rho v_2 A_2$$

对于不可压缩流体,总流的连续性方程为

$$Q_1 = Q_2 \quad 或 \quad v_1 A_1 = v_2 A_2 \tag{3.3.12}$$

式中,A_1与A_2为总流过流断面的面积;v_1与v_2为总流过流断面的平均速度。

以上连续性方程只反映了断面之间流体的质量守恒。应当注意这个质量守恒的观点,对于两断面中间有流量输入或输出的分支管道,如图3.11所示,三通管的合流和分流、车间的自然换气以及管网的总管流入和支管流出,仍可以从质量平衡和流动连续观点,得出连续性方程的相应形式。例如,当管道中间有流体输出和流体输入时,根据质量守恒定律,可得

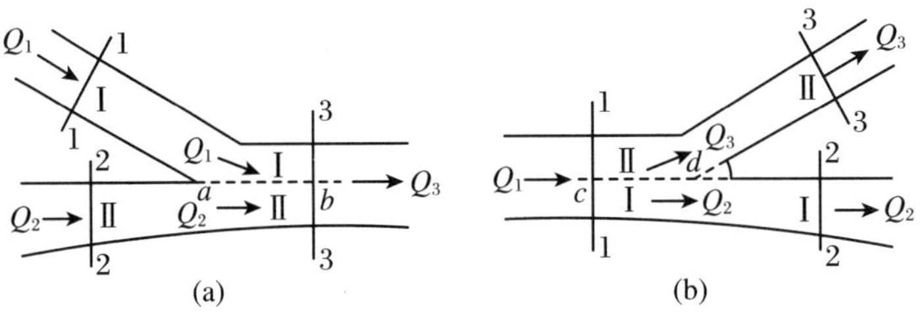

图3.11　合流与分流

合流:

$$Q_1 + Q_2 = Q_3 \tag{3.3.13}$$

分流:

$$Q_1 = Q_2 + Q_3 \tag{3.3.14}$$

3.4　流体微元的运动分析

由理论力学知,刚体的运动只有两种基本运动形式:平移和旋转。对于流体,由于没有一定的形状,且不能承受剪切力,其运动要比刚体复杂得多。可以想象,除具有平移和旋转两种运动形式以外,流体在运动过程中还要发生变形运动。本节通过分析流体微元的运动,导出亥姆霍兹速度分解定理,分析流体的运动形式。

3.4.1　亥姆霍兹速度分解定理

为推导亥姆霍兹速度分解定理,仍采用流体微元法。如图3.12所示,在t时刻,从流场

中任取一个流体的微元 A。设点 A 的空间坐标为 $\boldsymbol{r}=(x,y,z)$,则运动速度为

$$\begin{aligned}\boldsymbol{u}_A &= \boldsymbol{u}(x,y,z,t)\\ &= u_x(x,y,z,t)\boldsymbol{i}+u_y(x,y,z,t)\boldsymbol{j}\\ &\quad +u_z(x,y,z,t)\boldsymbol{k}\end{aligned}$$

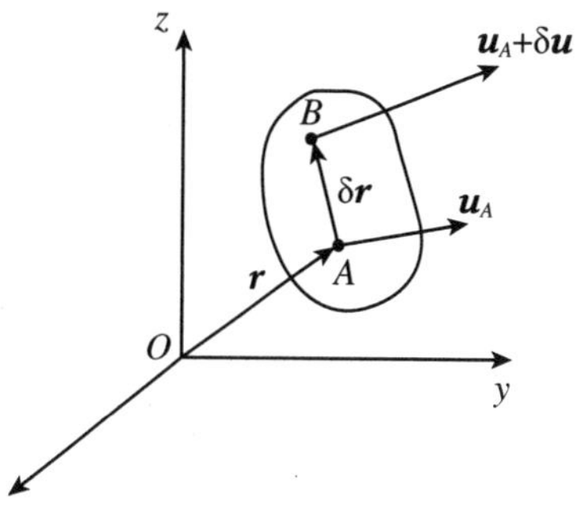

图 3.12　坐标系

同一时刻,在点 A 的邻近处再取微元 B,点 B 的坐标点矢径为 $\boldsymbol{r}+\delta\boldsymbol{r}=(x+\delta x,y+\delta y,z+\delta z)$,运动速度为

$$\boldsymbol{u}_B=\boldsymbol{u}_B(x,y,z,t)=\boldsymbol{u}(x+\delta x,y+\delta y,z+\delta z,t)$$

当绝对值 $|\delta\boldsymbol{r}|$ 很小时,$\boldsymbol{u}_B$ 取 $\boldsymbol{u}_A$ 的一阶增量,即取 A 点速度的多元函数泰勒级数一阶展开式

$$\boldsymbol{u}_B=\boldsymbol{u}_A+\frac{\partial\boldsymbol{u}}{\partial x}\delta x+\frac{\partial\boldsymbol{u}}{\partial y}\delta y+\frac{\partial\boldsymbol{u}}{\partial z}\delta z=\boldsymbol{u}_A+\delta\boldsymbol{u} \tag{3.4.1}$$

其中

$$\delta\boldsymbol{u}=\frac{\partial\boldsymbol{u}}{\partial x}\delta x+\frac{\partial\boldsymbol{u}}{\partial y}\delta y+\frac{\partial\boldsymbol{u}}{\partial z}\delta z \tag{3.4.2}$$

或

$$\begin{cases}\delta u_x=\dfrac{\partial u_x}{\partial x}\delta x+\dfrac{\partial u_x}{\partial y}\delta y+\dfrac{\partial u_x}{\partial z}\delta z\\[2ex] \delta u_y=\dfrac{\partial u_y}{\partial x}\delta x+\dfrac{\partial u_y}{\partial y}\delta y+\dfrac{\partial u_y}{\partial z}\delta z\\[2ex] \delta u_z=\dfrac{\partial u_z}{\partial x}\delta x+\dfrac{\partial u_z}{\partial y}\delta y+\dfrac{\partial u_z}{\partial z}\delta z\end{cases} \tag{3.4.3}$$

写成矩阵形式

$$\begin{bmatrix}\delta u_x\\ \delta u_y\\ \delta u_z\end{bmatrix}=\begin{bmatrix}\dfrac{\partial u_x}{\partial x} & \dfrac{\partial u_x}{\partial y} & \dfrac{\partial u_x}{\partial z}\\[2ex] \dfrac{\partial u_y}{\partial x} & \dfrac{\partial u_y}{\partial y} & \dfrac{\partial u_y}{\partial z}\\[2ex] \dfrac{\partial u_z}{\partial x} & \dfrac{\partial u_z}{\partial y} & \dfrac{\partial u_z}{\partial z}\end{bmatrix}\begin{bmatrix}\delta x\\ \delta y\\ \delta z\end{bmatrix} \tag{3.4.4}$$

显然,$\delta\boldsymbol{u}$ 表示的是 t 时刻,点 B 相对于点 A 的相对运动速度。

根据矩阵运算法则,可以把上式中的九个偏导数组成的方阵分解为一个对称方阵和一个反对称方阵:

$$\begin{bmatrix}\dfrac{\partial u_x}{\partial x} & \dfrac{\partial u_x}{\partial y} & \dfrac{\partial u_x}{\partial z}\\[2ex] \dfrac{\partial u_y}{\partial x} & \dfrac{\partial u_y}{\partial y} & \dfrac{\partial u_y}{\partial z}\\[2ex] \dfrac{\partial u_z}{\partial x} & \dfrac{\partial u_z}{\partial y} & \dfrac{\partial u_z}{\partial z}\end{bmatrix}=\begin{bmatrix}\dfrac{\partial u_x}{\partial x} & \dfrac{1}{2}\left(\dfrac{\partial u_x}{\partial y}+\dfrac{\partial u_y}{\partial x}\right) & \dfrac{1}{2}\left(\dfrac{\partial u_x}{\partial z}+\dfrac{\partial u_z}{\partial x}\right)\\[2ex] \dfrac{1}{2}\left(\dfrac{\partial u_y}{\partial x}+\dfrac{\partial u_x}{\partial y}\right) & \dfrac{\partial u_y}{\partial y} & \dfrac{1}{2}\left(\dfrac{\partial u_y}{\partial x}+\dfrac{\partial u_x}{\partial y}\right)\\[2ex] \dfrac{1}{2}\left(\dfrac{\partial u_z}{\partial x}+\dfrac{\partial u_x}{\partial z}\right) & \dfrac{1}{2}\left(\dfrac{\partial u_z}{\partial y}+\dfrac{\partial u_y}{\partial z}\right) & \dfrac{\partial u_z}{\partial z}\end{bmatrix}$$

$$
+\begin{bmatrix} 0 & \frac{1}{2}\left(\frac{\partial u_x}{\partial y}-\frac{\partial u_y}{\partial x}\right) & \frac{1}{2}\left(\frac{\partial u_x}{\partial z}-\frac{\partial u_z}{\partial x}\right) \\ \frac{1}{2}\left(\frac{\partial u_y}{\partial x}-\frac{\partial u_x}{\partial y}\right) & 0 & \frac{1}{2}\left(\frac{\partial u_y}{\partial x}-\frac{\partial u_x}{\partial y}\right) \\ \frac{1}{2}\left(\frac{\partial u_z}{\partial x}-\frac{\partial u_x}{\partial z}\right) & \frac{1}{2}\left(\frac{\partial u_z}{\partial y}-\frac{\partial u_y}{\partial z}\right) & 0 \end{bmatrix} \tag{3.4.5}
$$

为使上式简明,定义以下符号和量,令

$$
\varepsilon_{xx}=\frac{\partial u_x}{\partial x},\quad \varepsilon_{yy}=\frac{\partial u_y}{\partial y},\quad \varepsilon_{zz}=\frac{\partial u_z}{\partial z}
$$

$$
\varepsilon_{xy}=\varepsilon_{yx}=\frac{1}{2}\left(\frac{\partial u_x}{\partial y}+\frac{\partial u_y}{\partial x}\right)
$$

$$
\varepsilon_{xz}=\varepsilon_{zx}=\frac{1}{2}\left(\frac{\partial u_x}{\partial z}+\frac{\partial u_z}{\partial x}\right)
$$

$$
\varepsilon_{yz}=\varepsilon_{zy}=\frac{1}{2}\left(\frac{\partial u_y}{\partial z}+\frac{\partial u_z}{\partial y}\right)
$$

$$
\Omega_x=\frac{1}{2}\left(\frac{\partial u_z}{\partial y}-\frac{\partial u_y}{\partial z}\right)
$$

$$
\Omega_y=\frac{1}{2}\left(\frac{\partial u_x}{\partial z}-\frac{\partial u_z}{\partial x}\right)
$$

$$
\Omega_z=\frac{1}{2}\left(\frac{\partial u_y}{\partial x}-\frac{\partial u_x}{\partial y}\right)
$$

将上述各式代入式(3.4.5)和式(3.4.4),得

$$
\begin{cases} \delta u_x=\varepsilon_{xx}\delta x+\varepsilon_{xy}\delta y+\varepsilon_{xz}\delta z+\Omega_y\delta z-\Omega_z\delta y \\ \delta u_y=\varepsilon_{yx}\delta x+\varepsilon_{yy}\delta y+\varepsilon_{yz}\delta z+\Omega_z\delta x-\Omega_x\delta z \\ \delta u_z=\varepsilon_{zx}\delta x+\varepsilon_{zy}\delta y+\varepsilon_{zz}\delta z+\Omega_x\delta y-\Omega_y\delta x \end{cases} \tag{3.4.6}
$$

写成矢量式

$$
\delta \boldsymbol{u}=\boldsymbol{E}\cdot\delta r+\Omega\times\delta r \tag{3.4.7}
$$

代入式(3.4.1),得

$$
\boldsymbol{u}_B=\boldsymbol{u}_A+\boldsymbol{E}\cdot\delta r+\Omega\times\delta r \tag{3.4.8}
$$

其中

$$
\Omega=\Omega_x\boldsymbol{i}+\Omega_y\boldsymbol{j}+\Omega_z\boldsymbol{k} \tag{3.4.9}
$$

$$
\boldsymbol{E}=\begin{bmatrix} \varepsilon_{xx} & \varepsilon_{xy} & \varepsilon_{xz} \\ \varepsilon_{yx} & \varepsilon_{yy} & \varepsilon_{yz} \\ \varepsilon_{zx} & \varepsilon_{zy} & \varepsilon_{zz} \end{bmatrix} \tag{3.4.10}
$$

这就是流体力学中的亥姆霍兹速度分解定理。关于定理的意义将在下一小节进行分析。

3.4.2 流体微元运动的四种形式

现在考察式(3.4.6)中各项的意义。我们无须分析复杂的空间运动情况,仅需分析一下

平面流动就足以说明式(3.4.6)中各项的意义。

如图3.13所示,设流体 $ABCD$ 只在 xOy 平面运动,若 A 点的速度为(u_x,u_y),根据式(3.4.1),可得其他三点的速度并分别标在图上。

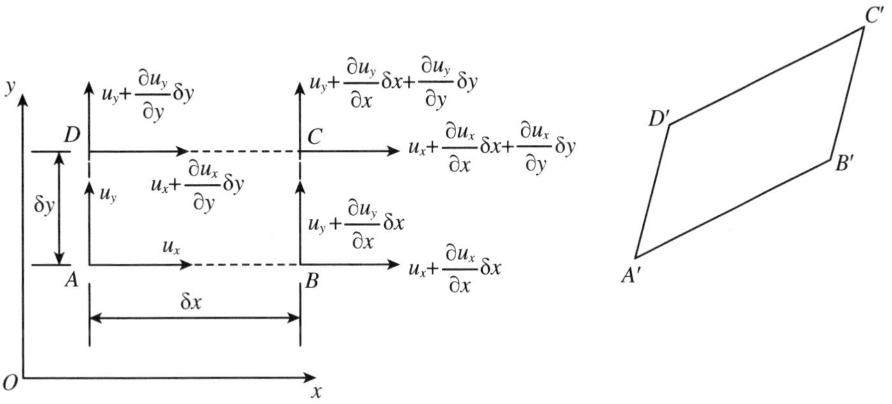

图3.13 流体微元的平面运动

由于 t 时刻 A、B、C、D 各点的速度不同,故经过 Δt 时刻后,矩形 $ABCD$ 将变形为近似矩形 $A'B'C'D'$。这个变形可以分解为四种单一运动的合成,即为平移、线变形、角变形和旋转运动的综合结果,这四种运动如图3.14所示。事实上,亥姆霍兹速度分解定理正是将流体的运动分解为这四种运动。

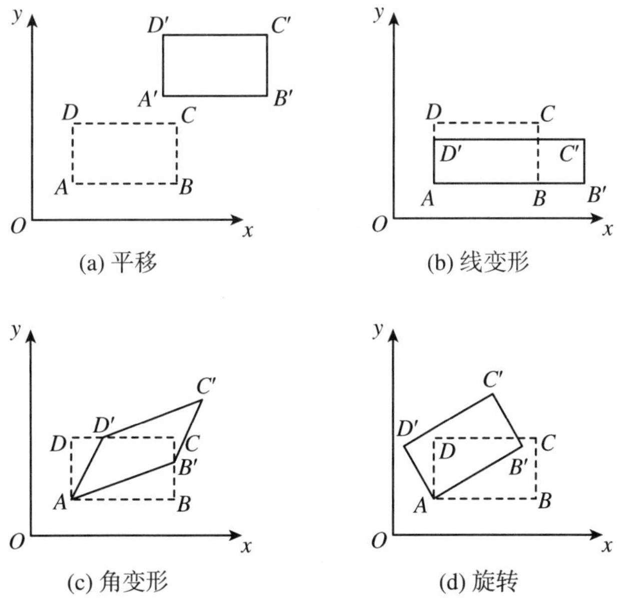

图3.14 流体微元的四种运动形式

因为 $u_z=0$,$\delta z=0$,所以式(3.4.6)可以简化为

$$\begin{cases}\delta u_x = \varepsilon_{xx}\delta x + \varepsilon_{xy}\delta y - \Omega_z\delta y \\ \delta u_y = \varepsilon_{yx}\delta x + \varepsilon_{yy}\delta y + \Omega_z\delta x\end{cases} \tag{3.4.11}$$

当点 $A(x,y)$ 运动到点 $A'(x+\delta x,y+\delta y)$ 后，点 A' 的速度可以表示为

$$\begin{cases} u_x' = u_x + \varepsilon_{xx}\delta x + \varepsilon_{xy}\delta y - \Omega_z\delta y \\ u_y' = u_y + \varepsilon_{yx}\delta x + \varepsilon_{yy}\delta y + \Omega_z\delta x \end{cases} \tag{3.4.12}$$

此式包含了式(3.4.6)中所涉及的各种符号，所以完全可以分析亥姆霍兹速度分解定理中各项的含义。下面分析其中包含的四种运动。

1. 平移运动

若式(3.4.12)中

$$\begin{cases} \varepsilon_{xx} = \varepsilon_{xy} = \Omega_z = 0 \\ \varepsilon_{yx} = \varepsilon_{yy} = \Omega_z = 0 \end{cases} \tag{3.4.13}$$

则

$$\begin{cases} u_x' = u_x \\ u_y' = u_y \end{cases} \tag{3.4.14}$$

上式表明，微元从点 A 运动到点 C 时，包含有平移运动。若流体对象矩形 $ABCD$ 做平移运动，则保持形状不变，如图 3.14(a)所示，矩形 $ABCD$ 平移运动到矩形 $A'B'C'D'$。其中，u_x、u_y 称为平移速度。

2. 线变形运动

若在流动中，只有 x 方向的速度 u_x，以及 $\frac{\partial u_x}{\partial x}\neq 0$，则经过 Δt 时间后，运动的流体微元只有 AB 边在 x 方向发生了相对变化，如图 3.15 所示，其相对变化率就是线变形率，为

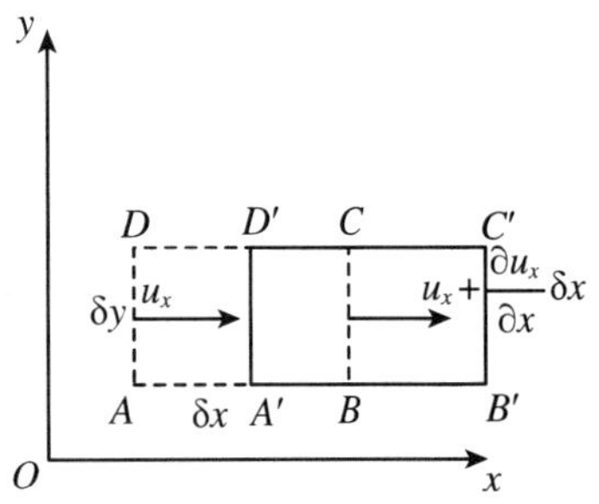

图 3.15　线变形运动分析

$$\frac{A'B' - AB}{AB\cdot\Delta t} = \frac{BB' - AA'}{AB\cdot\Delta t} = \frac{\left(u_x + \frac{\partial u_x}{\partial x}\delta x\right)\Delta t - u_x\Delta t}{\delta x\cdot\Delta t}$$

$$= \frac{\frac{\partial u_x}{\partial x}\delta x\cdot\Delta t}{\delta x\cdot\Delta t} = \frac{\partial u_x}{\partial x} = \varepsilon_{xx} \tag{3.4.15}$$

上式表明，$\varepsilon_{xx} = \frac{\partial u_x}{\partial x}$ 是运动流体沿 x 方向的线变形率。同理可知，$\varepsilon_{yy} = \frac{\partial u_y}{\partial y}$ 是运动流体沿 y 方向的线变形率；$\varepsilon_{zz} = \frac{\partial u_z}{\partial z}$ 是运动流体沿 z 方向的线变形率。可以推论，微元在空间的体积膨胀率应为

$$\kappa = \frac{\partial u_x}{\partial x} + \frac{\partial u_y}{\partial y} + \frac{\partial u_z}{\partial z} = \varepsilon_{xx} + \varepsilon_{yy} + \varepsilon_{zz} \tag{3.4.16}$$

当流体不可压缩时，上式显然为 0，即

$$\kappa = \frac{\partial u_x}{\partial x} + \frac{\partial u_y}{\partial y} + \frac{\partial u_z}{\partial z} = \varepsilon_{xx} + \varepsilon_{yy} + \varepsilon_{zz} = 0 \tag{3.4.17}$$

3. 角变形运动

若在流动中只有 x、y 方向上的速度 u_x、u_y，且 $\dfrac{\partial u_x}{\partial y}\neq 0$，$\dfrac{\partial u_y}{\partial x}\neq 0$，则在 xOy 平面上流体微元将发生图 3.16 所示的角变形，在 t 时刻，点 A 处为直角，到 $t+\Delta t$ 时刻，点 A 移动到点 A'，角度变成了锐角，角减少量为 $\delta\alpha+\delta\beta$，在 Δt 很小时，$\delta\alpha$ 和 $\delta\beta$ 也很小，因而有

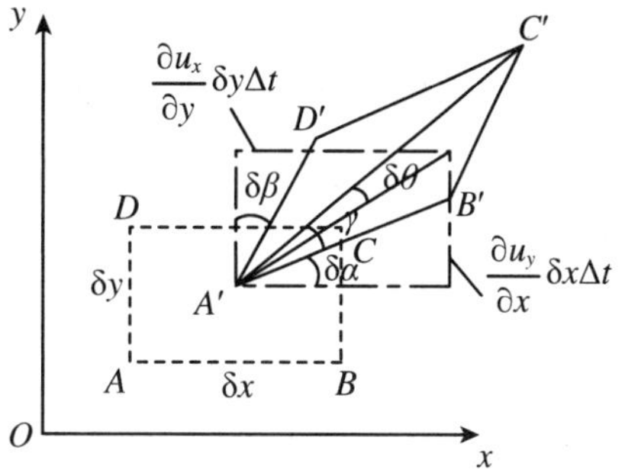

图 3.16　角变形与旋转运动分析

$$\delta\alpha\approx\tan\alpha=\frac{\partial u_y}{\partial x}\delta x\Delta t/\delta x=\frac{\partial u_y}{\partial x}\delta\Delta t$$

$$\delta\beta\approx\tan\beta=\frac{\partial u_x}{\partial y}\delta y\Delta t/\delta y=\frac{\partial u_x}{\partial y}\delta\Delta t$$

定义单位时间内在 xOy 平面上角度的平均减小量为运动流体在 xOy 平面上的角变形速率，即剪切应变率为

$$\lim_{\Delta t\to 0}\frac{1}{2}(\delta\alpha+\delta\beta)/\Delta t=\frac{1}{2}\left(\frac{\partial u_x}{\partial y}+\frac{\partial u_y}{\partial x}\right)=\varepsilon_{xy}=\varepsilon_{yx}\tag{3.4.18}$$

同理，$\varepsilon_{xz}=\varepsilon_{zx}=\dfrac{1}{2}\left(\dfrac{\partial u_x}{\partial z}+\dfrac{\partial u_z}{\partial x}\right)$表示流体在 xOz 平面上的剪切应变率，$\varepsilon_{yz}=\varepsilon_{zy}=\dfrac{1}{2}\left(\dfrac{\partial u_y}{\partial z}+\dfrac{\partial u_z}{\partial y}\right)$表示流体在 yOz 平面上的剪切应变率。

这就是说，在式(3.4.10)的 $\boldsymbol{E}$ 中，对角线上以外的其他六个分量分别表示在各坐标平面上的剪切应变率。

4. 旋转运动

若在流动中只有 x、y 方向上的速度 u_x、u_y，且$\dfrac{\partial u_x}{\partial y}\neq 0$，$\dfrac{\partial u_y}{\partial x}\neq 0$，则流体微元除发生上述的角变形运动以外，还将发生旋转运动。如图 3.16 所示，在 t 时刻的对角线 AC，到 $t+\Delta t$ 时刻旋转到了 $A'C'$位置。

以逆时针方向为正方向，则流体微元在 Δt 时间的转角为 $\delta\theta=\gamma+\delta\alpha-45°$，由于 $\delta x\approx\delta y$，四边形 $A'B'C'D'$近似为菱形，故 $2\gamma+\delta\alpha+\delta\beta=90°$，从而有

$$\delta\theta=\frac{\delta\alpha-\delta\beta}{2}\approx\frac{\left(\dfrac{\partial u_y}{\partial x}-\dfrac{\partial u_x}{\partial y}\right)\Delta t}{2}$$

定义转动角速度的分量 Ω_z 为

$$\Omega_z=\lim_{\Delta t\to 0}\delta\theta/\Delta t=\frac{1}{2}\left(\frac{\partial u_y}{\partial x}-\frac{\partial u_x}{\partial y}\right)$$

可知角速度的分量 Ω_z 表示流体微元以(x,y,z)为瞬心、绕平行于 z 轴旋转的平均角速度。

同理，角速度的分量 Ω_y 表示流体微元以(x,y,z)为瞬心、绕平行于 y 轴旋转的平均角速度；Ω_x 表示流体微元以(x,y,z)为瞬心、绕平行于 x 轴旋转的平均角速度。当流场中处

处满足式(3.4.19)时,称这样的流场处处无旋,相应的流动为无旋流动。反之,称为有旋流动。

$$\Omega_x = \Omega_y = \Omega_z = 0 \tag{3.4.19}$$

综上所述,流体微元上任一点的运动可以表示为平移、线变形、角变形和旋转四种运动的叠加。亥姆霍兹定理的主要贡献正是找出了这几种运动的数学表达式,而且物理意义清晰明确。

本章小结

(1) 描述流场内流体运动的方法有拉格朗日法与欧拉法。流体力学研究中一般采用欧拉法。欧拉法求流体质点的物理量随时间的变化率可以表示为$\frac{\mathrm{d}N}{\mathrm{d}t}=(\boldsymbol{u}\cdot\nabla)N+\frac{\partial N}{\partial t}$,即由随时间变化的当地变化率与随位置迁移的变化率两部分组成。

(2) 基本概念:定常流动与非定常流动、迹线与流线、流管与流束、过流断面和平均流速等。

(3) 直角坐标系中连续方程$\frac{\partial}{\partial x}(\rho u_x)+\frac{\partial}{\partial y}(\rho u_y)+\frac{\partial}{\partial z}(\rho u_z)+\frac{\partial \rho}{\partial t}=0$的导出方法及简化形式,尤其一维管流中$Q=A_1v_1=A_2v_2$的应用极为广泛。

(4) 流体微团运动——相邻点的运动描述方法及亥姆霍兹速度分解定理。

思考与练习

3.1 如何理解研究流体运动的两种方法?

3.2 定常流动和非定常流动如何判别?

3.3 流线与迹线的概念分别是什么?说明流线的特点。

3.4 连续性方程的本质是什么?举例说明连续性方程的应用。

3.5 已知流体的速度分布为$u_x=1-y$,$u_y=t$,试求$t=1$时过(0,0)点的流线及$t=0$时位于(0,0)点的质点轨迹。

3.6 给出流速场为$\boldsymbol{u}=(6+x^2y+t^2)\boldsymbol{i}-(xy^2+10t)\boldsymbol{j}+25\boldsymbol{k}$,试求空间点(3,0,2)在$t=1$时的加速度。

3.7 已知流场的速度为$u_x=2kx$,$u_y=2ky$,$u_z=-4kz$,式中k为常数。试求通过(1,0,1)点的流线方程。

3.8 已知流场的速度为$u_x=1+At$(A为常数),$u_y=2x$,试确定$t=t_0$时通过(x_0,y_0)点的流线方程。

3.9 下列不可压缩流体运动中,哪些满足连续方程?哪些不满足连续方程?

(1) $u_x=-ky$,$u_y=kx$,$u_z=0$;

(2) $u_x=\frac{-y}{x^2+y^2}$,$u_y=\frac{x}{x^2+y^2}$,$u_z=0$;

(3) $u_r = k/r$（k 是不为零的常数），$u_\theta = 0$；

(4) $u_r = 0$，$u_\theta = k/r$（k 是不为零的常数）。

3.10　在三元不可压缩流场中，已知 $u_x = x^2 + y^2 z^3$，$u_y = -(xy + yz + zx)$，且已知 $z = 0$ 处 $u_z = 0$，试求流场中 u_z 的表达式。

3.11　在二元流场中，已知圆周方向的分速度为 $u_\theta = -\frac{c}{r^2}\sin\theta$，试求径向分速度 u_r 与合速度 u_0。

3.12　在三元不可压缩流场中，$u_x = x^2 + z^2 + 5$，$u_y = y^2 + z^2 - 3$，且已知 $z = 0$ 处 $u_z = 0$，试求流场中 u_z 的表达式，并检验是否无旋。

3.13　已知二元流场的速度势为 $\varphi = x^2 - y^2$。

(1) 试求 u_x、u_y，并检验是否满足连续条件和无旋条件；

(2) 求流函数。

3.14　不可压缩流场的流函数为 $\psi = 5xy$。

(1) 证明流动有势，并求速度势函数；

(2) 求(1,1)点的速度。

3.15　已知 $u_x = x^2 y + y^2$，$u_y = x^2 - y^2 x$，试求此流场中在 $x = 1$，$y = 2$ 处的线变率、角变率和角转速。

3.16　已知圆管过流断面上的速度分布为 $u = u_{\max}\left[1 - \left(\frac{r}{r_0}\right)^2\right]$，$u_{\max}$ 为管轴处最大流速，r_0 为圆管半径，r 为某点距管轴的径距。试求断面的平均速度 u。

3.17　如图 3.17 所示，管路 AB 在 B 点分为两支，已知 $d_A = 45$ cm，$d_B = 30$ cm，$d_C = 20$ cm，$d_D = 15$ cm，$v_A = 2$ m/s，$v_C = 4$ m/s，试求 v_B、v_D。

3.18　如图 3.18 所示，送风管的断面面积为 50 cm×50 cm，通过 a、b、c、d 四个送风口向室内输送空气。已知送风口的断面面积为 40 cm×40 cm，气体的平均速度为 5 m/s，试求通过送风管过流断面 1—1、2—2、3—3 的流速和流量。

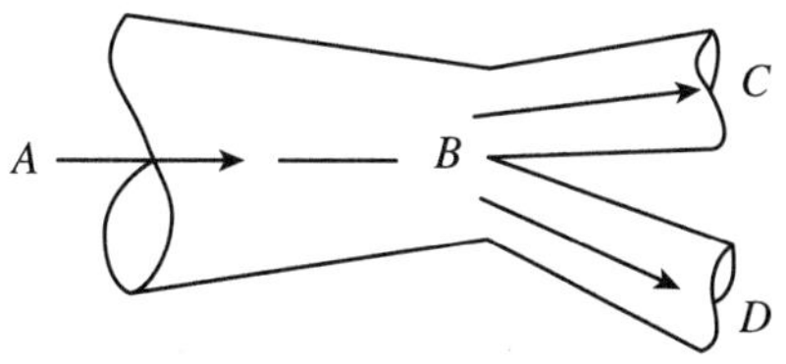

图 3.17　题 3.17 图

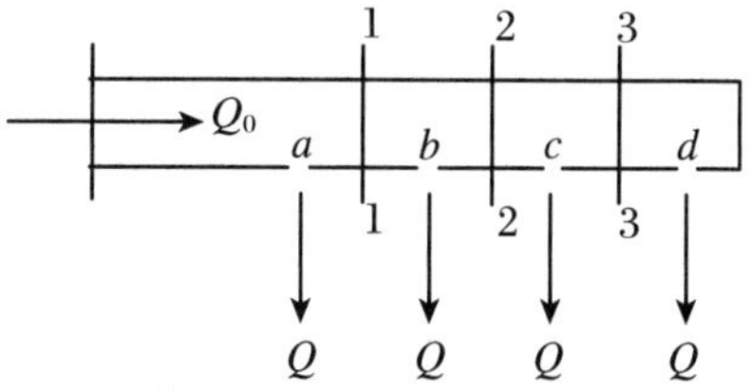

图 3.18　题 3.18 图

第 4 章　流体动力学基础

流体在静止和流动时的力学特点有很大的区别。静止时流体内部不受切向力，流体的黏性也未能表现出来。而当流体流动时，情况则变得复杂。流体的受力既有正压力，也有切向力，流体的内摩擦力也不能忽视。流体动力学研究流体的机械运动规律，主要包括流体力学的三个定律：质量守恒定律、能量守恒定律和动量守恒定律。

本章在流体运动学基础上，重点学习能量守恒定律以及动量守恒定律，并给出这些定律及相应公式在工程上的应用实例。

4.1　欧拉运动微分方程

欧拉运动微分方程描述的是理想、不可压缩流体的速度（加速度）与受力关系，所以又称为理想不可压缩流体运动微分方程。对于理想流体，由于没有黏性的影响，流体只承受压力，如图 4.1 所示。

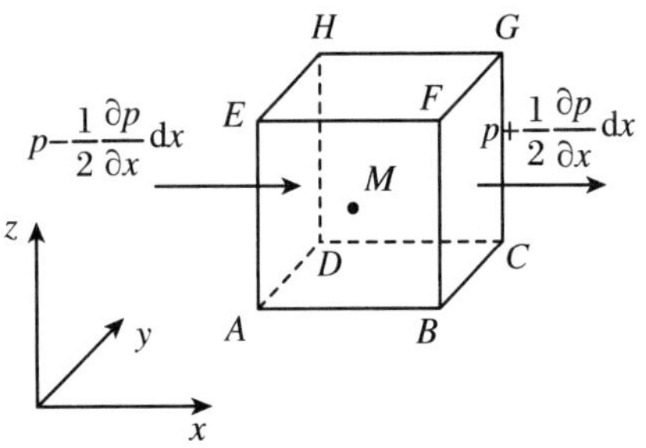

图 4.1　理想流体的作用力

取微六面体如图 4.1 所示；中心点为 $M(x,y,z)$，M 处的压强为 $p(x,y,z,t)$。作用在六面体上的力有质量力（重力）$f_x\rho\mathrm{d}x\mathrm{d}y\mathrm{d}z$、$f_y\rho\mathrm{d}x\mathrm{d}y\mathrm{d}z$、$f_z\rho\mathrm{d}x\mathrm{d}y\mathrm{d}z$；流体运动时的惯性力 $a\rho\mathrm{d}x\mathrm{d}y\mathrm{d}z$；由压强产生的表面力，在 x 向分别为 $\left(p-\frac{\partial p}{\partial x}\frac{\mathrm{d}x}{2}\right)\mathrm{d}y\mathrm{d}z$ 和 $-\left(p+\frac{\partial p}{\partial x}\frac{\mathrm{d}x}{2}\right)\mathrm{d}y\mathrm{d}z$。按牛顿第二定律不难列出 x 向的力平衡方程如下：

$$f_x\rho\mathrm{d}x\mathrm{d}y\mathrm{d}z+\left[\left(p-\frac{\partial p}{\partial x}\frac{\mathrm{d}x}{2}\right)-\left(p+\frac{\partial p}{\partial x}\frac{\mathrm{d}x}{2}\right)\right]\mathrm{d}y\mathrm{d}z=a_x\rho\mathrm{d}x\mathrm{d}y\mathrm{d}z$$

同样，也可以列出 y、z 向的力平衡方程。将 x、y、z 向的力平衡方程整理（同除以 $\rho\mathrm{d}x\mathrm{d}y\mathrm{d}z$）如下：

$$\begin{cases}f_x-\dfrac{1}{\rho}\dfrac{\partial p}{\partial x}=a_x=\dfrac{\mathrm{d}u_x}{\mathrm{d}t}\\[2ex]f_y-\dfrac{1}{\rho}\dfrac{\partial p}{\partial y}=a_y=\dfrac{\mathrm{d}u_y}{\mathrm{d}t}\\[2ex]f_z-\dfrac{1}{\rho}\dfrac{\partial p}{\partial z}=a_z=\dfrac{\mathrm{d}u_z}{\mathrm{d}t}\end{cases}\tag{4.1.1}$$

上式也可简记为

$$f_i - \frac{1}{\rho}\frac{\partial p}{\partial i} = a_i = \frac{\mathrm{d}u_i}{\mathrm{d}t} \quad (i = x, y, z) \tag{4.1.2}$$

式(4.1.1)也可写成矢量形式

$$\boldsymbol{G} - \frac{1}{\rho}\nabla p = \boldsymbol{a} = \frac{\mathrm{d}\boldsymbol{u}}{\mathrm{d}t} \tag{4.1.3}$$

式中,$\boldsymbol{G} = \boldsymbol{i}f_x + \boldsymbol{j}f_y + \boldsymbol{k}f_z$ 为单位质量的体积力。

式(4.1.1)是理想流体的运动微分方程,是欧拉于 1755 年推导出来的,故又称欧拉运动微分方程。

4.2　纳维-斯托克斯方程

欧拉运动微分方程以理想流体为研究对象,纳维-斯托克斯方程是考虑了流体的黏性,即针对真实流体而建立的运动微分方程。下面给出其简略推导过程。

4.2.1　真实流体微元应力分析

如图 4.2 所示,取长方体微元 $ABCD\text{-}EFGH$,分析其 6 个面上的压强和切向应力。与点 A 邻近的 3 个面上,$ADHE$ 面受切向应力 τ_{xy}、τ_{xz} 和法向压强 p_{xx},$ABCD$ 面受切向应力 τ_{yx}、τ_{yz} 和法向压强 p_{yy},$ABFE$ 面受切向应力 τ_{zx}、τ_{zy} 和法向压强 p_{zz}。略去二阶以上无穷小量,这 3 个面的对面上的应力按泰勒展开式,分别得到 $\tau_{xy} + \frac{\partial \tau_{xy}}{\partial x}\mathrm{d}x$、$\tau_{xz} + \frac{\partial \tau_{xz}}{\partial x}\mathrm{d}x$ 和 $p_{xx} + \frac{\partial p_{xx}}{\partial x}\mathrm{d}x$,$\tau_{yx} + \frac{\partial \tau_{yx}}{\partial y}\mathrm{d}y$、$\tau_{yz} + \frac{\partial \tau_{yz}}{\partial y}\mathrm{d}y$ 和 $p_{yy} + \frac{\partial p_{yy}}{\partial y}\mathrm{d}y$, $\tau_{zx} + \frac{\partial \tau_{zx}}{\partial z}\mathrm{d}z$、$\tau_{zy} + \frac{\partial \tau_{zy}}{\partial z}\mathrm{d}z$ 和 $p_{zz} + \frac{\partial p_{zz}}{\partial z}\mathrm{d}z$。

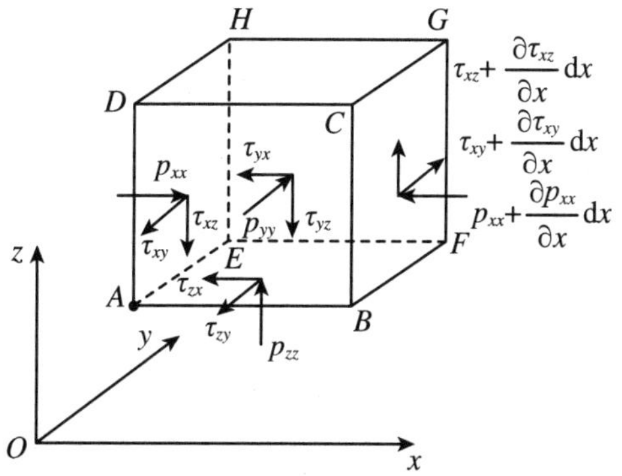

图 4.2　真实流体微元应力分析

4.2.2　广义牛顿黏性定律

在第 1 章中,我们已经知道一元平行剪切流动时的牛顿黏性定律(又称牛顿内摩擦定

律)：$\tau = \mu \dfrac{du}{dy}$，那么流体在空间流动时，有

$$\begin{cases} \tau_{xy} = \tau_{yx} = 2\mu\varepsilon_{xy} = \mu\left(\dfrac{\partial u_y}{\partial x} + \dfrac{\partial u_x}{\partial y}\right) \\ \tau_{yz} = \tau_{zy} = 2\mu\varepsilon_{yz} = \mu\left(\dfrac{\partial u_z}{\partial y} + \dfrac{\partial u_y}{\partial z}\right) \\ \tau_{zx} = \tau_{xz} = 2\mu\varepsilon_{zx} = \mu\left(\dfrac{\partial u_x}{\partial z} + \dfrac{\partial u_z}{\partial x}\right) \end{cases} \tag{4.2.1}$$

上式表示的是剪切应力与剪切应变速度之间的关系，可以看成一元牛顿黏性定律在空间的推广。

对真实流体内一点的压强，已经不像无黏性流体那样具有各向同性。运动状态下的真实(或称实际)流体，因流体层间有相对运动，黏性会产生切应力，这时同一点上各法向应力不再相等。在直角坐标系中，由于黏性的阻碍作用，各轴向压强存在黏性影响值，故法向压强可以表示为

$$\begin{cases} p_{xx} = p - 2\mu\varepsilon_{xx} = p - 2\mu\dfrac{\partial u_x}{\partial x} \\ p_{yy} = p - 2\mu\varepsilon_{yy} = p - 2\mu\dfrac{\partial u_y}{\partial y} \\ p_{zz} = p - 2\mu\varepsilon_{zz} = p - 2\mu\dfrac{\partial u_z}{\partial z} \end{cases} \tag{4.2.2}$$

式(4.2.1)和式(4.2.2)合并用矩阵表示为

$$\begin{bmatrix} p_{xx} & \tau_{xy} & \tau_{xz} \\ \tau_{yx} & p_{yy} & \tau_{yz} \\ \tau_{zx} & \tau_{zy} & p_{zz} \end{bmatrix} = \begin{bmatrix} p & 0 & 0 \\ 0 & p & 0 \\ 0 & 0 & p \end{bmatrix} + 2\mu \begin{bmatrix} -\varepsilon_{xx} & \varepsilon_{xy} & \varepsilon_{xz} \\ \varepsilon_{yx} & -\varepsilon_{yy} & \varepsilon_{yz} \\ \varepsilon_{zx} & \varepsilon_{zy} & -\varepsilon_{zz} \end{bmatrix} \tag{4.2.3}$$

这就是所谓的广义牛顿黏性定律，其详细的推导过程参见流体力学的有关著作。它全面地反映了牛顿流体的应力与应变速度之间的关系(这种方程称为本构方程)。

关于真实不可压缩流体内一点的压强，将式(4.2.2)三项相加，再考虑式(3.4.17)，得

$$p = \frac{1}{3}(p_{xx} + p_{yy} + p_{zz}) \tag{4.2.4}$$

此式说明，各向同性的压强值(静压强)等于各向异性压强(真实不可压缩的流动流体压强)的算术平均值。因此工程计算时，可以用各向同性压强来推算各向异性压强值。

4.2.3 纳维-斯托克斯方程推导

如图 4.2 所示，流体微元除受 6 个面上的 9 个应力外，还受到质量力 $\boldsymbol{f}$ 的作用。根据牛顿第二定律 $\sum \boldsymbol{F} = m\boldsymbol{a}$，列出微元在 x 向的运动方程式，为

$$\begin{aligned} & f_x\rho\mathrm{d}x\mathrm{d}y\mathrm{d}z + p_{xx}\mathrm{d}y\mathrm{d}z - \left(p_{xx} + \frac{\partial p_{xx}}{\partial x}\mathrm{d}x\right)\mathrm{d}y\mathrm{d}z - \tau_{yx}\mathrm{d}x\mathrm{d}z + \left(\tau_{yx} + \frac{\partial \tau_{yx}}{\partial y}\mathrm{d}y\right)\mathrm{d}x\mathrm{d}z \\ & - \tau_{zx}\mathrm{d}x\mathrm{d}y + \left(\tau_{zx} + \frac{\partial \tau_{zx}}{\partial y}\mathrm{d}y\right)\mathrm{d}x\mathrm{d}z - \tau_{zx}\mathrm{d}x\mathrm{d}y + \left(\tau_{zx} + \frac{\partial \tau_{zx}}{\partial z}\mathrm{d}z\right)\mathrm{d}x\mathrm{d}y \\ & = \frac{\mathrm{d}u_x}{\mathrm{d}t}\rho\mathrm{d}x\mathrm{d}y\mathrm{d}z \end{aligned}$$

两边同除以 $\rho \mathrm{d}x\mathrm{d}y\mathrm{d}z$，得

$$f_x - \frac{1}{\rho}\left(\frac{\partial p_{xx}}{\partial x} - \frac{\partial \tau_{yx}}{\partial y} - \frac{\partial \tau_{zx}}{\partial z}\right) = \frac{\mathrm{d}u_x}{\mathrm{d}t}$$

将式(4.2.1)和式(4.2.2)中的 p_{xx}、τ_{yx}、τ_{zx} 代入上式，得

$$f_x - \frac{1}{\rho}\frac{\partial p}{\partial x} + \mu\left(\frac{\partial^2 u_x}{\partial x^2} + \frac{\partial^2 u_x}{\partial y^2} + \frac{\partial^2 u_x}{\partial z^2}\right) + \nu\frac{\partial}{\partial x}\left(\frac{\partial u_x}{\partial x} + \frac{\partial u_x}{\partial y} + \frac{\partial u_x}{\partial z}\right) = \frac{\mathrm{d}u_x}{\mathrm{d}t}$$

对于不可压缩流体，考虑式(3.3.9)，得

$$f_x - \frac{1}{\rho}\frac{\partial p}{\partial x} + \mu\left(\frac{\partial^2 u_x}{\partial x^2} + \frac{\partial^2 u_x}{\partial y^2} + \frac{\partial^2 u_x}{\partial z^2}\right) = \frac{\mathrm{d}u_x}{\mathrm{d}t}$$

同理，对 y、z 向可以推出另外两个分量式。综合得出

$$\begin{cases} f_x - \dfrac{1}{\rho}\dfrac{\partial p}{\partial x} + \mu\left(\dfrac{\partial^2 u_x}{\partial x^2} + \dfrac{\partial^2 u_x}{\partial y^2} + \dfrac{\partial^2 u_x}{\partial z^2}\right) = \dfrac{\mathrm{d}u_x}{\mathrm{d}t} \\ f_y - \dfrac{1}{\rho}\dfrac{\partial p}{\partial y} + \mu\left(\dfrac{\partial^2 u_y}{\partial x^2} + \dfrac{\partial^2 u_y}{\partial y^2} + \dfrac{\partial^2 u_y}{\partial z^2}\right) = \dfrac{\mathrm{d}u_y}{\mathrm{d}t} \\ f_z - \dfrac{1}{\rho}\dfrac{\partial p}{\partial z} + \mu\left(\dfrac{\partial^2 u_z}{\partial x^2} + \dfrac{\partial^2 u_z}{\partial y^2} + \dfrac{\partial^2 u_z}{\partial z^2}\right) = \dfrac{\mathrm{d}u_z}{\mathrm{d}t} \end{cases} \tag{4.2.5}$$

引入拉普拉斯算子(只是一种微分计算符号)

$$\nabla^2 = \nabla \cdot \nabla = \frac{\partial^2}{\partial x^2} + \frac{\partial^2}{\partial y^2} + \frac{\partial^2}{\partial z^2}$$

并根据式(3.1.17)，得

$$\begin{cases} f_x - \dfrac{1}{\rho}\dfrac{\partial p}{\partial x} + \mu\nabla^2 u_x = \dfrac{\mathrm{d}u_x}{\mathrm{d}t} = u_x\dfrac{\partial u_x}{\partial x} + u_y\dfrac{\partial u_x}{\partial y} + u_z\dfrac{\partial u_x}{\partial z} + \dfrac{\partial u_x}{\partial t} \\ f_y - \dfrac{1}{\rho}\dfrac{\partial p}{\partial y} + \mu\nabla^2 u_y = \dfrac{\mathrm{d}u_y}{\mathrm{d}t} = u_x\dfrac{\partial u_y}{\partial x} + u_y\dfrac{\partial u_y}{\partial y} + u_z\dfrac{\partial u_y}{\partial z} + \dfrac{\partial u_y}{\partial t} \\ f_z - \dfrac{1}{\rho}\dfrac{\partial p}{\partial z} + \mu\nabla^2 u_z = \dfrac{\mathrm{d}u_z}{\mathrm{d}t} = u_x\dfrac{\partial u_z}{\partial x} + u_y\dfrac{\partial u_z}{\partial y} + u_z\dfrac{\partial u_z}{\partial z} + \dfrac{\partial u_z}{\partial t} \end{cases} \tag{4.2.6}$$

这就是真实不可压缩流体的运动微分方程，由法国人纳维和英国人斯托克斯先后独立提出，因此称为纳维-斯托克斯方程，简称 N-S 方程。与欧拉运动微分方程相比，N-S 方程多了一项由黏性引起的因子，使方程变为二阶非线性偏微分方程组，求出其解析解的难度很大。工程应用时，采用计算机数值解法，获得近似解。这种利用计算机数值解法来求解流体力学方程的方法，已成为流体力学的主要研究方法之一。

4.3　伯努利方程及其应用

N-S 方程因求解难度大，不便于工程应用。工程上应用最为广泛的是另一种方程——伯努利方程。本节基于理想流体元流的伯努利方程，导出具有重要实际应用意义的真实总流伯努利方程。

4.3.1 理想流体元流伯努利方程

在流线上取质点,不论是否定常运动,经过时间 dt,质点沿流线的微位移 d$\boldsymbol{s}=\boldsymbol{i}\mathrm{d}x+\boldsymbol{j}\mathrm{d}y+\boldsymbol{k}\mathrm{d}z$;d$\boldsymbol{s}$ 的分量 dx、dy、dz 分别表示为

$$\mathrm{d}x = u_x\mathrm{d}t,\quad \mathrm{d}y = u_y\mathrm{d}t,\quad \mathrm{d}z = u_z\mathrm{d}t \tag{4.3.1}$$

式(4.1.1)中的三式依次乘以 dx、dy、dz,相加则有

$$\begin{aligned}
&f_x\mathrm{d}x + f_y\mathrm{d}y + f_z\mathrm{d}z - \frac{1}{\rho}\left(\frac{\partial p}{\partial x}\mathrm{d}x + \frac{\partial p}{\partial y}\mathrm{d}y + \frac{\partial p}{\partial z}\mathrm{d}z\right)\\
&= \frac{\partial u_x}{\partial t}\mathrm{d}x + \frac{\partial u_y}{\partial t}\mathrm{d}y + \frac{\partial u_z}{\partial t}\mathrm{d}z = \frac{\partial u_x}{\partial t}u_x\mathrm{d}t + \frac{\partial u_y}{\partial t}u_y\mathrm{d}t + \frac{\partial u_z}{\partial t}u_z\mathrm{d}t\\
&= u_x\mathrm{d}u_x + u_y\mathrm{d}u_y + u_z\mathrm{d}u_z
\end{aligned} \tag{4.3.2}$$

引入力势函数 $W(x,y,z,t)$,令

$$f_x\mathrm{d}x + f_y\mathrm{d}y + f_z\mathrm{d}z = \mathrm{d}W - \frac{\partial W}{\partial t}\mathrm{d}t \tag{4.3.3}$$

注意到

$$\mathrm{d}p = \frac{\partial p}{\partial x}\mathrm{d}x + \frac{\partial p}{\partial y}\mathrm{d}y + \frac{\partial p}{\partial z}\mathrm{d}z + \frac{\partial p}{\partial t}\mathrm{d}t \tag{4.3.4}$$

另外,由标量速度关系式 $u^2=u_x^2+u_y^2+u_z^2$ 可得

$$\mathrm{d}\left(\frac{u^2}{2}\right) = \mathrm{d}\left(\frac{u_x^2 + u_y^2 + u_z^2}{2}\right) = u_x\mathrm{d}u_x + u_y\mathrm{d}u_y + u_z\mathrm{d}u_z \tag{4.3.5}$$

将式(4.3.3)～式(4.3.5)代入式(4.3.2),有

$$\mathrm{d}W - \frac{\partial W}{\partial t}\mathrm{d}t - \frac{1}{\rho}\mathrm{d}p + \frac{1}{\rho}\frac{\partial p}{\partial t}\mathrm{d}t = \mathrm{d}\left(\frac{u^2}{2}\right)$$

或

$$\mathrm{d}W - \frac{1}{\rho}\mathrm{d}p - \mathrm{d}\left(\frac{u^2}{2}\right) = \left(\frac{\partial W}{\partial t} - \frac{1}{\rho}\frac{\partial p}{\partial t}\right)\mathrm{d}t = f(t)\mathrm{d}t \tag{4.3.6}$$

对上式积分,得

$$W - \int\frac{\mathrm{d}p}{\rho} - \frac{u^2}{2} = F(t) \tag{4.3.7}$$

式中,$F(t) = \int f(t)\mathrm{d}t$。

如果密度 ρ 不是压力的函数,则

$$W - \frac{p}{\rho} - \frac{u^2}{2} = F(t) \tag{4.3.8}$$

对于定常流 $F(t)=$常数,则

$$W - \frac{p}{\rho} - \frac{u^2}{2} = c \tag{4.3.9}$$

在通常的右手坐标系中,Z 轴离开地球中心,即 $X=Y=o,Z=-g$,则

$$W = -\int g\mathrm{d}z = -gz + c_1$$

将上式代入式(4.3.9)，有

$$- gz - \frac{p}{\rho} - \frac{u^2}{2} = - c_0 \tag{4.3.10}$$

或

$$z + \frac{p}{\gamma} + \frac{u^2}{2g} = c_0 \tag{4.3.11}$$

式(4.3.11)即伯努利方程的常见形式。对于同流线上的任意两点 1 和 2，则上式写为

$$z_1 + \frac{p_1}{\gamma} + \frac{u_1^2}{2g} = z_2 + \frac{p_2}{\gamma} + \frac{u_2^2}{2g} \tag{4.3.12}$$

对于静止流体，$u = o$，则

$$z + \frac{p}{\gamma} = c_0 \tag{4.3.13}$$

$$z_1 + \frac{p_1}{\gamma} = z_2 + \frac{p_2}{\gamma} \tag{4.3.14}$$

式(4.3.13)和式(4.3.14)即流体静力学的基本方程。

式(4.3.11)或式(4.3.12)是著名的理想不可压缩流体伯努利方程，是瑞士科学家丹尼尔·伯努利于 1738 年发表的。

如图 4.3 所示，理想不可压缩流体伯努利方程的各项几何意义与物理意义如下：

z——位置水头，代表单位重量流体的位能；

$\frac{p}{\rho g}$——压强水头，代表单位重量流体的压能；

$\frac{u^2}{2g}$——速度水头，代表单位重量流体的动能；

$z_1 + \frac{p_1}{\gamma}$——测压管水头，代表单位重量流体的势能；

$z + \frac{p}{\gamma} + \frac{u^2}{2g}$——水总头，代表单位重量流体的总机械能。

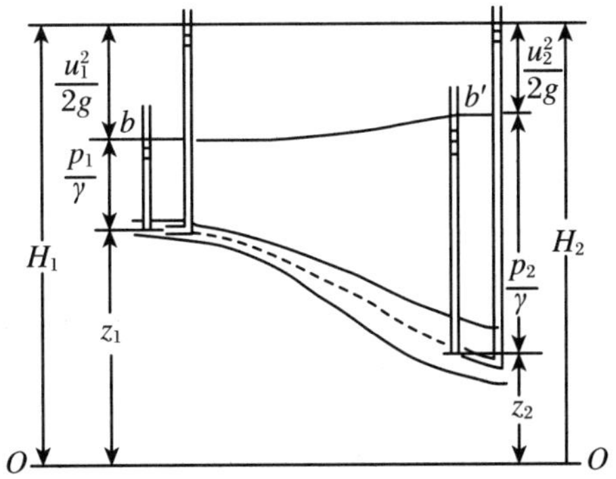

图 4.3　理想流体元流伯努利方程的几何意义

因为理想流体没有能量损失，理想不可压缩流体伯努利方程说明在理想流体中，流体的总机械能(位能、压能、动能)守恒。由此可见，伯努利方程实质就是物理学能量守恒定律在

流体力学上的具体体现。

4.3.2 实际流体元流伯努利方程

伯努利方程是在无黏性流体质点沿流线运动或微小流束运动条件下导出的。实际流体有黏性,流体内部存在摩擦力。为克服这种阻力,流体在运动中要消耗能量,使单位重量的液体沿流过的路程的能量不断减少。如图4.4所示,假定微小流束从断面1—1流向断面2—2,设断面1—1和2—2之间的单位重量的流体能量损失——水头损失为h'_w,则

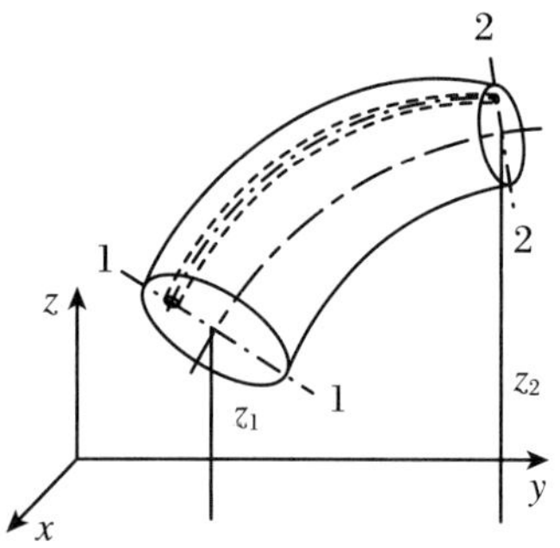

图4.4 实际流体伯努利方程

$$z_1+\frac{p_1}{\gamma}+\frac{u_1^2}{2g}=z_2+\frac{p_2}{\gamma}+\frac{u_2^2}{2g}+h'_w \quad (4.3.15)$$

式中,h'_w为单位重量流体从断面1—1流向断面2—2时损失的机械能。由于流体在流动过程中总能量是不断减少的,如果$h'_w<0$,则表明流体的流动是从断面2—2流向断面1—1。

式(4.3.15)两边同时乘以重度γ,则

$$p_1+z_1\gamma+\frac{\rho}{2}u_1^2=p_2+z_2\gamma+\frac{\rho}{2}u_2^2+\Delta p'_w \quad (4.3.16)$$

式中,$\Delta p'_w=\gamma h'_w$为断面1—1和断面2—2之间的压力损失。

4.3.3 实际流体总流伯努利方程

总流是流动空间所有元流的总和。若将定常流实际元流即微小流束的伯努利方程在总流的过流断面上进行积分,便可导出实际总流的能量方程。

如图4.4所示,过流断面1—1与断面2—2取在缓变流段。如果单位时间通过微流束断面1—1和2—2的流体重量为$\gamma \mathrm{d}Q$。以$\gamma \mathrm{d}Q$乘以式(4.3.15)中两侧的各项,然后对总流断面A_1和A_2做积分,则得出总流的能量(功率)关系式为

$$\int_{A_1}\left(z_1+\frac{p_1}{\gamma}+\frac{u_1^2}{2}\right)\gamma \mathrm{d}Q=\int_{A_2}\left(z_2+\frac{p_2}{\gamma}+\frac{u_2^2}{2}+h'_w\right)\gamma \mathrm{d}Q \quad (4.3.17)$$

现讨论上式中的各积分项:

(1) $\int_{A_1}\left(z_1+\frac{p}{\gamma}\right)\gamma \mathrm{d}Q$ 为单位时间内通过过流断面A的势能和(位置能和压力能之和),该积分不易求出。

为了方便推导实际总流的能量方程,这里引入渐变流与急变流的概念。

渐变流是指流线之间的夹角很小,且曲率半径很大的流动。在渐变流中,由于流线近似平行直线,质点流速沿流向变化所形成的惯性较小,可忽略不计。过流断面可认为是平面,在过流断面上,压强分布也可认为服从于流体静力学规律,即

$$z+\frac{p}{\gamma}=c \quad (4.3.18)$$

急变流是指流线之间的夹角很大,且曲率半径很小的流动。在急变流的流段中,质点流速沿流向变化所形成的惯性很大,不能忽略不计。在过流断面上,压强分布已不服从于流体

静力学规律。

以上所述流速沿程变化情况的分类，不是针对流动的全体，而是指总流中某流段。一般说来，流动的均匀和不均匀、渐变和急变交替地出现于总流中，共同组成流动的总体。

故

$$\int_Q \left(z + \frac{p}{\gamma}\right)\gamma \mathrm{d}Q = \int_A \left(z + \frac{p}{\gamma}\right)\gamma u \mathrm{d}A = \left(z + \frac{p}{\gamma}\right)\gamma \int_A u \mathrm{d}A = \left(z + \frac{p}{\gamma}\right)\gamma Q$$

$$\int_Q \left(z + \frac{p}{\gamma}\right)\gamma \mathrm{d}Q = \left(z + \frac{p}{\gamma}\right)\gamma Q \tag{4.3.19}$$

(2) $\int \frac{u_1^2}{2g}\gamma \mathrm{d}Q$ 为单位时间内流过过流断面的动能。过流断面的各点速度 u 不同，$\int_A \frac{\gamma}{2g}u^2 \mathrm{d}Q = \int_A \frac{\gamma}{2g}u^3 \mathrm{d}A \neq \frac{\gamma}{2g}v^3 A$，又很难简单求出，因此采用平均速度 v 代替点速度 u，可用系数 α 加以修正，即取

$$\alpha = \frac{\frac{\gamma}{2g}\int_A u^3 \mathrm{d}A}{\frac{\gamma}{2g}v^3 A} = \frac{\int_A u^3 \mathrm{d}A}{v^3 A}$$

则

$$\frac{\gamma}{2g}\int_A u^3 \mathrm{d}A = \alpha \frac{\gamma}{2g}v^3 A = \alpha \frac{v^2}{2g}\gamma Q \tag{4.3.20}$$

(3) $\int_A \gamma h'_{\mathrm{w}} \mathrm{d}Q$ 为因阻力损失的能量。因不了解 h'_{w}和 u 的关系，难以积分，为简化，假定 h'_{w}为常量，即

$$\int_A \gamma h'_{\mathrm{w}} \mathrm{d}Q = \gamma h_{\mathrm{w}} Q \tag{4.3.21}$$

式中，h_{w} 为单位重量液体从断面 1—1 流向断面 2—2 消耗的平均水头损失。

将式(4.3.19)～式(4.3.21)代入式(4.3.17)，整理得

$$z_1 + \frac{p_1}{\gamma} + \frac{\alpha_1 v_1^2}{2g} = z_2 + \frac{p_2}{\gamma} + \frac{\alpha_2 v_2^2}{2g} + h_{\mathrm{w}} \tag{4.3.22}$$

在紊流中，一般 $\alpha = 1.05 \sim 1.10$，因而在工程上可取 $\alpha \approx 1$。式(4.3.22)为不可压缩黏性流体在重力场中做定常流动时的总流伯努利方程，是工程流体力学中很重要的方程。

4.3.4　伯努利方程的应用

伯努利方程(4.3.22)与连续性方程(3.3.12)(有时需要与流体静力学方程)联立，可以解决一元流动的断面流速和压强的计算问题，这在工程上有着重要的意义。应用伯努利方程应注意以下几点：

(1) 要灵活运用伯努利方程。严格地讲，伯努利方程是在定常流动、不可压缩和渐变流(质点流速变化缓慢)的条件下导出的，应用时也应满足这些条件。然而，无论是实际工程上的流动问题，还是自然界中的流动现象，都很少是严格满足这三个条件的。因此，为了能够实际应用伯努利方程，有必要将能量方程使用的条件适当放宽。例如，对于一些准定常问

题、压缩性不明显的流体或某些急变流（质点流速变化很大）断面，可以认为伯努利方程仍然是适用的。由此而产生的误差可以根据经验或试验数据加以修正，这样处理一般可以满足工程上的精度要求。

(2) 确定过流断面位置水头 z_1、z_2时，基准面可任取一水平面，z_1、z_2计算点可取管轴线上。其中，z_1、z_2 在基准面之上取“+”；反之，取“-”。

(3) 当两断面间有能量输入或输出时，实际总流伯努利方程(4.3.22)改写为

$$z_1+\frac{p_1}{\gamma}+\frac{\alpha_1 v^2}{2g}\pm E=z_2+\frac{p_2}{\gamma}+\frac{\alpha_2 v^2}{2g}+h_w \tag{4.3.23}$$

式中，E 为两过流断面间输入或输出的能量水头。输入能量（如泵和风机）时取“+”号，输出能量（如水轮机）时取“-”号。

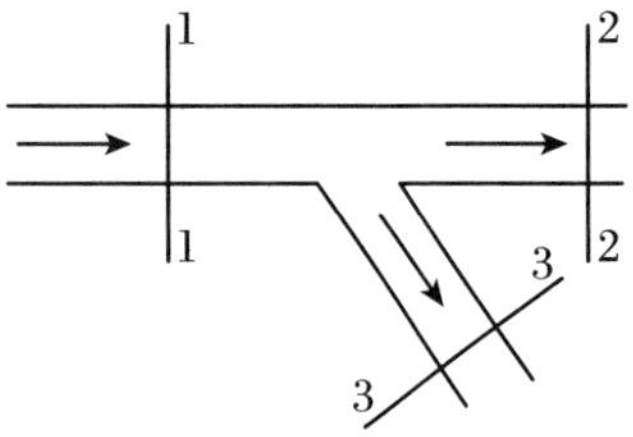

图 4.5　伯努利方程支流情况

(4) 对合流或支流管路，方程仍然适用。例如，对图 4.5 所示支流，仍然有方程

$$z_1+\frac{p_1}{\gamma}+\frac{\alpha_1 v_1^2}{2g}=z_2+\frac{p_2}{\gamma}+\frac{\alpha_2 v_2^2}{2g}+h_{w1-2}$$

和

$$z_1+\frac{p_1}{\gamma}+\frac{\alpha_1 v_1^2}{2g}=z_3+\frac{p_3}{\gamma}+\frac{\alpha_3 v_3^2}{2g}+h_{w1-3} \tag{4.3.24}$$

成立。式中，损耗 h_{w1-2}和 h_{w1-3}分别表示截面 1 到截面 2 的能量损失和截面 1 到截面 3 的能量损失。伯努利方程在支流的情况下并没有改变形式，原因是伯努利方程表示的是单位重量的流体平均能量间的关系，而非截面之间的总能量关系。同样，合流的情况也是如此。

(5) 具体应用伯努利方程的步骤一般如下：

① 分析流动现象：确定问题是否可以应用伯努利方程。如果可以，再进行下一步。

② 选取截面：需要选取两个缓变流截面，这两个截面尽量包含已知条件和需要求解的未知变量。

③ 选取基准面和基准点：基准面是计算位置水头 z 的参考面，基准点指压强水头 p、位置水头 z 的取值点。理论上，基准面和基准点的选取不影响计算结果，但恰当的选取将简化计算过程。一般的原则是：基准面尽量通过一个或两个基准点，而基准点尽量选在截面的形心上。

④ 列出方程，代入已知量求解。注意与连续性方程和静力学方程联解。

下面举例说明伯努利方程的应用。

1. 皮托管

皮托管(Pitot tube)是一种用于测量流体流速的设备，最早由法国工程师亨利 · 皮托(Henri Pitot)于 18 世纪初发明。皮托管通常被称为风速管或测速管，其基本构造包括一根空心细管，这根管子的下端出口方向正对水流流速方向，用于测量总压。

【例 4.1】 已知管道直径 D，静压管与皮托管的液面高度差为 Δh，求管道流速。

【解】 如图 4.6 所示。点 1 和点 2 为相近两点。取轴线 0—0 为位置水头零位，忽略水

头损失，可应用理想流体元流伯努利方程(4.3.12)，列轴线点 1、2 处的能量方程，如下：

$$\frac{p_1}{\gamma_1}+\frac{u_1^2}{2g}=\frac{p_2}{\gamma_1}+\frac{u_2^2}{2g} \tag{4.3.25}$$

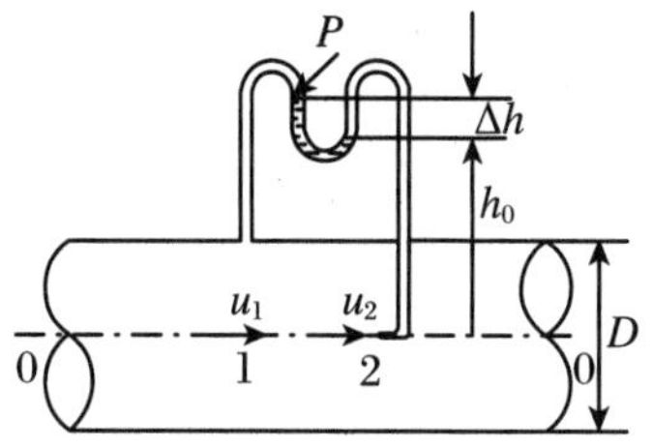

图 4.6　皮托管测流速

点 2 处为流动驻点，$u_2=0$，故

$$u_1=\sqrt{\frac{2g(p_2-p_1)}{r_1}}=\sqrt{\frac{2\Delta p}{\rho_1}} \tag{4.3.26}$$

设轴线上方 $h_0+\Delta h$ 处液体压力为 p，则根据静压平衡条件，有

$$\begin{cases} p_1=p+(h_0+\Delta h)\gamma_1 \\ p_2=p+\Delta h\gamma_2+h_0\gamma_1 \end{cases}$$

即

$$\Delta p=p_2-p_1=\Delta h(\gamma_2-\gamma_1) \tag{4.3.27}$$

式中，γ_1 为液体的重度；γ_2 为水银的重度。

由此可得点 1 处的流速 u_1 为

$$u_1=\sqrt{2g\Delta h\left(\frac{\gamma_2}{\gamma_1}-1\right)} \tag{4.3.28}$$

由上式可知，利用皮托管测速，只要测得全压与静压之差，即读得 Δh，便可求得流速。

用若干皮托管和测压管可以组成演示伯努利方程几何意义的实验仪器。如图 4.7 所示，测压管垂直于管道壁，因此其水位高表示的是静水水头$\dfrac{p}{\rho g}$(就是压强水头)，速度水头则由皮托管显示。皮托管与静压管二者的高度差分别为$\dfrac{v_1^2}{2g}$、$\dfrac{v_2^2}{2g}$，即为速度水头，表示流体动能转化为压力能的水头高度。管道的中心距基准线的距离即为位置水头。沿管道方向不同点的位置水头、压强水头和速度水头都是变化的，但对理想流体来说，三者之和是常量，故总水头是一条水平线，如图所示；而对于实际流体来说，则存在水头损失 h_w，故总水头是逐渐下降的。

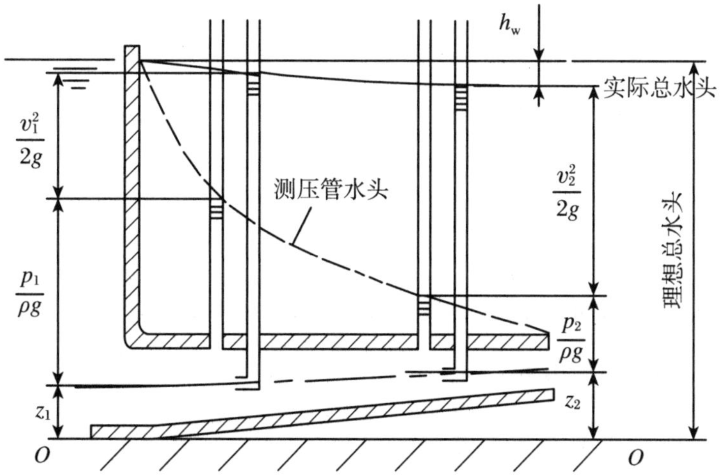

图 4.7　实际总流伯努利方程几何意义

2. 文丘里流量计

文丘里流量计是一种测量流体流量的仪器，它是由意大利物理学家文丘里(Giovanni Battista Venturi)于1887年发明的。它的工作原理是利用节流口前后的压强差来测定流量的。

【例 4.2】 如图4.8所示，d_1为管道截面1处的直径，d_2为节流口处的直径。上端的测压管液位差为 h，管内流体的密度为 ρ，求出文丘里流量计的流量公式。

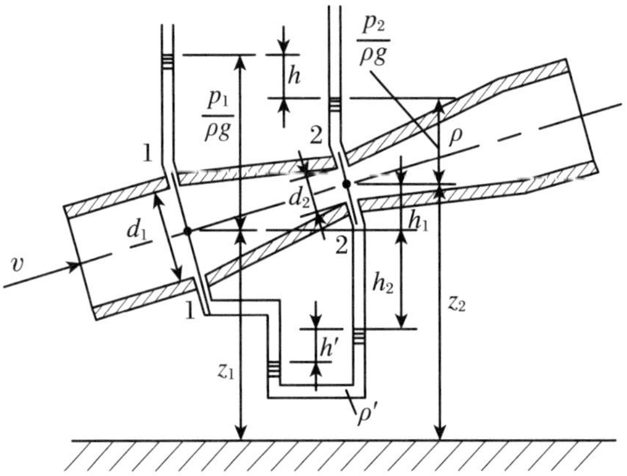

图 4.8　文丘里流量计

【解】 取截面1、2，再任取水平基准面，得截面1、2处的位置水头分别为 z_1和 z_2，设流体为不可压缩的理想流体，且动能修正系数 α 取1，可列出伯努利方程

$$z_1 + \frac{p_1}{\rho g} + \frac{v_1^2}{2g} = z_2 + \frac{p_2}{\rho g} + \frac{v_2^2}{2g}$$

由连续性方程 $v_1 A_1 = v_2 A_2$，解出

$$v_2 = v_1 \frac{A_1}{A_2} = v_1 \left(\frac{d_1}{d_2}\right)^2$$

代入伯努利方程，得

$$v_1 = \sqrt{\frac{2g}{\left(\frac{d_1}{d_2}\right)^4 - 1}} \sqrt{\left(\frac{p_1}{\rho g} + z_1\right) - \left(\frac{p_2}{\rho g} + z_2\right)} \tag{4.3.29}$$

如图4.8所示，当采用上端的测压管时，上式右边根号内的差就是两测压管的液位差 h，即过流断面的测压管水头之差，故

$$v_1 = \sqrt{\frac{2g}{\left(\frac{d_1}{d_2}\right)^4 - 1}} \sqrt{h} = k\sqrt{h}, \quad q = v_1 A_1 \tag{4.3.30}$$

这就是文丘里流量计的理论流量值。式中，k 为流量系数。

文丘里流量计也可以采用下端的U形测压管测量压强，如图4.8所示，对U形测压管两端压强列平衡式，有

$$p_1 + \rho g h_2 + \rho g h' = p_2 + \rho g(h_1 + h_2) + \rho' g h'$$

将 $h_1 = z_2 - z_1$ 代入上式并化简，得

$$\left(\frac{p_1}{\rho g}+z_1\right)-\left(\frac{p_1}{\rho g}+z_2\right)=\frac{\rho'-\rho}{\rho}h'$$

代入式(4.3.29)，得

$$v_1=\sqrt{\frac{2g}{\left(\frac{d_1}{d_2}\right)^4-1}}\sqrt{\frac{\rho'-\rho}{\rho}h'}=k\sqrt{h'} \tag{4.3.31}$$

文丘里流量计是一种节流式流量计，它是利用节流元件前后的压强差来测定流量的。除文丘里流量计以外，工程上常用的节流式流量计还有孔板式流量计和喷嘴流量计等，它们的节流元件稍有差异，但基本原理完全相同。

3. 虹吸管

虹吸现象是物理学和流体力学中的一种现象，描述了液体在两个具有高度差的容器(水池)之间，通过充满液体的倒 U 形管(虹吸管)自动流动的过程。

【例 4.3】 某虹吸管路如图 4.9 所示，管内径为 d，A 端浸入上池中，B 端在下池液面上部，两池液面差为 H_2，管弯曲部位(轴线)到上液面的距离为 H_1。试确定 2 处压强为多大时才能产生虹吸现象，并求管内流速和流量。

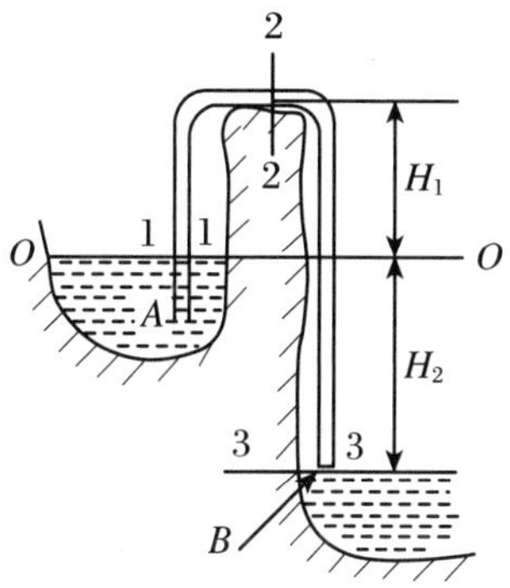

图 4.9　虹吸管

【解】 (1) 取上池液面为位置水头零位，对过流断面 1—1 与 3—3 列伯努利方程，有

$$z_1+\frac{p_1}{\gamma}+\frac{\alpha_1 v_1^2}{2g}=z_3+\frac{p_3}{\gamma}+\frac{\alpha_2 v_3^2}{2g}+h_w$$

式中，$v_1\approx 0$；$p_1=p_3=p_a$；$z_3=-H_2$；$h_w=0$；$\alpha_1=\alpha_2=1$。

代入方程，得管内流速为

$$v_3=\sqrt{2gH_2}$$

管内流量为

$$Q=Av_3=\frac{\pi}{4}d^2\sqrt{2gH_2}$$

(2) 取 B 端为位置水头零位，对面 1—1 和 3—3 列伯努利方程(忽略损失水头)，有

$$(H_1+H_2)+\frac{p_2}{\gamma}+\frac{v_2^2}{2g}=\frac{p_3}{\gamma_1}+\frac{v_3^2}{2g}\quad (v_2=v_3, p_3=p_a)$$

可求出管内 2 处的压力 p_2 为

$$p_2=p_a-(H_1+H_2)\gamma>0$$

即管路中 2 处的真空度为

$$p_{2_v}=p_a-p_2=(H_1+H_2)\gamma$$

当确定具体数据时，可计算出管内以上各项的值。

4.4 气体总流伯努利方程

前面我们已经推导出了不可压缩流体定常总流伯努利方程

$$z_1+\frac{p_1}{\rho g}+\frac{\alpha_1 v_1^2}{2g}=z_2+\frac{p_2}{\rho g}+\frac{\alpha_2 v_2^2}{2g}+h_w$$

该方程适用于不可压缩液体，也适用于流速不太大的气体。应用于气体时，习惯将方程式中的每项表示成压强量纲的形式，即

$$\rho g z_1+p_1'+\frac{\rho v_1^2}{2}=\rho g z_2+p_2'+\frac{\rho v_2^2}{2}+p_{l1-2} \tag{4.4.1}$$

将重度 $\gamma=\rho g$ 代入上式，也有

$$\gamma z_1+p_1'+\frac{\rho v_1^2}{2}=\gamma z_2+p_2'+\frac{\rho v_2^2}{2}+p_{l1-2} \tag{4.4.2}$$

上式反映了单位体积气体的各种平均机械能之间的转换关系。式中 p_{l1-2}表示平均每单位体积气体由截面 1 到截面 2 的压强损失，p_1'、p_2'表示绝对压强。若压强以相对压强表示，对于高度差较大、管内外气体重度不同的气体管路，必须考虑大气压强因高度不同而引起的差异。如图 4.10 所示，设高度 z_1处的大气压强为 P_a，则 z_2处的大气压强应为 $p_a-\gamma_a(z_2-z_1)$，γ_a 为大气重度。于是有绝对压强

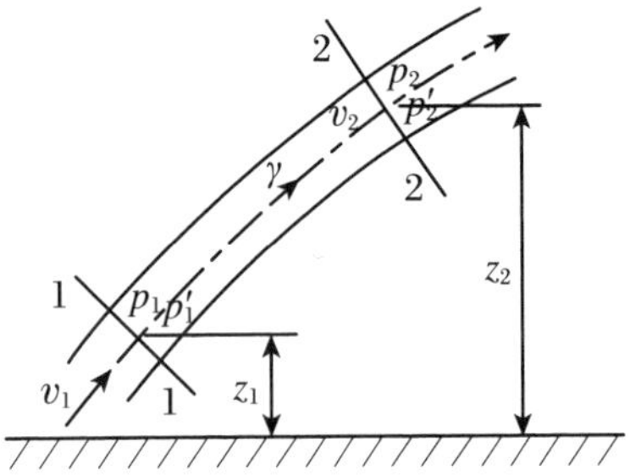

图 4.10　管中气体流动

$$p_1'=p_1+p_a$$
$$p_2'=p_2+p_a-\gamma_a(z_2-z_1)$$

将上式代入式(4.4.2)，得

$$\gamma z_1+p_1+p_a+\frac{\rho v_1^2}{2}=\gamma z_2+p_2+p_a-\gamma_a(z_2-z_1)+\frac{\rho v_2^2}{2}+p_{l1-2}$$

整理得

$$(\gamma_a-\gamma)(z_2-z_1)+p_1+\frac{\rho v_1^2}{2}=p_2+\frac{\rho v_2^2}{2}+p_{l1-2} \tag{4.4.3}$$

这就是以相对压强形式表示的定常气体总流能量方程。必须说明：

(1) 上式使用时，p_1、p_2必须是相对压强；

(2) 截面 1 和截面 2 必须按流动方向顺序选取。

类似各种水头的定义，我们也称式(4.4.3)中的 p 为静压，$\frac{\rho v^2}{2}$为动压，$(\gamma_a-\gamma)(z_2-z_1)$为位压，静压和位压之和又称为势压。静压、动压和位压三者之和为全压。

【例 4.4】 如图 4.11 所示，空气由炉口 a 流入，通过燃烧后，废气经 b、c、d 由烟囱流出。烟气密度 $\rho=0.6\ \text{kg/m}^3$，空气密度 $\rho_a=1.2\ \text{kg/m}^3$，$a\rightarrow c$ 及 $c\rightarrow d$ 的压强损失分别为 $9\times\frac{\rho v^2}{2}$和 $20\times\frac{\rho v^2}{2}$。求：

(1) 出口 d 处的流速 v_d；

(2) c 处的静压 p_c。

假设烟道为等截面通道。

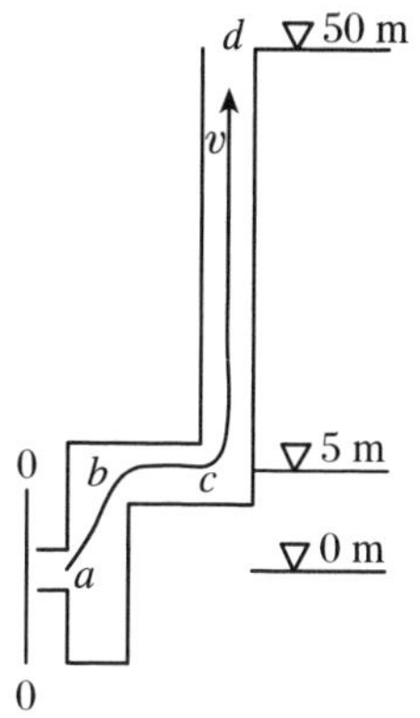

图 4.11　等截面烟道

【解】 (1) 在炉口 a 前取一截面 0，其面积可视为无穷大，速度视为 0。对截面 0 和截面 d，a、d 之间的总压强损失为 $29\times\frac{\rho v^2}{2}$，由式(4.4.3)列出气体总流能量方程，得

$$(\rho_a-\rho)g(50-0)=\frac{\rho v_d^2}{2}+29\times\frac{\rho v_d^2}{2}$$

再代入已知数据，得

$$0.6g\times 50=30\times\frac{\rho v_d^2}{2}$$

解得

$$v_d=5.7\ \mathrm{m/s}$$

(2) 对 c、d 两截面列出气体总流能量方程，得

$$0.6g(50-5)+p_c+\frac{\rho v_c^2}{2}=\frac{\rho v_d^2}{2}+20\frac{\rho v_d^2}{2}$$

解得

$$p_c=(20\times 9.8-45\times 0.6g)\ \mathrm{Pa}=-68.6\ \mathrm{Pa}$$

4.5　动量方程及其应用

N-S 方程是质点运动微分方程，虽然表示的是流场中压强和速度的分布关系，但求解困难，大大限制了它的实际应用。为了求出流体的受力关系，我们可以应用动量定理。

将牛顿第二定律 $\sum F=ma$ 改写为动量定理 $\sum F\mathrm{d}t=m\mathrm{d}\boldsymbol{u}=\mathrm{d}(m\boldsymbol{u})$，并用之于具有一定质量的流体质点系，由于各个质点速度不尽相同，质点系的动量定理为

$$\sum F=\frac{\mathrm{d}\left(\sum m\boldsymbol{u}\right)}{\mathrm{d}t}\tag{4.5.1}$$

根据上式，只要求出质点系各个质点的动量变化率，就可以求出质点系所受外力的合力。直观地看，这似乎可以采用拉格朗日法。由于流体的质点运动甚为复杂，几乎没有可能求出每个质点的动量变化率。这里可以采用欧拉法用控制体法解决这个问题。

取流场中的控制体，即流场中某一确定的空间区域，控制体区域的周界称为控制面。对于恒定总流而言，控制体由所选的两过水断面与总流管组成。

在图 4.12 中，某时刻 t，取流场中的控制体如曲线所示。设控制体的体积为 V，控制体内的质点系速度为 $\boldsymbol{u}(x,y,z,t)$，简记为 $\boldsymbol{u}$，密度为 $\rho(x,y,z,t)$，简记为 ρ，则控制体 V 内 t 时刻的动量记为

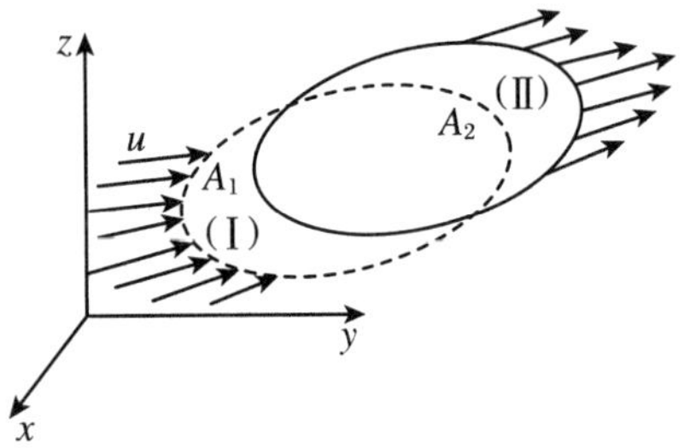

图 4.12　控制体法求动量定理

$$E_t = \left[\iiint_V \rho \boldsymbol{u} \mathrm{d}V\right]_t \tag{4.5.2}$$

经过 Δt 时间后，控制体 V 内的原质点系的质点运动到图中实曲线位置，即原质点系的一部分仍留在控制体 V 内，而另一部分质点Ⅱ穿过边界 A_2，到了控制体 V 外。与此同时，也有一部分新的质点穿过 A_1，进入控制体 V 内。设 Δt 时间段内，流出的动量为 $E_{\text{out}} = \Delta t\iint_{A_2} \rho \boldsymbol{u}(\boldsymbol{u}\mathrm{d}\boldsymbol{A})$，流入的动量为 $E_{\text{in}} = \Delta t\iint_{A_1} \rho \boldsymbol{u}(\boldsymbol{u}\mathrm{d}\boldsymbol{A})$，在 $t+\Delta t$ 时刻，控制体 V 内新质点系的动量为 $E'_{t+\Delta t} = \left[\iiint_V \rho \boldsymbol{u}\mathrm{d}V\right]_{t+\Delta t}$，控制体 V 内原质点系的动量为 $E_{t+\Delta t}$，其值为

$$\begin{aligned} E_{t+\Delta t} &= E'_{t+\Delta t} - E_{\text{in}} + E_{\text{out}} = \left[\iiint_V \rho \boldsymbol{u}\mathrm{d}V\right]_{t+\Delta t} - \Delta t\iint_{A_1} \rho \boldsymbol{u}(\boldsymbol{u}\mathrm{d}\boldsymbol{A}) + \Delta t\iint_{A_2} \rho \boldsymbol{u}(\boldsymbol{u}\mathrm{d}\boldsymbol{A}) \\ &= \left[\iiint_V \rho \boldsymbol{u}\mathrm{d}V\right]_{t+\Delta t} + \Delta t \oiint_A \rho \boldsymbol{u}(\boldsymbol{u}\mathrm{d}\boldsymbol{A}) \end{aligned}$$

上式中用到 $A = A_1 + A_2$。

可以求出原质点系的动量变化为

$$\Delta E = E_{t+\Delta t} - E_t = \left[\iiint_V \rho \boldsymbol{u}\mathrm{d}V\right]_{t+\Delta t} + \Delta t\oiint_A \rho \boldsymbol{u}(\boldsymbol{u}\mathrm{d}\boldsymbol{A}) - \left[\iiint_V \rho \boldsymbol{u}\mathrm{d}V\right]_t \tag{4.5.3}$$

代入式(4.5.1)，得

$$\sum \boldsymbol{F} = \frac{\mathrm{d}(\sum m\boldsymbol{u})}{\mathrm{d}t} = \lim_{\Delta t \to 0}\frac{1}{\Delta t}\left\{\left[\iiint_V \rho \boldsymbol{u}\mathrm{d}V\right]_{t+\Delta t} - \left[\iiint_V \rho \boldsymbol{u}\mathrm{d}V\right]_t + \Delta t\oiint_A \rho \boldsymbol{u}(\boldsymbol{u}\mathrm{d}\boldsymbol{A})\right\}$$

即

$$\sum \boldsymbol{F} = \frac{\partial}{\partial t}\iiint_V \rho \boldsymbol{u}\mathrm{d}V + \oiint_A \rho \boldsymbol{u}(\boldsymbol{u}\mathrm{d}\boldsymbol{A}) \tag{4.5.4}$$

这就是用欧拉法表示的动量方程。

下面对式(4.5.4)做出说明：

(1) $\frac{\partial}{\partial t}\iiint_V \rho \boldsymbol{u}\mathrm{d}V$ 表示的是控制体内流体动量对时间的变化率，即单位时间内控制体内流体动量的增量。当控制体固定且是定常流动时，这一项必然为零。

(2) $\oiint_A \rho \boldsymbol{u}(\boldsymbol{u}\mathrm{d}\boldsymbol{A})$ 是单位时间内通过所有控制表面的动量代数和。因为从控制体流出的动量为正，流入的动量为负，所以这一项也可以说是单位时间内控制体流出动量与流入动量之差，即单位时间内净流出控制体的流体动量。

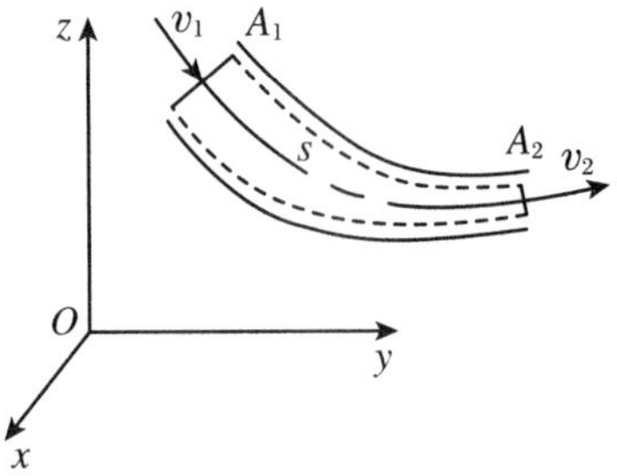

图 4.13　一元流动

对于定常不可压缩的一元流动，如图 4.13 所示，在流管内取流线 s 方向为坐标方向正向，取虚线内所示部

分为控制体，则控制体表面只有截面 A_1 和 A_2 有动量流进、流出。若这两个截面上的平均流速为 v_1 和 v_2，则可以将式(4.5.4)简化为

$$\sum \boldsymbol{F}_s = \oiint_A \rho \boldsymbol{u}(\boldsymbol{u} \mathrm{d}A) = \int_{A_2} \rho \boldsymbol{u}_2 \boldsymbol{u}_2 \mathrm{d}A - \int_{A_1} \rho \boldsymbol{u}_1 \boldsymbol{u}_1 \mathrm{d}A = \beta\rho Q(\boldsymbol{v}_2 - \boldsymbol{v}_1) \quad (4.5.5)$$

写成分量式：

$$\begin{cases} \sum F_x = \beta\rho Q(v_{2x} - v_{1x}) \approx \rho Q(v_{2x} - v_{1x}) \\ \sum F_y = \beta\rho Q(v_{2y} - v_{1y}) \approx \rho Q(v_{2y} - v_{1y}) \\ \sum F_z = \beta\rho Q(v_{2z} - v_{1z}) \approx \rho Q(v_{2z} - v_{1z}) \end{cases} \quad (4.5.6)$$

式中，对一般的湍流情况，取动量修正系数 $\beta \approx 1$。

为方便使用，必须对上式说明如下：

(1) $\sum \boldsymbol{F}$ 是作用在控制体质点系上的所有外力的矢量和。其中包括：控制体内部质点间的相互作用力（正应力、切应力），此项控制体内部质点间相互抵消；固体边界给予总流的摩擦力，可忽略；来自所选控制体相邻流体的压力 $\boldsymbol{P}_1$、$\boldsymbol{P}_2$，对于实际总流而言，即过流断面上液体压力，需用相对压强计算；固体边界给予总流的反作用力 $\boldsymbol{R}$ 以及流体的质量力 $\boldsymbol{G}$。因此，应用动量定理时，控制体需要考虑的所有外力的矢量和为

$$\sum \boldsymbol{F} = \boldsymbol{P}_1 + \boldsymbol{P}_2 + \boldsymbol{R} + \boldsymbol{G} \quad (4.5.7)$$

(2) 式(4.5.4)和式(4.5.6)的左端 $\sum \boldsymbol{F}$ 是流体外接触壁作用在控制体上的所有外力的合力，如果要求外接触壁受到流体的作用力 $\sum \boldsymbol{F}'$，可以利用作用力与反作用力的关系求出，即 $\sum \boldsymbol{F}' = -\sum \boldsymbol{F}$。

(3) 关于力和速度的方向问题。当它们的方向与坐标方向一致时，取正；否则取负。式中的负号是固有的，与速度方向无关。

【例 4.5】 某输水管道接有管径渐变的水平弯管（图 4.14）。已知管径 $d_1 = 250$ mm，$d_2 = 200$ mm，弯角 $\theta = 60°$。若弯管进口的压力表读数 $p_1 = 2.5$ N/cm^2，$p_2 = 2.0$ N/cm^2，不计弯管的水头损失，求水流对弯管的水平作用力的大小及方向。（动量修正系数均取为 1）

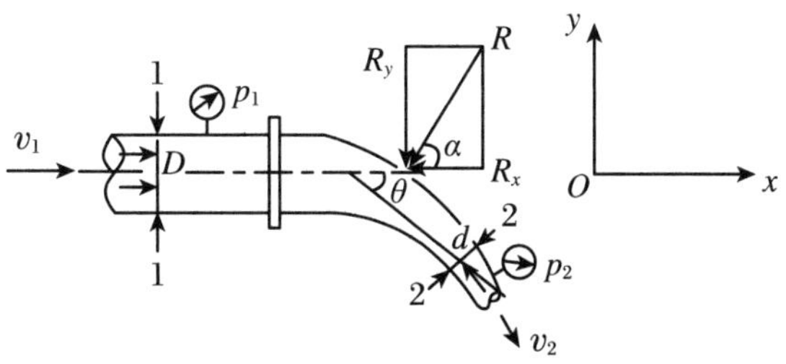

图 4.14　60°弯管的受力

【解】 取过水断面 1—1、2—2 以及管道内表面所包围的液体为控制体，建立图 4.14 所示的坐标系，并进行受力分析：控制体所受力的表面力有断面 1—1、2—2 上的压力 p_1A_1 和 p_2A_2，以及管壁对水流的作用力 R。R 的分力为 R_x 和 R_y。由于弯管是水平放置的，重力

在 x 轴和 y 轴的投影为零。分别列 x 轴和 y 轴方向的动量方程。

x 轴方向：

$$\sum F_x = p_1A_1 - p_2A_2\cos 60° - R_x = \rho Q(v_{2x} - v_{1x}) = \rho Q(v_2\cos 60° - v_1)$$

y 轴方向：

$$\sum F_y = p_2A_2\sin 60° - R_y = \rho Q(v_{2y} - v_{1y}) = -\rho Qv_2\sin 60°$$

列断面 1—1 和 2—2 的伯努利方程：

$$z_1 + \frac{p_1}{r} + \frac{v_1^2}{2g} = z_2 + \frac{p_2}{r} + \frac{v_2^2}{2g}$$

因为

$$z_1 = z_2,\quad A_1v_1 - A_2v_2,\quad v_2 - \frac{A_1}{A_2}v_1 = \frac{d_1^2}{d_2^2}v_1 = \frac{250^2}{200^2}v_1 = 1.5625v_1$$

所以

$$\frac{2.5\times 10^4}{9800} + \frac{v_1^2}{2\times 9.8} = \frac{2.0\times 10^4}{9800} + \frac{(1.5625v_1)^2}{2\times 9.8}$$

可得 $v_1 = 2.63\ \mathrm{m/s}$，$v_2 = 4.12\ \mathrm{m/s}$。

$$Q = Av = \frac{\pi d_1^2}{4}\times v_1 = (3.14\times 0.25^2\times 2.63/4)\ \mathrm{m^3/s} = 0.129\ \mathrm{m^3/s}$$

代入动量方程中，求出 R_x 和 R_y：

$$\begin{aligned} R_x &= p_1A_1 - p_2A_2\cos 60° - \rho Q(v_2\cos 60° - v_1) \\ &= [2.5\times 10^4\times(3.14\times 0.25^2/4) - 2.0\times 10^4\times(3.14\times 0.20^2/4)\times\cos 60° \\ &\quad - 998\times 0.129\times(4.12\times\cos 60° - 2.63)]\ \mathrm{N} \\ &= 985.94\ \mathrm{N} \end{aligned}$$

$$\begin{aligned} R_y &= p_2A_2\sin 60° + \rho Qv_2\sin 60° \\ &= [2.0\times 10^4\times(3.14\times 0.20^2/4)\times\sin 60° + 998\times 0.129\times 4.12\times\sin 60°]\ \mathrm{N} \\ &= 1003.21\ \mathrm{N} \end{aligned}$$

合力 R 与水平方向的夹角为 $\alpha = \arctan\dfrac{R_y}{R_x} = 45.5°$，则水流对弯管壁的作用力 F 与 R 大小相等、方向相反。故其值为

$$F_x = 985.94\ \mathrm{N},\quad F_y = 1003.21\ \mathrm{N}\quad\Rightarrow\quad F = \sqrt{F_x^2 + F_y^2} = 1406.59\ \mathrm{N}$$

【例 4.6】 有一水枪喷嘴，其入口直径为 50 mm，出口直径为 25 mm，如图 4.15 所示，喷嘴前压力为 196.2 kPa，流量为 0.005 $\mathrm{m^3/s}$。

(1) 求喷嘴与水管接头处所受的拉力；

(2) 若射流作用于垂直平面后，分成两支沿水平面方向流出，求平面所受的冲击力。(动量修正系数均取为 1)

【解】 (1) 取 1—1、2—2 断面与喷嘴所包围的液体为控制体，进行受力分析。控制体沿喷嘴轴线方向(x 方向)的受力如图 4.15(b)所示，p_1 为后续液体对断面 2—2 的作用力，R_1 为喷嘴壁对液体段的作用力在喷嘴轴线方向的分力(与喷嘴轴线垂直方向的分力上下抵消)，喷嘴出口射流与大气接触，1—1 断面上作用的相对压力为零。以水平向右为正方向，

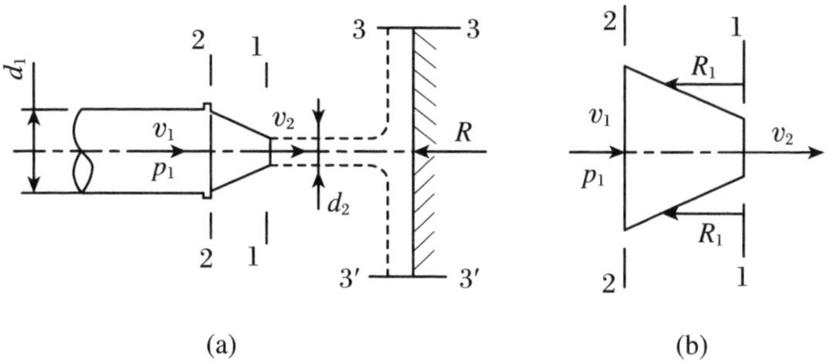

图4.15　喷嘴射流

列 x 方向的动量方程:

$$\sum F_x = p_1A_1 - R_1 = \rho Q(v_2 - v_1)$$

得

$$\begin{aligned} R_1 &= p_1A_1 - \rho Q(v_2 - v_1) \\ &= \left[196.2\times10^3\times(3.14\times0.05^2/4)\right. \\ &\quad \left.- 998\times0.005\times\left(\frac{4\times0.005}{3.14\times0.025^2} - \frac{4\times0.005}{3.14\times0.05^2}\right)\right]\ \text{N} \\ &= 350\ \text{N} \end{aligned}$$

液体对喷嘴的作用力与 R_1 大小相等、方向相反,即喷嘴与水管接头处所受的拉力为 350 N。

(2) 取1—1、3—3及3′—3′断面间射流液体为控制体,进行受力分析。如图4.15(a)所示,R 为平面对射流的作用力,作用在射流上的重力及流出此控制体的液体的动量在喷嘴轴线方向的投影为零。列其动量方程:

$$\sum F_x = -R = \rho Q(0 - v_2) = -998\times0.005\times\frac{4\times0.005}{3.14\times0.025^2}\ \text{N}$$

得

$$R = 50.85\ \text{N}$$

射流对平面的作用力(冲击力)F 与 R 大小相等、方向相反。

4.6　动量矩方程

运用动量方程能够确定流体与边界之间作用力的大小,但不能给出作用力的位置。与求合力作用点要应用力矩平衡方程相类似,在确定流体与边界之间作用力的位置时,需要应用动量矩方程。

对前面的动量方程$\left(\sum \boldsymbol{F} = \frac{\partial}{\partial t}\iiint_V \rho\boldsymbol{u}\,\mathrm{d}V + \oint_A \boldsymbol{u}\rho u_n\,\mathrm{d}A\right)$两边同乘以矢量距 $\boldsymbol{r}$,得

$$\sum \boldsymbol{F}_i \times \boldsymbol{r}_i = \frac{\partial}{\partial t}\iiint_V \rho(\boldsymbol{u} \times \boldsymbol{r})\mathrm{d}V + \oint\!\!\!\oint_A (\boldsymbol{u} \times \boldsymbol{r})\rho u_{\mathrm{n}}\mathrm{d}A \tag{4.6.1}$$

式中，u_{n} 为沿微元控制面法线方向的分速度。

上式左端 $\sum \boldsymbol{F}_i \times \boldsymbol{r}_i$ 为作用于控制体上的外力对同一点力矩的矢量和；在稳定流动条件下，右端第一项 $\frac{\partial}{\partial t}\iiint_V \rho(\boldsymbol{u} \times \boldsymbol{r})\mathrm{d}V = 0$，右端第二项等于控制面流出与流入的流体的动量矩之差，即

$$\oint\!\!\!\oint_A (\boldsymbol{u} \times \boldsymbol{r})\rho u_{\mathrm{n}}\mathrm{d}A = \iint_{CS_{\mathrm{out}}} (\boldsymbol{u} \times \boldsymbol{r})\rho u_{\mathrm{n}}\mathrm{d}A - \iint_{CS_{\mathrm{in}}} (\boldsymbol{u} \times \boldsymbol{r})\rho u_{\mathrm{n}}\mathrm{d}A$$

则式(4.6.1)可以写为

$$\sum \boldsymbol{F}_i \times \boldsymbol{r}_i = \iint_{CS_{\mathrm{out}}} (\boldsymbol{u} \times \boldsymbol{r})\rho u_{\mathrm{n}}\mathrm{d}A - \iint_{CS_{\mathrm{in}}} (\boldsymbol{u} \times \boldsymbol{r})\rho u_{\mathrm{n}}\mathrm{d}A \tag{4.6.2}$$

式中，CS_{out} 表示控制面中流出部分面积；CS_{in} 表示控制面中流入部分面积。式(4.6.2)即动量矩方程。

下面我们应用动量矩方程来推导泵(涡轮)类机械的基本方程式。图 4.16 为离心泵的叶轮，取图上虚线区域为控制面。流体从叶轮的内圈入口流入，经流道外圈出口流出。流体质点进入叶轮的绝对速度为 $\boldsymbol{u}_1$，它是入口处的牵连速度 $\boldsymbol{u}_{1\mathrm{e}}$ 与相对速度 $\boldsymbol{u}_{1\mathrm{r}}$ 的合成速度。流体质点经流道至出口时的牵连速度为 $\boldsymbol{u}_{2\mathrm{e}}$，相对速度为 $\boldsymbol{u}_{2\mathrm{r}}$，合成的绝对速度为 $\boldsymbol{u}_2$。对于定转速的叶轮，流道中的流动是稳定流动。假设流体的密度为 ρ，流过叶轮的流量为 Q，重力忽略不计。作用在控制面上的外力有叶片对流体的作用力和内、外圈边界上的表面力。后者为径向分布，所以对轴的力矩为零。用 $\boldsymbol{M}$ 表示合力矩之和，根据动量矩方程(4.6.2)，有

$$\boldsymbol{M} = \sum \boldsymbol{r}_i \times \boldsymbol{F}_i = \iint_{A_2} (\boldsymbol{u} \times \boldsymbol{r})\rho u_{2\mathrm{n}}\mathrm{d}A - \iint_{A_1} (\boldsymbol{u} \times \boldsymbol{r})\rho u_{1\mathrm{n}}\mathrm{d}A \tag{4.6.3}$$

式中，A_1、A_2 分别代表叶轮入口总面积与出口总面积。

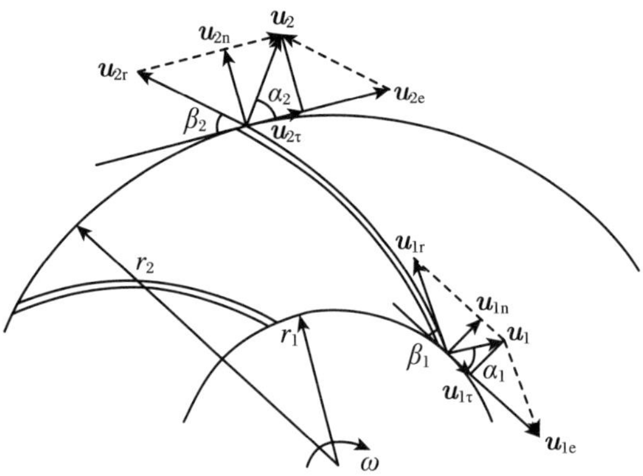

图 4.16　离心泵的叶轮

由图 4.16 所示的速度三角形可以看出

$$|\boldsymbol{u} \times \boldsymbol{r}| = ur\cos\alpha$$

则式(4.6.3)可以写为

$$M = \iint_{A_2} u_2 r_2 \cos\alpha_2 \rho u_{2\mathrm{n}} \mathrm{d}A - \iint_{A_1} u_1 r_1 \cos\alpha_1 \rho u_{1\mathrm{n}} \mathrm{d}A$$

$$= u_2 r_2 \cos\alpha_2 \rho \iint_{A_2} u_{2\mathrm{n}} \mathrm{d}A - u_1 r_1 \cos\alpha_1 \rho \iint_{A_1} u_{1\mathrm{n}} \mathrm{d}A$$

$$= \rho Q (u_2 r_2 \cos\alpha_2 - u_1 r_1 \cos\alpha_1) \tag{4.6.4}$$

得泵的功率为

$$P = M\omega = \rho Q\left(u_2 r_2 \cos\alpha_2 \frac{u_{2\mathrm{e}}}{r_2} - u_1 r_1 \cos\alpha_1 \frac{u_{1\mathrm{e}}}{r_1}\right) = \rho Q (u_2 u_{2\mathrm{e}} \cos\alpha_2 - u_1 u_{1\mathrm{e}} \cos\alpha_1)$$

则单位重量流体所获得的能量为

$$H = \frac{P}{\rho g Q} = \frac{1}{g}(u_2 u_{2\mathrm{e}} \cos\alpha_2 - u_1 u_{1\mathrm{e}} \cos\alpha_1) \tag{4.6.5}$$

式(4.6.5)为泵类机械的基本方程，同样适用于涡轮类机械。但要注意的是其实质不同，对于泵类机械，H 称为泵产生的扬程；对于涡轮类机械，H 称为作用于涡轮上的水头。

由方程(4.6.5)可以计算出流体通过叶轮时所获得的能量，所以单位重量流体所获得的能量 H 反映了泵(涡轮)类机械基本性能的一个特征量。动量矩方程在叶轮式机械上应用非常广泛。

本 章 小 结

(1) 掌握流体的伯努利方程。该方程是欧拉理想流体运动方程 $f_i - \frac{1}{\rho}\frac{\partial p}{\partial x_i} = a_i$ 在特定条件下的积分形式。理想流体无黏性，作用力仅有质量力、惯性力和压力。要注意伯努利方程 $z + \frac{p}{\rho g} + \frac{u^2}{2g} = C$ 是在理想流体的流线或微流束上导出的，需要掌握方程各项的含义。

(2) 伯努利方程的应用应注意适用条件及不同条件下的修正形式。其中，实际流体元流(微小流束)伯努利方程为 $z_1 + \frac{p_1}{\gamma} + \frac{u_1^2}{2g} = z_2 + \frac{p_2}{\gamma} + \frac{u_2^2}{2g} + h'_{\mathrm{w}}$；实际流体总流伯努利方程为 $z_1 + \frac{p_1}{\gamma} + \frac{\alpha_1 v_1^2}{2g} = z_2 + \frac{p_2}{\gamma} + \frac{\alpha_2 v_2^2}{2g} + h_{\mathrm{w}}$，注意位置水头的零位的取法。在解决实际问题时，要注意与连续方程 $q = A_1 u_1 = A_2 u_2$ 及静力学方程 $p_1 = p_2 + \rho g h$ 的联合应用，还应注意应用 $p_1 = p_2 + \rho g h$ 时等压面的选择。

(3) 定常不可压缩的一元流动，其动量方程可简化为

$$\sum \boldsymbol{F}_s = \oiint_A \rho \boldsymbol{u}(\boldsymbol{u}\mathrm{d}\boldsymbol{A}) = \int_{A_2} \rho \boldsymbol{u}_2 \boldsymbol{u}_2 \mathrm{d}\boldsymbol{A} - \int_{A_1} \rho \boldsymbol{u}_1 \boldsymbol{u}_1 \mathrm{d}\boldsymbol{A} = \beta \rho Q(\boldsymbol{v}_2 - \boldsymbol{v}_1)$$

或

$$\begin{cases} \sum F_x = \beta \rho Q(v_{2x} - v_{1x}) \approx \rho Q(v_{2x} - v_{1x}) \\ \sum F_y = \beta \rho Q(v_{2y} - v_{1y}) \approx \rho Q(v_{2y} - v_{1y}) \\ \sum F_z = \beta \rho Q(v_{2z} - v_{1z}) \approx \rho Q(v_{2z} - v_{1z}) \end{cases}$$

式中,对一般的湍流情况,取动量修正系数 $\beta\approx 1$。

在动量定理中,要注意 $\boldsymbol{F}_x$、$\boldsymbol{F}_y$、$\boldsymbol{F}_z$ 仅仅是在动量变化时约束对流体的作用力,而流体对约束面的作用力为 $-\boldsymbol{F}_x$、$-\boldsymbol{F}_y$、$-\boldsymbol{F}_z$;要注意在有压条件下约束的受力分析方法。

(4) N-S 方程是流体力学的基础方程。由该方程做适当简化,可得出各种条件下的流体运动或平衡微分方程。该方程的基本理论有两点:① 微六面体上的任意面的应力,均可分解为指向坐标方向(正向或反向)的压力和任意剪应力,而后者又可分解为两坐标轴方向(正向和反向)的剪应力,即任意应力均可分解为 3 个坐标轴方向(正向或反向)的应力。② 注意应力下标的含义,并由此将 18 个应力分量简化为 9 个应力分量和 6 个独立的应力分量。当微六面体退化为一个质点时,构成质点的应力张量。再根据牛顿第二定律,可得出 N-S 方程。

思考与练习

4.1 定常流动 $\dfrac{\mathrm{d}\boldsymbol{u}}{\mathrm{d}t}=0$,为什么伯努利方程成立?

4.2 画图说明理想流体微小流束伯努利方程的表达式及其物理意义和几何意义;实际流体微小流束伯努利方程的表达式及其物理意义和几何意义;实际流体总流伯努利方程的表达式及其物理意义和几何意义。伯努利方程的实质是什么?

4.3 总流的动量方程为 $\sum \boldsymbol{F}=\beta\rho Q(\boldsymbol{v}_2-\boldsymbol{v}_1)$,试问:

(1) $\sum \boldsymbol{F}$ 中包括哪些力?

(2) 在水平面 xOy 坐标中和在铅垂面 xOz 坐标中,$\sum \boldsymbol{F}$ 是否相等?

(3) 如果由总流动量方程求得的力为负值,说明什么问题?

4.4 重度 $\gamma_{\mathrm{oil}}=8.82\ \mathrm{kN/m^3}$ 的重油,沿直径 $d=150\ \mathrm{mm}$ 输油管路流动,现测得其重量流量 $Q_G=490\ \mathrm{kN/h}$,试问它的体积流量 Q_V 及平均流速 v 各为多少?

4.5 如图 4.17 所示,水流过长直圆管的 A、B 两断面,A 处的压头比 B 处大 45 m,试问:

(1) 水的流动方向是什么样的?

(2) 水头损失 h_{f} 是多少?设流动为不可压缩,一维定常流动,$H=50\ \mathrm{m}$(压头为 p/γ)。

4.6 水银压差计连接在水平放置的文丘里流量计上,如图 4.18 所示。今测得其中水银高差 $h=80\ \mathrm{mm}$,已知 $D=10\ \mathrm{cm}$,$d=5\ \mathrm{cm}$,文丘里流量计的流量系数 $\mu=0.98$。试问水通过流量计的实际流量为多少?

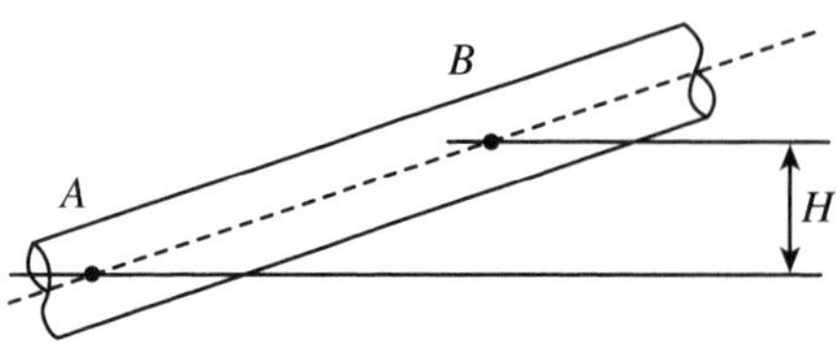

图 4.17 题 4.5 图

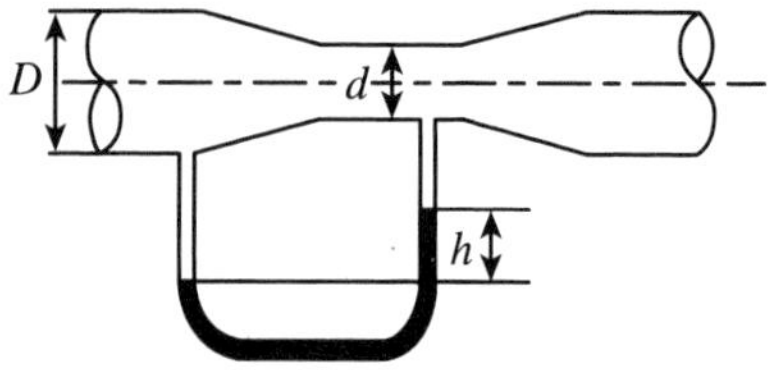

图 4.18 题 4.6 图

4.7 如图4.19所示,某一压力水管安有带水银比压计的皮托管,比压计水银面高差 $\Delta h = 2$ cm,求 A 点的流速 u_A。

4.8 如图4.20所示,设用一附有水银压差计的文丘里管测定倾斜管内水流的流量。已知 $d_1 = 0.10$ m,$d_2 = 0.05$ m,压差计读数 $h = 0.04$ m,文丘里管的流量系数 $\mu = 0.98$,试求流量 Q。

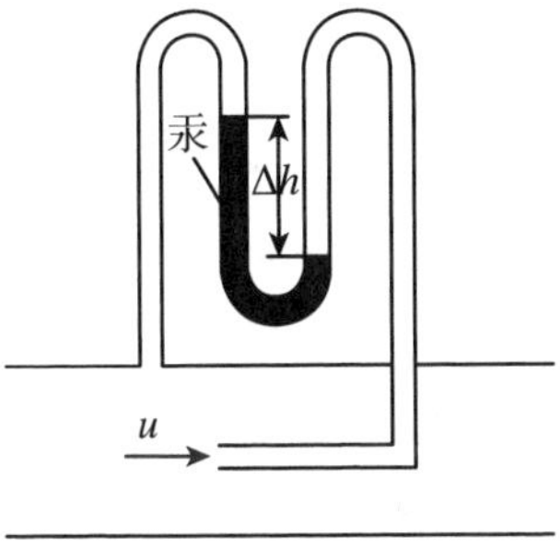

图4.19 题4.7图

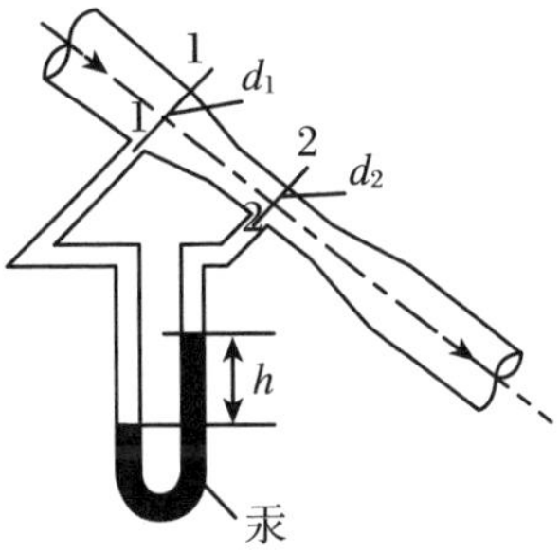

图4.20 题4.8图

4.9 如图4.21所示,一水射流流量 $q_v = 60$ L/s,以速度 $v_0 = 50$ m/s 冲击一固定叶片,折射角 $\theta = 45°$,试求水作用于叶片的力。

4.10 如图4.22所示,消防队员将水龙头喷嘴转至某一角度 θ,使水股由最高点降落时射到楼墙上 A 点,该点高出地平面 $H = 26$ m,喷嘴出口比地面高 $h = 1.5$ m,喷嘴出口流速 $v_0 = 25$ m/s,忽略空气阻力,试求喷嘴出口距边墙的最大水平距离 x(即水平距离 OC)。

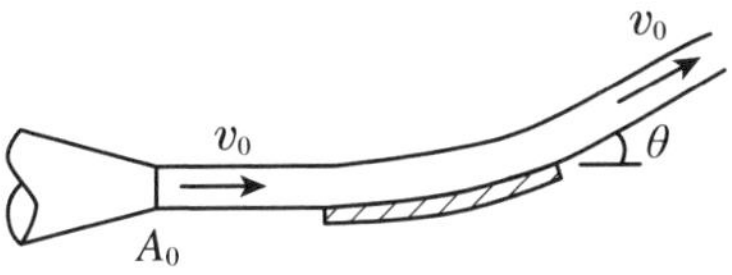

图4.21 题4.9图

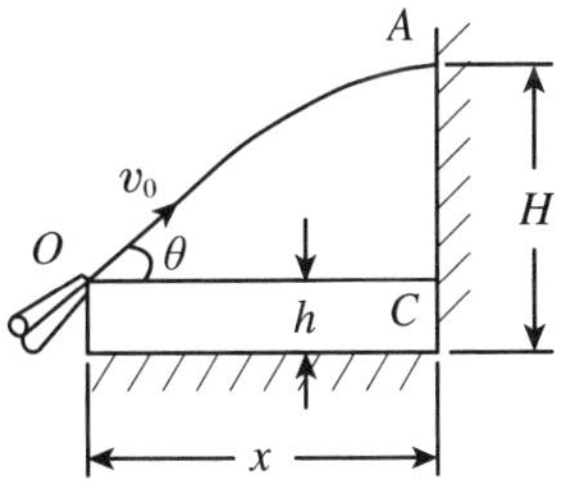

图4.22 题4.10图

4.11 如图4.23所示,虹吸管将 A 池中的水输送到 B 池,已知管长为 $l_1 = 3$ m,$l_2 = 5$ m,直径 $d = 75$ mm,两池水面差 $H = 2$ m,最大超高 $h = 1.8$ m,管道采用铸铁管,求流量 Q 及管道 C 点的真空度。

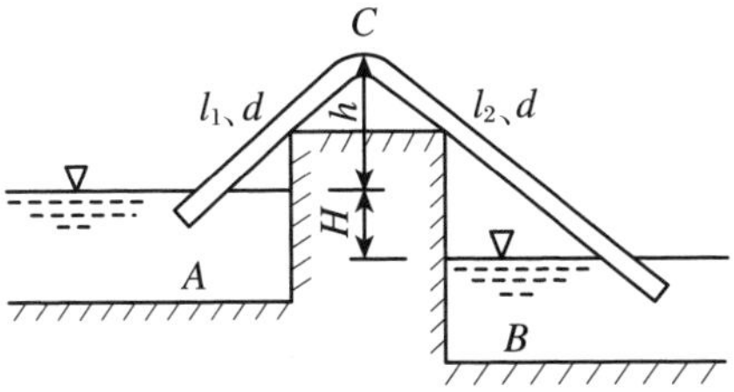

图4.23 题4.11图

4.12 流体从长的狭缝流出,冲击一斜放的光滑平板,如图4.24所示,试求流量分配及作用在平板上的力(按理想流体计),不计水流重力,已知 v_0、A_0、θ。

4.13 水流通过水平变截面直角弯管，已知进口 $d_1=25\ \text{cm}$，$p_1=180\ \text{kPa}$，$q_1=0.12\ \text{m}^3/\text{s}$，出口 $d_2=20\ \text{cm}$，求水流对弯管壁的作用力。不计水头损失。

4.14 如图 4.25 所示，流量 $q_v=0.0015\ \text{m}^3/\text{s}$ 的水流过 $\theta=45°$ 的收缩弯管（在水平面内），弯管进口直径 $d_1=0.05\ \text{m}$，压力 $p_1=4\times10^4\ \text{N/m}^2$，弯管出口直径 $d_2=0.025\ \text{m}$。设流动定常，无摩擦，求水流对弯管壁的作用力。

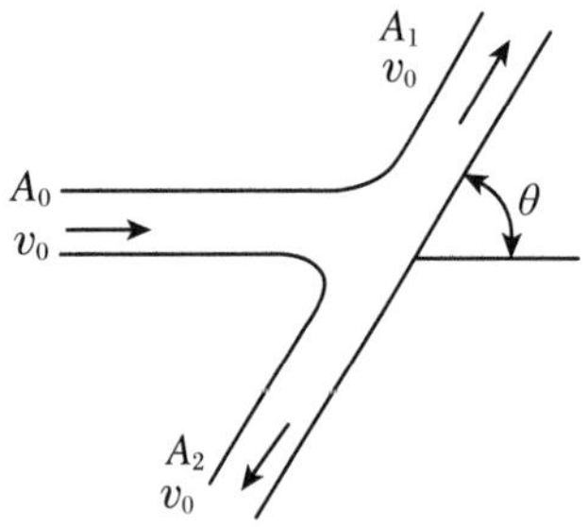

图 4.24 题 4.12 图

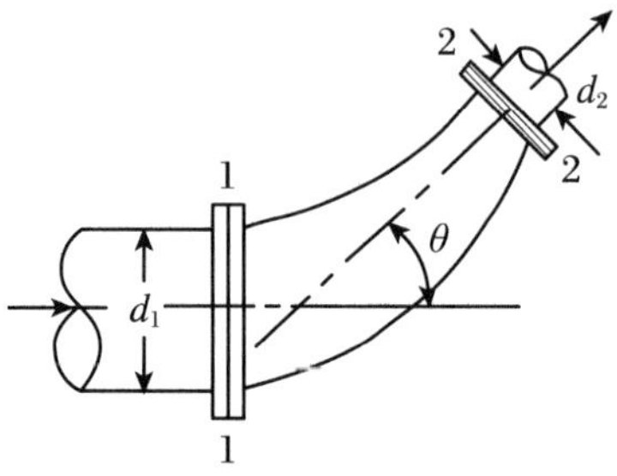

图 4.25 题 4.14 图

4.15 射流冲击一叶片如图 4.26 所示，已知 $d=10\ \text{cm}$，$v_1=v_2=21\ \text{m/s}$，$\alpha=135°$，当叶片固定不动时，求叶片所受到的冲击力。

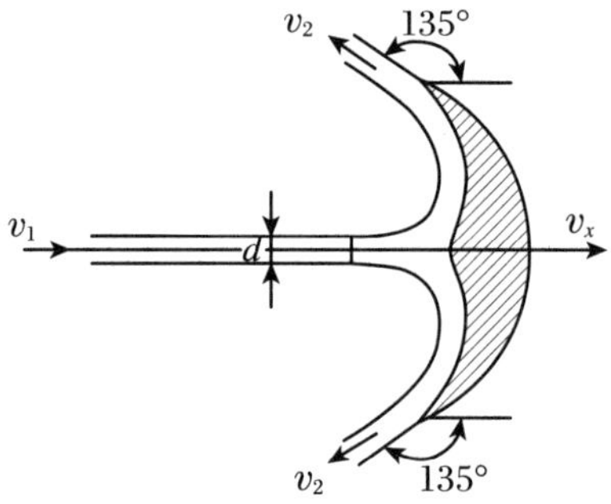

图 4.26 题 4.15 图

4.16 如图 4.27 所示，喷嘴以 15 kg/s 的流量向竖直放置的固定平板喷射水流，水流垂直于平板且流速为 20 m/s。水流冲击平板后沿平板表面向各方向发散。计算在水流作用下保持平板水平方向固定所需的力。

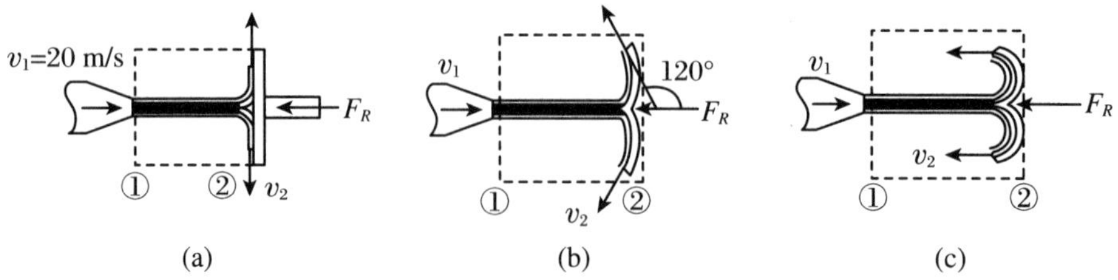

图 4.27 题 4.16 图

第 5 章　流体流动阻力损失计算

由于实际流体存在黏性，流体流动会受到阻力的作用，从而引起流体能量的损失。在第 4 章实际流体伯努利方程应用中，忽略了能量损失的计算，本章主要讨论实际流体在圆管内流动的情况和能量损失的计算。

5.1　流体运动的两种阻力形式

流体存在黏性，在管路中流动要受到阻力作用，根据引起阻力的成因不同，可以分为沿程阻力和局部阻力两种形式，它们对应的能量损失分别为沿程阻力损失和局部阻力损失。

5.1.1　沿程阻力及其损失

沿程阻力是指流体在过流断面沿程不变的均匀流道中所受到的流体阻力，主要是由流体与管路壁面的摩擦及内摩擦引起的。由沿程阻力造成流体流动过程中的能量损失称为沿程阻力损失。沿程阻力损失均匀地分布在整个均匀或缓变流段上，与管段长度成正比，并用符号 h_{f} 表示。沿程阻力损失的计算通式为达西公式：

$$h_{\mathrm{f}} = \lambda \frac{L}{d} \frac{v^2}{2g} \tag{5.1.1}$$

式中，λ 为沿程阻力系数；L 为管长；d 为管径；v 为断面平均流速。

如图 5.1 所示，流体在直管段 1、3、5、7 内流动时，受到沿程阻力，所以有沿程阻力损失，分别记为 h_{f1}、h_{f3}、h_{f5}、h_{f7}。总沿程阻力损失等于直管段各沿程阻力损失之和，即

$$\sum h_{\mathrm{f}} = h_{\mathrm{f1}} + h_{\mathrm{f3}} + h_{\mathrm{f5}} + h_{\mathrm{f7}}$$

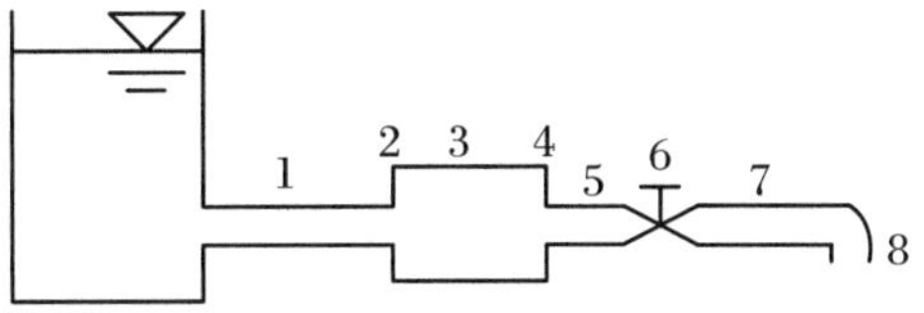

图 5.1　沿程阻力损失和局部阻力损失

5.1.2　局部阻力及其损失

局部阻力是指流体在流过局部装置（如阀门、接头、弯管等）时，因流体与这些装置内部件的冲击以及流体内质点流速大小和方向发生急剧变化引起的碰撞而形成的阻力。由局部

阻力造成的水头损失称为局部阻力损失，主要发生在急变流段，用符号 h_j 表示。同样根据经验总结，局部阻力损失的计算通式为

$$h_j = \xi \frac{v^2}{2g} \tag{5.1.2}$$

式中，ξ 为局部阻力系数。

如图 5.1 所示，2、4、6、8 处受到局部阻力，造成的局部阻力损失分别记为 h_{j2}、h_{j4}、h_{j6}、h_{j8}。总局部阻力损失等于各局部阻力损失之和，即

$$\sum h_j = h_{j2} + h_{j4} + h_{j6} + h_{j8}$$

5.1.3 整个流道的总能量损失

流体在整个流动过程中的总能量损失等于该流程中所有沿程阻力损失与所有局部阻力损失之和，即

$$h_w = \sum h_f + \sum h_j \tag{5.1.3}$$

实际流体在圆管内各种流动能量损失需依据流动情况计算，并与管路组成有关。本章以下各节分别介绍流体流动状态及在不同流态下及管路构成下流动能量损失的计算。

5.2 雷诺实验和流态判据

5.2.1 雷诺实验

1883 年，英国科学家雷诺(Osborne Reynolds)通过实验发现，流体在流动时存在两种不同的状态，对应的流体微团运动呈现出完全不同的规律。这就是著名的雷诺实验，它是流体力学中非常重要的实验之一。

图 5.2 所示为雷诺实验装置。其中的阀门 T_1 保持水箱 A 内的水位不变，使流动处在恒定流状态；水管 B 上相距为 l 处分别装有一根测压管，用来测量两处的沿程阻力损失 h_f，管末端装有一个调节流量的阀门 T_3，容器 C 用来计量流量；容器 D 盛有颜色液体，T_2 控制其流量。

进行实验时，先微开阀门 T_3，使水管中保持小速度稳定水流，然后打开颜色液体阀门 T_2 放出连续的细流，可以观察到水管内颜色液体成一条直的流线，如图 5.3(a)所示。从这一现象可以看出，在管中流速较小时，它与水流不相混合，管中的液体质点均保持直线运动，水流层与层间互不干扰，这种流动称为层流(laminar flow)。比如，实际中黏性较大的液体在极缓慢流动时，属层流运动。

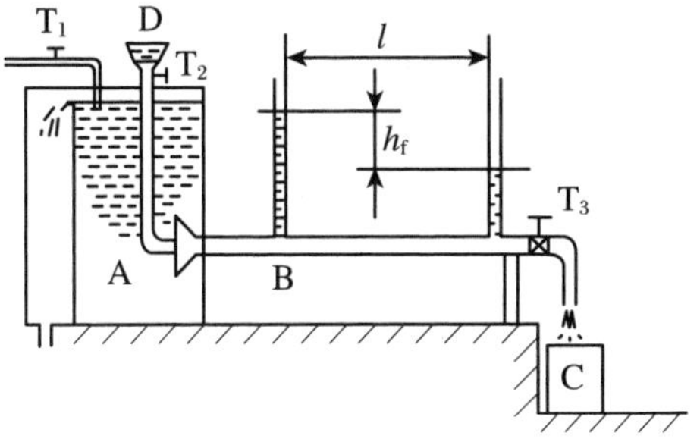

图5.2 雷诺实验装置

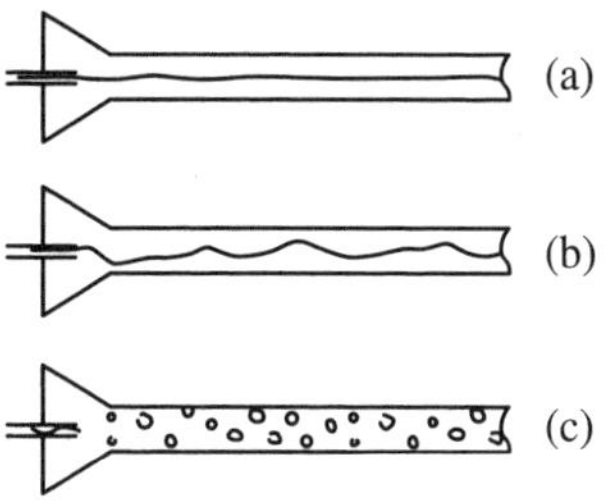

图5.3 雷诺实验结果

随后，逐渐开大阀门 T_3，增大管中液体流速，流速达到一定速度时，管内颜色液体开始抖动，具有波形轮廓，如图5.3(b)所示。继续增大流速，颜色液体抖动加剧，并在某个流速 u_c'(上临界流速)时，颜色液体线完全消失，颜色液体溶入水流中，如图5.3(c)所示。产生这种现象是因为液体质点的运动轨迹不规则，各层液体相互剧烈混合，产生随机的脉动，这种流动称为湍流(turbulent flow)或紊流。

上述实验是液体流速由小到大的情况，流速由大到小的实验过程是首先全开阀门 T_3，让水流在水管B中高速流动，形成湍流状态，然后适当打开颜色液体阀门 T_2，使颜色液体溶入水流中；然后缓慢关小阀门 T_3，使液体流速逐渐降低，当流速减到某一值 u_c(下临界流速)时，流动形态就由湍流变成层流。这两次实验所不同的是，由层流转变成湍流时的流速 u_c' 要小于由湍流转变成层流时的流速 u_c。

实验表明，流体流动具有两种形态，并且可以相互转变。

5.2.2 流态判据

上述实验告诉我们，流体流动有层流和湍流两种流态，流态与管道流速间的关系可以用临界流速来判别。通过对雷诺实验的数据测定和进一步分析，流态不但与断面平均流速 v 有关，而且与管径 d、液体密度 ρ 以及其黏性 μ 有关。归结为一个无因数——雷诺数(Reynolds number)——作为判别流动状态的准则。雷诺数 Re 为

$$Re = \frac{\rho v d}{\mu} = \frac{vd}{\nu} \tag{5.2.1}$$

式中，ρ 为流体密度，单位为 kg/m^3；v 为管内平均流速，单位为 m/s；μ 为动力黏度，单位为 Pa·s；$\nu = \frac{\mu}{\rho}$ 为运动黏度，单位为 m^2/s；d 为圆管直径，对于非圆管为水力直径，单位为 m。

雷诺实验及其他大量的实验表明，与下临界流速对应的雷诺数几乎不变，约为 $Re_c = 2320$(称为下临界雷诺数)，而与上临界流速对应的雷诺数随实验条件不同在2320～13800内变化。对于工程实际来说，可取下临界雷诺数为判别，即 $Re \leqslant Re_c$ 时为层流；$Re > Re_c$ 时为湍流。

由上述可知，流态不仅反映了管道内液体的特性，同时还反映了管道的特性。雷诺数为什么能用来判别流态呢？这是因为 Re 反映了惯性力(分子)与黏滞力(分母)作用的对比关系。Re 较小，说明黏滞作用力大，对流体的质点运动起约束作用，因此当 Re 小到一定程度时，质点呈现有秩序的线状运动，互不混掺，也即呈层流形态。当流动的 Re 逐渐加大时，说

明惯性力增大,黏滞力的控制作用则随之减小,当这种作用减弱到一定程度时,层流失去了稳定。又由于各种外界原因,如边界的高低不平,流体质点离开了线状运动,因黏滞性不再能控制这种扰动,惯性作用将微小扰动不断发展扩大,从而形成了紊流流态。

5.3 圆管中的层流运动

圆管中的层流运动常见于工程实际中,在机械工程上尤其常用,如液压传动、润滑油管、滑动轴承中油膜的流动等。研究圆管层流具有非常重要的意义。

5.3.1 圆管层流运动微分方程

第一种方法是基于纳维-斯托克斯(N-S)方程的简化分析法,第二种方法是基于微元流体的牛顿力学分析法。前者只要根据层流特点简化即可,为应用 N-S 方程以后解决湍流等问题奠定基础;后者简明扼要,物理概念明确。第一种分析方法将在下一节中讲述,下面介绍第二种方法。

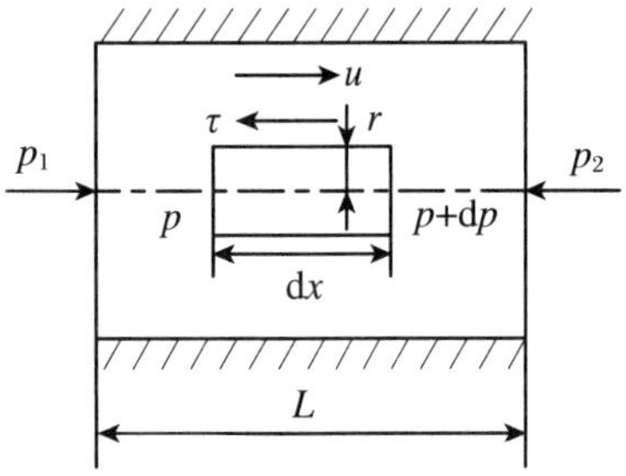

图 5.4 圆管层流

管内流动的沿程阻力损失是由管壁摩擦及流体内摩擦造成的。首先建立关于水平圆管内流动的摩擦阻力与沿程阻力损失间的关系。如图 5.4 所示,取长为 dx,半径为 r 的微元圆柱体,不计质量力和惯性力,仅考虑压力和剪应力,则

$$\pi r^2 p - r^2(p + dp) - 2\pi dx\tau = 0$$

得

$$\tau = -\frac{dp}{dx}\frac{r}{2}$$

由于

$$\frac{dp}{dx} = \frac{p_2 - p_1}{x_2 - x_1} = -\frac{\Delta p}{L}$$

根据牛顿黏性定律 $\tau = -\mu\frac{du}{dr}$,再考虑到$\frac{dp}{dx} = -\frac{\Delta p}{L}$,则

$$\frac{du}{dr} = -\frac{\Delta p}{2\mu L}r \tag{5.3.1}$$

5.3.2 速度分布规律与流量

对式(5.3.1)做不定积分,得

$$u = -\frac{\Delta p}{4\mu L}r^2 + c \tag{5.3.2}$$

边界条件:$r = R$ 时,$u = 0$;$r = 0$ 时,$u = u_{max}$。代入,解得 $c = \frac{\Delta p}{4\mu L}R^2$,则

$$u = \frac{\Delta p}{4\mu L}(R^2 - r^2) \tag{5.3.3}$$

式(5.3.3)表明,圆管层流的速度分布是以管轴线为轴线的二次抛物面,如图 5.5 所示。

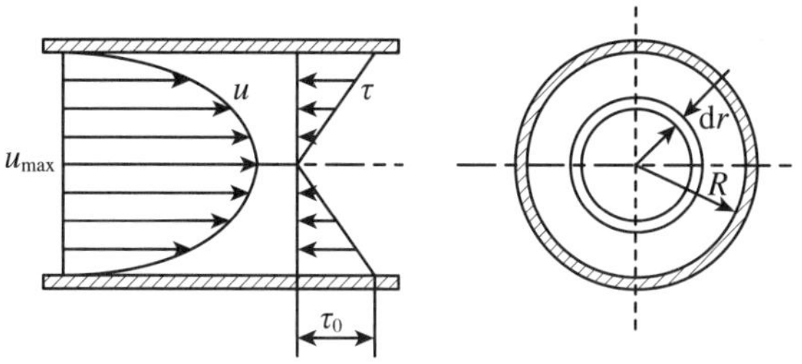

图 5.5　圆管层流的速度和剪应力分布

在半径 r 处取壁厚为 $\mathrm{d}r$ 的微圆环,在 $\mathrm{d}r$ 上可视速度 u 为常数,则圆环截面上的微流量 $\mathrm{d}q$ 为

$$\mathrm{d}q = u\mathrm{d}A = u \times 2\pi r\mathrm{d}r = \frac{2\pi\Delta p}{4\mu L}(R^2 - r^2)r\mathrm{d}r \tag{5.3.4}$$

对上式积分,可得圆管流量 q 为

$$q = \int_0^R \mathrm{d}q = \int_0^R \frac{2\pi\Delta p}{4\mu L}(R^2 - r^2)r\mathrm{d}r = \frac{\pi d^4}{128\mu L}\Delta p \tag{5.3.5}$$

式(5.3.5)称为哈根-泊肃叶定律,它与精密实测结果完全一致。

5.3.3　最大流速与平均流速

由式(5.3.3)知

$$u_{\max} = \frac{\Delta p}{4\mu L}R^2 \tag{5.3.6}$$

由式(5.3.5)求得平均流速 v 为

$$v = \frac{q}{A} = \frac{\Delta p d^2}{32\mu L} = \frac{\Delta p}{8\mu L}R^2 = \frac{1}{2}u_{\max} \tag{5.3.7}$$

5.3.4　剪应力分布规律

由式(5.3.3)并根据牛顿内摩擦定律可求得剪应力 τ 为

$$\tau = -\mu\frac{\mathrm{d}u}{\mathrm{d}r} = -\mu\frac{\mathrm{d}}{\mathrm{d}r}\left[\frac{\Delta p}{4\mu L}(R^2 - r^2)\right] = \frac{\Delta p}{2L}r \tag{5.3.8}$$

由上式知,剪应力 τ 服从线性分布,如图 5.5 所示,并且 $r = R$ 时管壁上的剪应力 τ_0 为最大值 $\tau_{\max}$,即

$$\tau_0 = \tau_{\max} = \frac{\Delta p}{2L}R = \frac{8\mu v}{d} \tag{5.3.9}$$

5.3.5　压力损失 Δp 或 h_f

由式(5.3.5)可求得流体在圆管流经 L 距离后的压降 Δp 为

$$\Delta p=\frac{128\mu qL}{\pi d^4}=\frac{32\mu Lv}{d^2} \tag{5.3.10}$$

压力损失 Δp 也可用液柱高度形式表示，即

$$h_{\mathrm{f}}=\frac{\Delta p}{\gamma}=\frac{64}{Re}\frac{L}{d}\frac{v^2}{2g}=\lambda\frac{L}{d}\frac{v^2}{2g} \tag{5.3.11}$$

此式与式(5.1.1)对应，为圆管层流时的损失计算公式，称为达西公式，式中 λ 称为沿程阻力系数。对于水，$\lambda=\frac{64}{Re}$；对于油液，$\lambda=\frac{75\sim80}{Re}$。

5.3.6 功率损失 N_{L}

$$N_{\mathrm{L}}=\Delta pq=h_{\mathrm{f}}\gamma q=\frac{128\mu q^2L}{\pi d^4}=8\pi\mu Lv^2 \tag{5.3.12}$$

【例 5.1】 已知管道直径为 30 mm，管长为 2 m，流量为 0.1 m^3/min，输送油温为 15 ℃的 30 号机油，油的比重为 8829 N/m^3，运动黏度为 1.8×10^{-4} m^2/s。求沿程阻力系数、阻力损失及功率损失。

【解】 求管中的平均流速：

$$v=\frac{4Q}{\pi d^2}=\frac{4\times\frac{0.1}{60}}{\pi\times0.03^2}\ \mathrm{m/s}=2.36\ \mathrm{m/s}$$

判别流动状态：

$$Re=\frac{vd}{\nu}=\frac{2.36\times0.03}{1.8\times10^{-4}}=393.3<2320\quad(\text{层流})$$

取 $\lambda=\frac{75}{Re}$，求沿程阻力系数：

$$\lambda=\frac{75}{Re}=\frac{75}{393.3}=0.191$$

求沿程阻力损失：

$$h_{\mathrm{f}}=\lambda\frac{L}{d}\frac{v^2}{2g}=0.191\times\frac{2}{0.03}\times\frac{2.36^2}{2\times9.8}\ \mathrm{m}=3.618\ \mathrm{m}(\text{油柱})$$

$$\Delta p=\gamma h_{\mathrm{f}}=8829\times3.618\ \mathrm{N/m^2}=31943.3\ \mathrm{N/m^2}=31.94\ \mathrm{kPa}$$

求功率损失：

$$N_{\mathrm{L}}=\Delta pQ=31943.3\times\frac{0.1}{60}\ \mathrm{N}=53.24\ \mathrm{N}$$

5.4 椭圆管层流

在上一节中，我们已经分析了圆管中层流的情况。随着医疗设备等技术的发展，非圆管特别是椭圆管也被应用在流体输送管道中。本节将分析较少见的椭圆管层流的问题。

5.4.1　椭圆管流体运动微分方程

如图5.6所示，由数学知识可知，椭圆形方程为

$$\frac{x^2}{a^2}+\frac{z^2}{b^2}=1\quad(-a\leqslant x\leqslant a,\ -b\leqslant z\leqslant b)\tag{5.4.1}$$

前面已经提到分析管中层流有两种方法，这里运用基于N-S方程的简化分析。

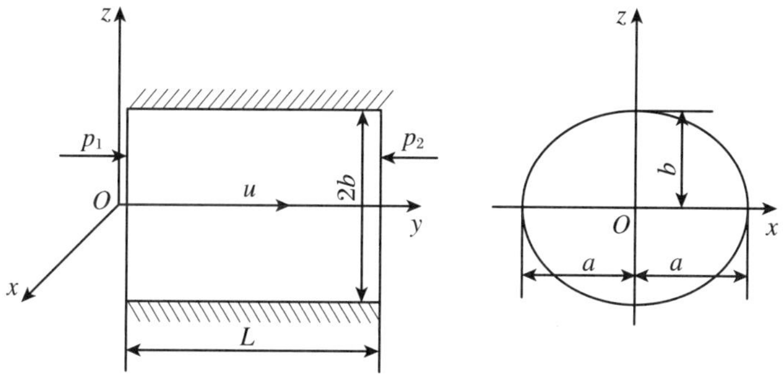

图5.6　椭圆形管道

参看图5.6，取 O-xyz 坐标系，y 轴与椭圆管轴线重合。层流仅有 y 向的运动，没有 x 和 z 向的运动，即 $u_x=u_z=0$，$u_y\neq0$；另外，在层流状态下，流态稳定，故惯性力和质量力可不计，即 $\frac{\mathrm{d}u_x}{\mathrm{d}t}=\frac{\mathrm{d}u_y}{\mathrm{d}t}=\frac{\mathrm{d}u_z}{\mathrm{d}t}=0$ 和 $f_x=f_y=f_z=0$。在一维层流状态条件下，根据如上设定，直角坐标系中的N-S方程可简化为

$$\begin{cases}v\left(\dfrac{\partial^2 u_y}{\partial x^2}+\dfrac{\partial^2 u_y}{\partial y^2}+\dfrac{\partial^2 u_y}{\partial z^2}\right)=\dfrac{1}{\rho}\dfrac{\partial p}{\partial y}\\[2ex]\dfrac{\partial p}{\partial x}=\dfrac{\partial p}{\partial z}=0\end{cases}\tag{5.4.2}$$

由式(5.4.2)知，p 与 x、z 无关，仅为 y 的函数，则 $\frac{\partial p}{\partial y}=\frac{\mathrm{d}p}{\mathrm{d}y}$；又不可压缩流体在稳态流条件下的连续方程为 $\frac{\partial u_x}{\partial x}+\frac{\partial u_y}{\partial y}+\frac{\partial u_z}{\partial z}=0$，因 $u_x=u_z=0$，故 $\frac{\partial u_y}{\partial y}=0$，$\frac{\partial^2 u_y}{\partial y^2}=0$，另外流体为一维流动，$u=u_y$，则上式简化为

$$\frac{1}{\mu}\frac{\partial p}{\partial y}=\frac{\partial^2 u}{\partial x^2}+\frac{\partial^2 u}{\partial z^2}\tag{5.4.3}$$

式(5.4.3)即为椭圆管内流体运动方程。

5.4.2　管内流速分布

由于 $u=u(x,z)$ 与 y 无关，可以视 $\frac{1}{\mu}\frac{\mathrm{d}p}{\mathrm{d}y}=C$（$C$ 为常数），则式(5.4.3)可表示为

$$\frac{\partial^2 u}{\partial x^2}+\frac{\partial^2 u}{\partial z^2}=C\tag{5.4.4}$$

改写为

$$\begin{cases}\dfrac{\partial^2 u}{\partial x^2}=C_1\\[2ex]\dfrac{\partial^2 u}{\partial z^2}=C_1'\end{cases}\quad(\text{其中 } C_1+C_1'=C)\tag{5.4.5}$$

对式(5.4.5)积分，得

$$\begin{cases}\dfrac{\partial u}{\partial x}=C_1x+C_2(z)\\[2ex]\dfrac{\partial u}{\partial z}=C_1'z+C_2'(x)\end{cases}\tag{5.4.6}$$

由上一节分析可知，根据边界条件有 $\left.\dfrac{\partial u}{\partial x}\right|_{x=0,z=0}=0$，$\left.\dfrac{\partial u}{\partial z}\right|_{x=0,z=0}=0$，代入式(5.4.6)，得 $C_2(z)=C_2'(x)=0$。

代入积分常数并对式(5.4.6)积分，得

$$\begin{cases}u=\dfrac{C_1}{2}x^2+C_3(z)\\[2ex]u=\dfrac{C_1'}{2}z^2+C_3'(x)\end{cases}\tag{5.4.7}$$

上式中，可设 $C_3(z)=\dfrac{C_1'}{2}z^2$，$C_3'(x)=\dfrac{C_1}{2}x^2$，得

$$u=\frac{C_1}{2}x^2+\frac{C_1'}{2}z^2\tag{5.4.8}$$

则由数学知识可知，式(5.4.3)的解的一般形式为

$$u=\frac{C_1}{2}x^2+\frac{C_1'}{2}z^2+C_0\tag{5.4.9}$$

式中，C_0 为常数。

注意到上式中，$C_1+C_1'=C=\dfrac{1}{\mu}\dfrac{\mathrm{d}p}{\mathrm{d}y}$。由边界条件有 $x=\pm a$，$z=0$ 时，$u=0$；$z=\pm b$，$x=0$ 时，$u=0$。代入上式定出积分常数，得

$$C_1=\frac{1}{\mu}\frac{\mathrm{d}p}{\mathrm{d}y}\frac{a^2}{a^2+b^2},\quad C_1'=\frac{1}{\mu}\frac{\mathrm{d}p}{\mathrm{d}y}\frac{b^2}{a^2+b^2},\quad C_0=-\frac{a^2b^2}{2\mu(a^2+b^2)}\frac{\mathrm{d}p}{\mathrm{d}y}$$

将上述常数代入式(5.4.9)，得

$$u=\frac{1}{2\mu}\frac{\mathrm{d}p}{\mathrm{d}y}\frac{a^2b^2}{a^2+b^2}\left(\frac{x^2}{a^2}+\frac{z^2}{b^2}-1\right)\tag{5.4.10}$$

式中，$\dfrac{\mathrm{d}p}{\mathrm{d}y}$表示压强 p 在 y 轴上的变化量，即$\dfrac{\mathrm{d}p}{\mathrm{d}y}=\dfrac{p_2-p_1}{L}=-\dfrac{\Delta p}{L}$(负号代表递减)。则式(5.4.10)可写为

$$u=\frac{\Delta p\,a^2b^2}{2\mu L(a^2+b^2)}\left(1-\frac{x^2}{a^2}-\frac{z^2}{b^2}\right)\tag{5.4.11}$$

上式就是椭圆管层流速度计算公式，速度分布如图 5.7 所示。

从图 5.7 可以看出，平行于 x 轴的任意截面内速度服从抛物线分布，两个面的速度分布

构成椭圆球抛物面,且最大速度为

$$u_{\max} = u(0,0) = \frac{\Delta p a^2 b^2}{2\mu L(a^2 + b^2)} \tag{5.4.12}$$

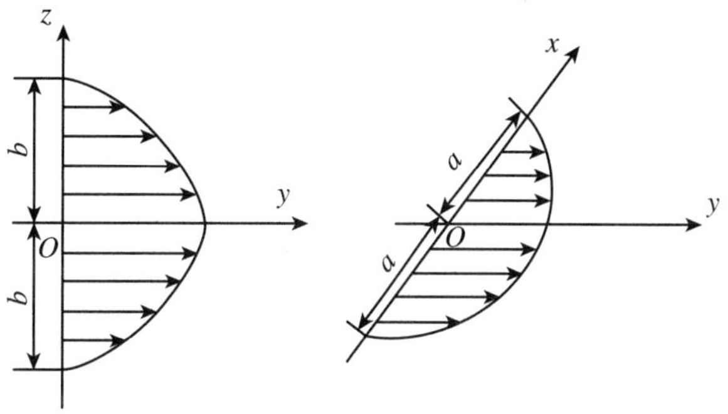

(a) yz面内速度分布　　(b) xy面内速度分布

图 5.7　椭圆管层流速度分布

取微元面积 $\mathrm{d}A$,则流过 $\mathrm{d}A$ 的流量为

$$\mathrm{d}q = u\mathrm{d}A = \frac{\Delta p a^2 b^2}{2\mu L(a^2 + b^2)}\left(1 - \frac{x^2}{a^2} - \frac{z^2}{b^2}\right)\mathrm{d}z\mathrm{d}x \quad (\mathrm{d}A = \mathrm{d}z\mathrm{d}x) \tag{5.4.13}$$

对上式定积分,得

$$q = \int_{-b}^{b}\int_{-a}^{a} \frac{\Delta p a^2 b^2}{2\mu L(a^2 + b^2)}\left(1 - \frac{x^2}{a^2} - \frac{z^2}{b^2}\right)\mathrm{d}z\mathrm{d}x = \frac{\pi \Delta p a^3 b^3}{4\mu L(a^2 + b^2)} \tag{5.4.14}$$

则

$$\Delta p = \frac{4\mu L q(a^2 + b^2)}{\pi a^3 b^3} \tag{5.4.15}$$

平均速度为

$$v = \frac{q}{A} = \frac{\Delta p a^2 b^2}{4\mu L(a^2 + b^2)} \tag{5.4.16}$$

与式(5.4.12)比较,得 $2v = u_{\max}$。

上述就是应用了 N-S 方程对椭圆管层流进行的分析。很显然,当 $a = b = R$ 时,就是圆管层流的情况,所以圆管可作为椭圆管的特殊情况。其他异形管也可以同样分析。

5.5　圆管中流体的湍流运动

自然界以及工程中的流动大多数为湍流,实际流体在管内的流动大部分也是这种情况。因此,研究湍流流动具有更实际的意义。

5.5.1 研究湍流的方法——时均法

流体做湍流运动时，流体微团在任意时刻都是做无规则运动，质点的运动轨迹曲折无序，这就给研究湍流的规律带来了极大的困难。为此，要运用湍流分析中的时均法来研究，因为它们的平均值有一定的规律可循。如图 5.8 所示，可将湍流速度的瞬时值 u 看成由时均值 $\overline{u}$ 和脉动值 u'（瞬时流速 u 与时均流速 $\overline{u}$ 的差值）两部分构成，即将瞬时流速表示为

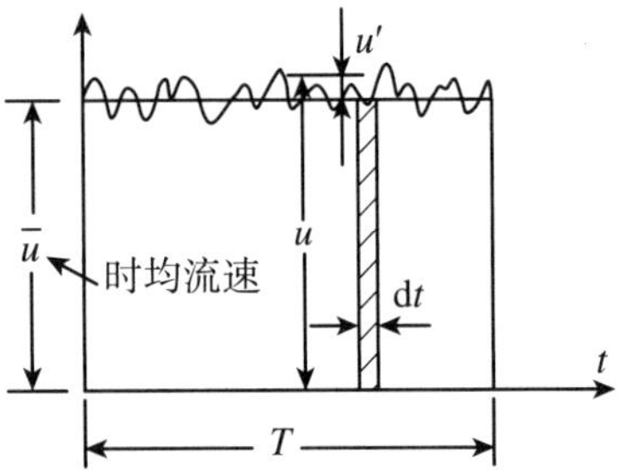

图 5.8　湍流真实流速

$$u = \overline{u} \pm u' \tag{5.5.1}$$

则由图可知时均流速 $\overline{u}$ 为

$$\overline{u} = \frac{1}{T}\int_0^T u\mathrm{d}t \tag{5.5.2}$$

在时间间隔 T 内，尽管 u 随时间变化，但时均流速 $\overline{u}$ 不随时间变化，它只是空间点的函数。

脉动流速 u'的均值$\overline{u}'$为

$$\overline{u}' = \frac{1}{T}\int_0^T u'\mathrm{d}t = \frac{1}{T}\left(\int_0^T u\mathrm{d}t - \int_0^T \overline{u}\mathrm{d}t\right) = \frac{1}{T}(\overline{u} - \overline{u}) = 0 \tag{5.5.3}$$

同样，也可引出其他物理量时均值，如时均压强为

$$\overline{p} = \frac{1}{T}\int_0^T p\mathrm{d}t \tag{5.5.4}$$

则其瞬时压强为

$$p = \overline{p} \pm p' \tag{5.5.5}$$

式中，p 为瞬时压强；p'为压强脉动值。

5.5.2 湍流流动光滑管概念

在湍流运动中，整个流场并不全是湍流。流体由于具有黏性，黏附于壁面，流速为零；离开壁面的流体，速度也不可能突然增加，靠近壁面的流体仍比较安定，即在壁面附近存在一层呈层流状态的薄层，称为层流底层(laminar boundary layer)。层流边界外的流体，流速逐渐变大，但还没有达到杂乱无章的程度，这一薄层称为过渡层(buffer region)。过渡层之外的流体处于杂乱无章的流动状态，才是湍流层，称为湍流核心区(turbulence region)。

图 5.9 所示为圆管湍流流动结构，层流底层的厚度很薄。在层流区，雷诺数 $Re \leqslant 2320$；过渡区也很薄，雷诺数 $Re = 2320 \sim 4000$；工程上，雷诺数处于该区域内的情况并不多，人们对它的研究甚少，一般按湍流处理。

实验研究表明，层流底层厚度 δ 与主流的湍流程度有关。湍流程度愈剧烈，层流底层愈薄，则计算式为

$$\delta \approx 30d/(Re\sqrt{\lambda}) \tag{5.5.6}$$

式中，λ 为摩擦阻力系数；d 为圆管直径（或水力直径）。

λ 的影响因素复杂，与管径 d、管中流速 u 和管壁的光滑程度有关，这就引出了光滑管

和粗糙管的概念。

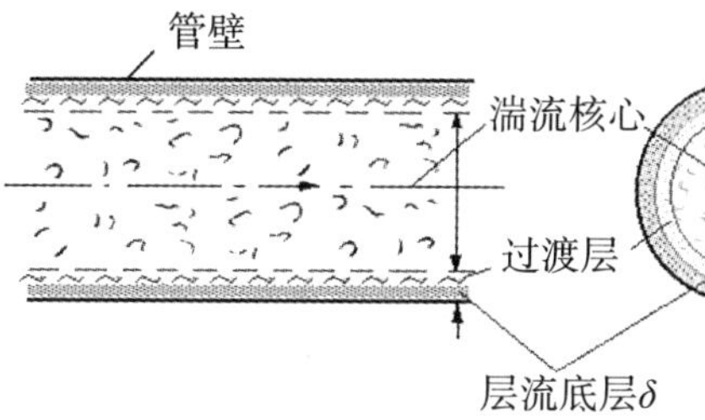

图 5.9　圆管湍流流动结构

管壁面凹凸不平的绝对尺寸的均值 Δ 称为绝对粗糙度。如图5.10 所示，当 $\Delta<\delta$ 时，管壁的凹凸部分完全淹没在层流中，流体的湍流核(区)不直接与管壁接触，Δ 对流体湍流无影响。由于层流底层的存在，Δ 对层流阻力有一定影响，这种管称为水力(流动)光滑管。当 $\Delta>\delta$ 时，管壁粗糙(凹凸)部分突出到湍流中，层流底层被破坏，这时流体的阻力主要决定于管的粗糙度 Δ，而与雷诺数 Re 或黏度 μ 无关，这时的管道称为水力(流动)粗糙管。管壁的几何粗糙度 Δ 并不能完全描述管壁对流体的影响，式(5.5.6)表明层流底层与流动状况有关，因此同一管道可为水力光滑管，也可为水力粗糙管，主要取决于层流底层厚度 δ 或雷诺数 Re。

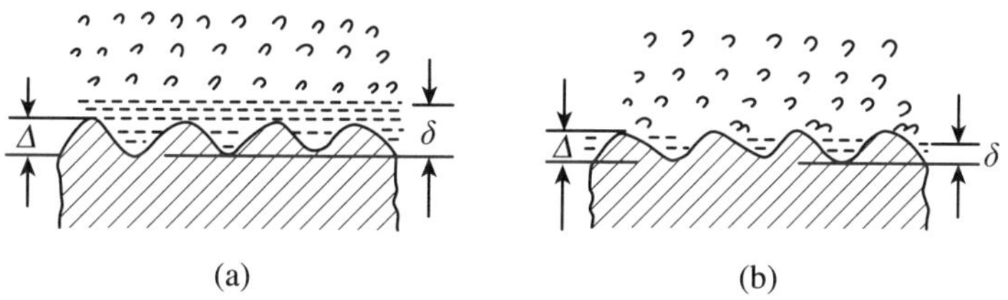

图 5.10　水力光滑管与水力粗糙管

5.5.3　湍流运动剪应力

如图 5.11 所示，湍流的剪应力 $\bar{\tau}$ 由两部分组成。其一为因时均流层相对运动而产生的黏性剪应力，由牛顿内摩擦定律，得

$$\bar{\tau}_1 = \mu \frac{d\bar{u}}{dy} \tag{5.5.7}$$

式中，$\dfrac{d\bar{u}}{dy}$为时均流速梯度。

另一个为上下层质点相互掺混，动量交换引起的附加剪应力，称为雷诺应力，即

$$\bar{\tau}_2 = -\rho\,\overline{u_x' u_y'} \tag{5.5.8}$$

式中，$\overline{u_x' u_y'}$为涨落流速乘积的时均值。因为 u_x'、u_y'异号，所以为了使它们表示相同的方向，前面加个负号。则湍流的剪应力为

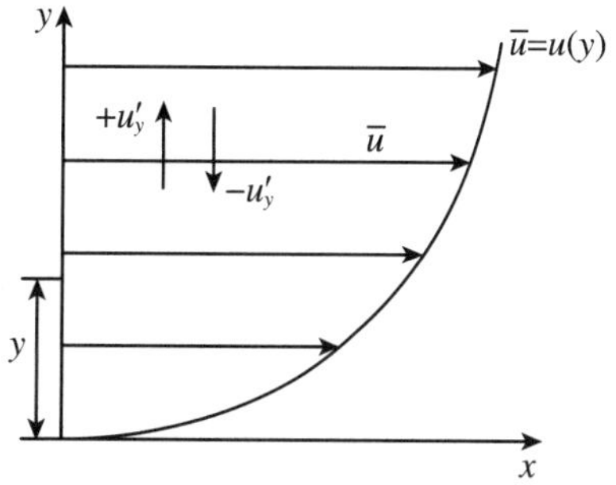

图 5.11　湍流的剪应力

$$\tau = \bar{\tau}_1 + \bar{\tau}_2 = \mu \frac{d\bar{u}}{dy} - \rho \overline{u_x' u_y'} \tag{5.5.9}$$

当雷诺数较小时，湍流运动不是很激烈，$\bar{\tau}_1$占主导作用；随着雷诺数的增大，湍流涨落剧烈，$\bar{\tau}_2$不断增大，即当雷诺数很大，湍流运动很剧烈时，$\bar{\tau}_1 \ll \bar{\tau}_2$，从而前者可忽略不计。

5.5.4 普朗特混合长度理论

如前述，湍流中存在流层间的质点交换。当质点从某流层进入相邻的另一流层时，产生能量交换，其动量发生变化，引起雷诺切应力。因而在湍流中，除因流体黏性产生的阻力以外，还有因质点混杂而产生的阻力，通常后者占主导地位，但探求这种阻力规律十分困难。

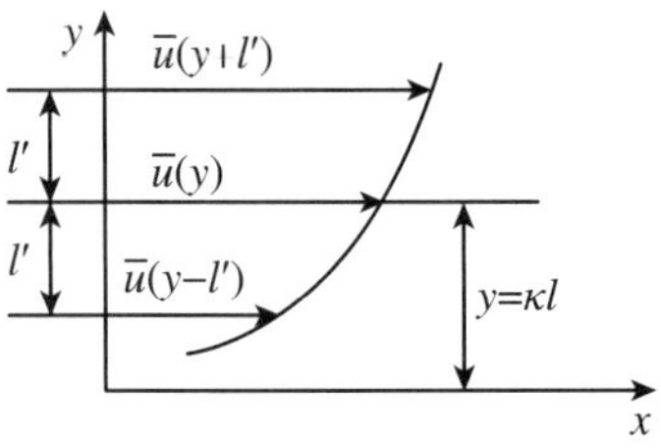

图 5.12　混合长度示意图

1925 年，德国力学家路德维希·普朗特（Ludwig Prandtl）提出了著名的混合长度理论（动量输运理论），使湍流理论研究取得了重要进展。他首先做了两条假设：

（1）类似于分子的平均自由行程，湍流流体微团有一个混合长度 l'。如图 5.12 所示，对于某一给定的 y 点，$y+l'$和 $y-l'$的流体微团各以时间间隔 dt 到达 y 点，在此之前，保持原来的时均速度 $\bar{u}(y+l')$和 $\bar{u}(y-l')$不变；一旦到达 y 点，就与该处原流体微团发生碰撞而产生动量交换。

（2）横向和纵向的流速涨落（脉动）量为同阶量，即有一定的比例关系：

$$u_y' = k u_x' \tag{5.5.10}$$

式中，k 为常数。

根据如上假设，$y+l'$处的流体微团以 $\bar{u}(y+l')$到达 y 处混合安定下来时，$u(y+l')$与 $\bar{u}(y)$的差异使 y 处流体微团产生 x 向的脉动速度 u_x'，即

$$u_x' = \bar{u}(y+l') - \bar{u}(y) = l' \frac{d\bar{u}}{dy} \tag{5.5.11}$$

式中，l'为假设的长度参数，即普朗特混合长度的物理意义。

同理，y 向的脉动速度 u_y'为

$$u_y' = k u_x' = -k l' \frac{d\bar{u}}{dy} \tag{5.5.12}$$

式中，k 为常数。

把式(5.5.11)和式(5.5.12)代入式(5.5.8)，得

$$\bar{\tau}_2 = -\rho \overline{u_x' u_y'} = \rho l^2 \left(\frac{d\bar{u}}{dy}\right)^2 \tag{5.5.13}$$

式中，l 为普朗特混合长度，$l = \sqrt{k_1}\, t'$。

普朗特假设混合长度 l 与离壁面的距离 y 成正比例：

$$l = ky \tag{5.5.14}$$

则式(5.5.13)可写为

$$\bar{\tau}_2 = \rho k^2 y^2 \left(\frac{d\bar{u}}{dy}\right)^2 \tag{5.5.15}$$

5.5.5　圆管内湍流速度分布

在黏性底层，无流体质点混杂，附加或湍流切应力 τ_1 可略去；在层流条件下，速度梯度 $\frac{du}{dy}$ 为常数，则剪应力 τ 为常数，即(以后的书写中一般以 u 代替 $\bar{u}$ 作为时均速度)

$$\tau_0 = \tau_1 = \mu \frac{du}{dy} \quad \left(\frac{du}{dy} = 常数\right) \tag{5.5.16}$$

根据边界条件：$y=0, u=0$，可知速度分布规律为

$$u = \frac{\tau_0}{\mu} y \quad (y \leqslant \delta) \tag{5.5.17}$$

在研究湍流时，通常引入特征速度(摩擦或剪切速度)u_*，即

$$u_* = \sqrt{\frac{\tau_0}{\rho}} \tag{5.5.18}$$

则式(5.5.17)可改写为

$$\frac{u}{u_*} = \frac{\rho u_* y}{\mu} \quad (y \leqslant \delta) \tag{5.5.19}$$

式(5.5.17)和式(5.5.19)含义相同，引入后者是为了研究上的方便。

当湍流发展充分时，$\bar{\tau}_1 \ll \bar{\tau}_2$，雷诺应力占主导地位，$\tau_1$ 可不计，则

$$\tau_0 = \tau_2 = \rho l^2 \left(\frac{du}{dy}\right)^2 = \rho k^2 y^2 \left(\frac{du}{dy}\right)^2 \tag{5.5.20}$$

假定在整个湍流区内，剪应力只考虑雷诺应力，则

$$du = \frac{1}{k}\sqrt{\frac{\tau_0}{\rho}} \frac{dy}{y} \tag{5.5.21}$$

代入式(5.5.18)并对上式积分，则

$$\frac{u}{u_*} = \frac{1}{k} \ln y + c \tag{5.5.22}$$

式中，积分常数 c 可由边界条件($y=\delta, u=u_0$)确定：

$$\frac{u_0}{u_*} = \frac{1}{k} \ln \delta + c \tag{5.5.23}$$

由上式可确定常数 c 为

$$c = \frac{u_0}{u_*} - \frac{1}{k} \ln \delta \tag{5.5.24}$$

引入 $a = u_0/u_*$，并代入 $\delta = u_0 \mu/\tau_0$，$\tau_0 = u_*^2 \rho$，则

$$c = a - \frac{1}{k} \ln \frac{\mu a}{\rho u_*} \tag{5.5.25}$$

将式(5.5.25)代入式(5.5.22)，则

$$\frac{u}{u_*} = a - \frac{1}{k} \ln a + \frac{1}{k} \ln \frac{\rho u_* y}{\mu} \tag{5.5.26}$$

式中，δ 为层流边界厚度；y 为流体到圆管边壁的距离。

实验证明，当 $\frac{\rho u_*}{\mu} y \geqslant 30$ 时，完全进入湍流区，式(5.5.26)成立，但对过渡层和层流层不

成立。尼古拉兹(Nikuradse)等人的实验证明,对湍流的三个边层,速度分布经验公式如下:

层流层:$\frac{\rho u_* y}{\mu} \leqslant 8$,则

$$\frac{u}{u_*} = \frac{\rho u_* y}{\mu} \tag{5.5.27}$$

过渡层:$8 \leqslant \frac{\rho u_* y}{\mu} \leqslant 30$,则

$$\frac{u}{u_*} = -3.05 + 5\ln \frac{\rho u_* y}{\mu} \tag{5.5.28}$$

湍流层:$\frac{\rho u_* y}{\mu} > 0$,则

$$\frac{u}{u_*} = 5.5 + 2.5\ln \frac{\rho u_* y}{\mu} \tag{5.5.29}$$

5.6 圆管湍流运动的沿程阻力损失

前面已经给出了圆管沿程水头损失的计算通式(5.1.1),但由于湍流的复杂性,目前还没有像层流那样严格地从理论上推导出 λ 值。工程上,一般由两种方法确定圆管湍流运动的沿程阻力损失的 λ 值:一种是以湍流的半经验半理论为基础,结合实验结果,整理成关于 λ 的半经验公式;另一种是直接根据实验结果,综合成关于 λ 的经验公式。一般情况下前者更有普遍意义。

5.6.1 尼古拉兹实验

1933 年德国力学家和工程学家尼古拉兹进行了管流沿程摩擦阻力系数 λ 和断面速度分布的实验测定。将沙粒黏在管道的内壁,制成六种相对粗糙度 $\frac{\Delta}{d}$ 不同的管道。实验表明,沿程阻力损失系数与管道的相对粗糙度和管道的雷诺数有关。实验结果所绘成的曲线称为尼古拉兹曲线,如图 5.13 所示。

根据 λ 的变化特性,尼古拉兹曲线可分为五个区。

(Ⅰ)层流区(ab 线,$Re<2320$),所用的实验点都落在同一直线上。表明 λ 与相对粗糙度无关,即 $\lambda = \frac{64}{Re}$。由此验证了圆管层流理论公式的正确性。

(Ⅱ)层流向湍流的过渡区(bc 线,$Re = 2320 \sim 4000$),所有的实验点也都在同一直线上。表明 λ 与相对粗糙度无关,只是 Re 的函数。这个区意义不大,不予讨论。

(Ⅲ)光滑区(cd 线,$Re>4000$),不同的实验点都落在同一直线上,λ 仍与相对粗糙度无关,只是 Re 的函数。只不过相对粗糙度 $\frac{\Delta}{d}$ 很小的管道当 Re 较大时,会稍微偏离直线。

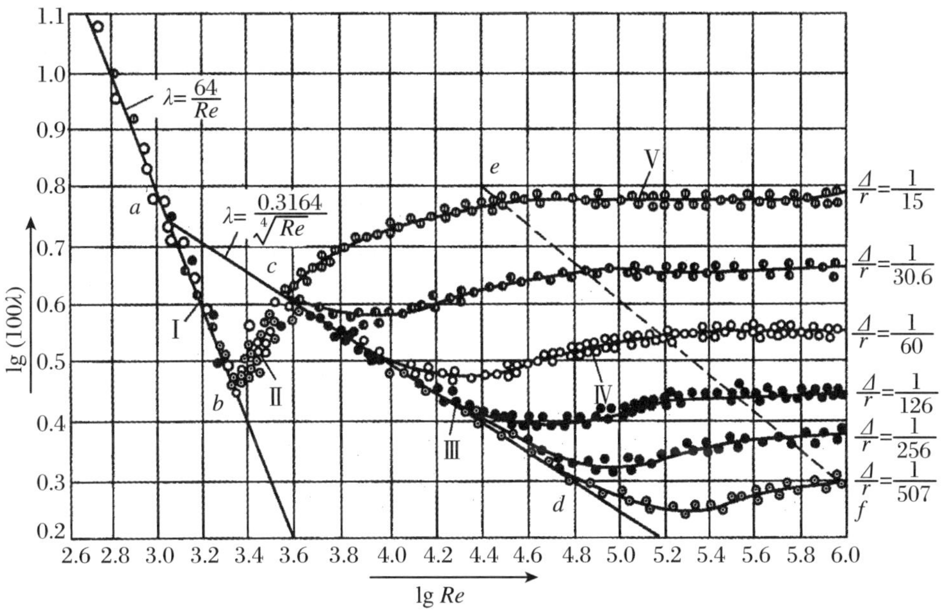

图 5.13　尼古拉兹实验曲线

该区可由布拉休斯(Blasius)公式进行计算：

$$\lambda = \frac{0.3164}{Re^{\frac{1}{4}}} \quad (4 \times 10^3 < Re < 10^5) \tag{5.6.1}$$

$$\lambda = 0.0032 + 0.221 Re^{-0.237} \quad (10^5 < Re < 10^6) \tag{5.6.2}$$

（Ⅳ）湍流过渡区（cd 和 ef 线间的区域），该区是光滑区向粗糙区转变的区域；不同的相对粗糙度的管道的实验点分布落在不同的曲线上，表明 λ 既与 Re 有关，又与 $\frac{\Delta}{d}$ 有关。

（Ⅴ）粗糙区（ef 线右侧的区域），不同的相对粗糙度的管道的实验点分别落在不同的水平直线上，表明 λ 与 $\frac{\Delta}{d}$ 有关，而与 Re 无关。这说明流动处在发展完全的湍流状态，由式(5.1.1)知，沿程水头损失与流速的平方成正比，故又称为阻力平方区。该区的计算公式为尼古拉兹粗糙管公式，即

$$\lambda = \frac{1}{\left(2\lg \frac{d}{\Delta} + 1.14\right)^2} \tag{5.6.3}$$

简化后的形式称为希夫林松公式，即

$$\lambda = 0.11 \left(\frac{\Delta}{d}\right)^{0.25} \tag{5.6.4}$$

5.6.2　莫迪图

实际工业中管道的粗糙度情况与尼古拉兹所用的人工粗糙度不同，难以用相对粗糙度来直接表征，尼古拉兹的结果就无法直接应用。1940 年美国普林斯登・莫迪(L. F. Moody)对工业用管做了大量实验，绘制出了 λ 与 Re 及 $\frac{\Delta}{d}$ 的关系图（图 5.14），供实际计算使用，该

图称为莫迪图，其简便而准确，并经过许多实际验算，符合实际情况，因而应用广泛。

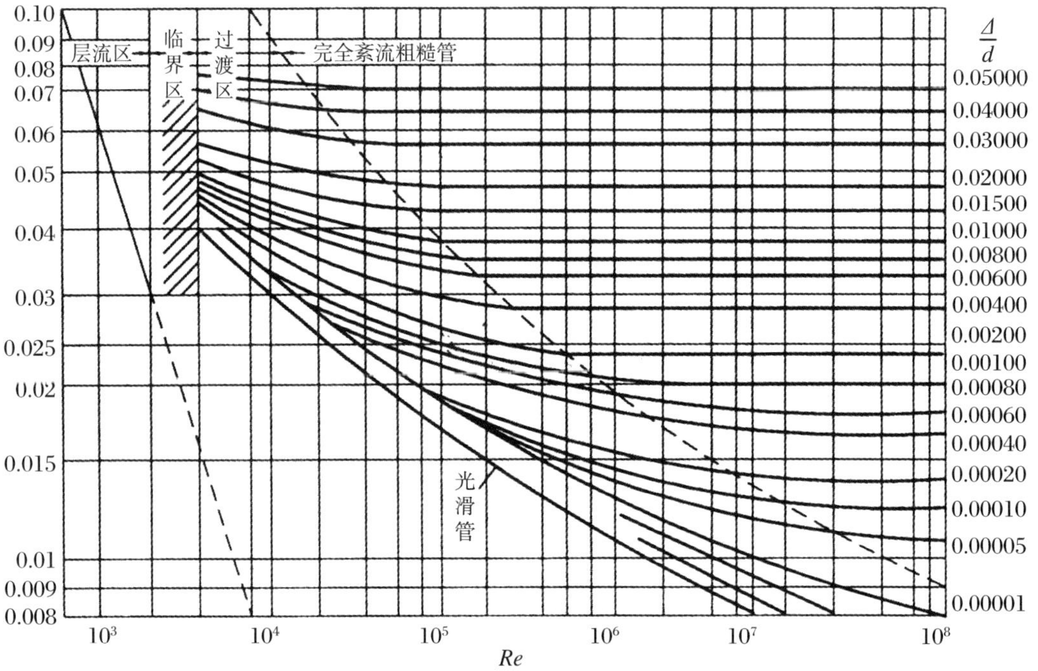

图 5.14 莫迪图

5.6.3 非圆管的湍流沿程阻力损失

如第 3 章流体运动学中的基本概念所述，对于非圆管中湍流时的阻力，其计算方法是将非圆管折算成圆管计算。根据水力半径 R 和圆管几何直径 d 的关系 $d=4R$，有

$$h_l = \lambda \frac{L}{d}\frac{v^2}{2g} = \lambda \frac{L}{4R}\frac{v^2}{2g} = \lambda \frac{L}{R}\frac{v^2}{8g} \tag{5.6.5}$$

式中，R 为非圆管的水力半径，$R=\dfrac{A}{\chi}$，χ 为湿周长度，A 为过流面积；λ 为阻力系数，$\lambda=\dfrac{0.3164}{\sqrt[4]{4Re}}$，$Re$ 为非圆管雷诺数。

在工程上，通常根据谢才(Chézy)公式计算水头损失。该公式是在 1796 年由法国工程师谢才根据大量的实验数据提出的断面平均流速与水力坡度和水力半径的关系式：

$$v = C\sqrt{RJ}$$

将 $J=\dfrac{h_f}{L}$代入上式并整理，得

$$h_f = \frac{2g}{C^2}\frac{L}{R}\frac{v^2}{2g} = \lambda \frac{L}{4R}\frac{v^2}{2g} \tag{5.6.6}$$

式中，$J=\dfrac{h_f}{L}$称为水力坡度；$C=\sqrt{\dfrac{8g}{\lambda}}$称为谢才系数，可从有关手册或资料中查取。

【例 5.2】 长度 $l=30$ m，直径 $d=750$ mm 的无介质磨矿送风管道(钢管)，在温度 $t=$

20 ℃（$\nu=0.157\ \text{cm}^2/\text{s}$）的情况下，送风量 $q=30000\ \text{m}^3/\text{h}$。问：

（1）此风管中的沿程阻力损失是多少？

（2）使用一段时间后其绝对粗糙度为 $\Delta=1.2\ \text{mm}$，其沿程阻力损失又是多少？

【解】（1）

$$v=\frac{q}{A}=\frac{30000}{\frac{\pi}{4}\times 0.75^2\times 3600}\ \text{m/s}=18.9\ \text{m/s}$$

$$Re=\frac{vd}{\nu}=\frac{1890\times 75}{0.157}=902866>2320\quad（湍流）$$

取 $\Delta=0.39\ \text{mm}$，则

$$26.98\times\left(\frac{d}{\Delta}\right)^{\frac{8}{7}}=26.98\times\left(\frac{750}{0.39}\right)^{\frac{8}{7}}=152985<Re$$

根据 $\frac{\Delta}{d}=\frac{0.39}{750}=0.00052$ 及 $Re=902866$，查莫迪图，得 $\lambda=0.017$。也可应用半经验公式计算出 $\lambda=0.0173$。

所以此风管中的沿程阻力损失为

$$h_{\text{f}}=\lambda\frac{L}{d}\cdot\frac{v^2}{2g}=0.0173\times\frac{30}{0.75}\times\frac{18.9^2}{2\times 9.8}\ \text{m}（气柱）=12.61\ \text{m}（气柱）$$

（2）当 $\Delta=1.2\ \text{mm}$ 时，$\frac{\Delta}{d}=\frac{1.2}{750}=0.0016$，根据 $Re=902866$，查莫迪图，得 $\lambda=0.022$。

所以此风管中的沿程阻力损失为

$$h_{\text{f}}=\lambda\frac{L}{d}\cdot\frac{v^2}{2g}=0.022\times\frac{30}{0.75}\times\frac{18.9^2}{2\times 9.8}\ \text{m}（气柱）=16\ \text{m}（气柱）$$

【例 5.3】 直径 $d=200\ \text{mm}$，长度 $l=300\ \text{m}$ 的新铸铁管，输送重度为 $\gamma=8.82\ \text{kN/m}^3$ 的石油，已测得流量 $q=882\ \text{kN/h}$。如果冬季时，油的运动黏性系数 $\nu_1=1.092\ \text{cm}^2/\text{s}$；夏季时，油的运动黏性系数 $\nu_2=0.355\ \text{cm}^2/\text{s}$，问：冬季和夏季输油管中沿程水头损失 h_{f} 各是多少？

【解】（1）计算雷诺数：

$$q=\frac{882}{3600\times 8.82}\ \text{m}^3/\text{s}=0.0278\ \text{m}^3/\text{s},\quad v=\frac{q}{A}=\frac{0.0278}{\frac{\pi}{4}\times 0.2^2}\ \text{m/s}=0.885\ \text{m/s}$$

$$Re_1=\frac{vd}{\nu_1}=\frac{88.5\times 20}{1.092}=1621<2320\quad（层流）$$

$$Re_2=\frac{vd}{\nu_2}=\frac{88.5\times 20}{0.355}=4986>2320\quad（湍流）$$

（2）计算沿程水头损失 h_{f}：

冬季时为层流，则

$$h_{\text{f}}=\lambda\frac{L}{d}\cdot\frac{v^2}{2g}=\frac{75}{Re_1}\times\frac{300\times 0.885^2}{0.2\times 2\times 9.8}\ \text{m}（油柱）=2.78\ \text{m}（油柱）$$

夏季时为湍流，查相关手册，得新铸铁管的 $\Delta=0.25\ \text{mm}$，则

$$\frac{\Delta}{d}=\frac{0.25}{200}=0.00125$$

结合$Re_2=4986$,查莫迪图,得 $\lambda=0.0387$,则

$$h_f = \lambda \frac{L}{d} \cdot \frac{v^2}{2g} = 0.0387 \times \frac{300 \times 0.885^2}{0.2 \times 2 \times 9.8}\ \text{m(油柱)} = 2.32\ \text{m(油柱)}$$

5.7 管流局部阻力损失

在工业管道中,设有进出口、弯头、三通、水表、过滤器以及各种阀等部件或装置。流体在流经这些器件时,或流速变化,或流向变化,或兼而有之,从而干扰了流体的正常运动,产生撞击、分离脱流、旋涡等现象,带来附加阻力,增加了能量损失,这种在管道局部范围内产生的损失就是局部阻力损失。5.1 节中已经提到了计算局部阻力损失的通式(5.1.2),公式的含义就是将局部水头损失折合成管中平均速度水头的若干倍,这个倍数就是局部阻力系数。

大量的实验表明,由于这类流体的运动比较复杂,影响因素较多,除少数几种可做一定的理论分析以外,一般都依靠实验方法求得实用局部阻力系数。下面分别介绍几种常见的局部阻力损失系数的计算方法,其中突然扩大管的局部阻力损失系数计算需特别注意。

5.7.1 突然扩大损失

突然扩大管如图 5.15 所示,图中 z_1、z_2 分别为截面 1—1 和截面 2—2 到 0—0 水平面的垂直距离,且管道与重力方向成 θ 角,建立如图坐标系,只考虑两截面间局部阻力损失,列截面 1—1 至截面 2—2 的伯努利方程,得

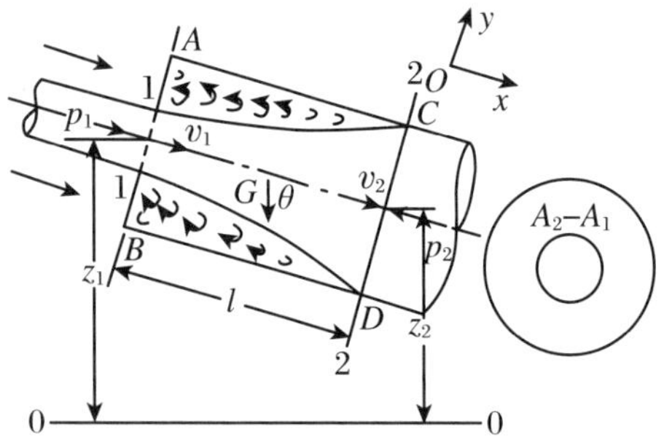

图 5.15 突然扩大管

$$z_1 + \frac{p_1}{\rho g} + \frac{v_1^2}{2g} = z_2 + \frac{p_2}{\rho g} + \frac{v_2^2}{2g} + h_j$$

式中,p_1、v_1 分别为截面 1—1 处的压强和流速;p_2、v_2 分别为截面 2—2 处的压强和流速。即

$$h_j = \left(z_1 + \frac{p_1}{\rho g}\right) - \left(z_2 + \frac{p_2}{\rho g}\right) + \frac{v_1^2 - v_2^2}{2g} \tag{5.7.1}$$

根据动量定理,即流体动量的变化等于外力给予它的冲量,可知截面 1—1 至截面 2—2 之间的流体动量变化量 dM 为

$$\mathrm{d}M = \rho q(v_2 - v_1) \tag{5.7.2}$$

冲量有三部分,其一为静压力变化量 $\mathrm{d}K_1 = p_1 A_1 - p_2 A_2$,其二为环状管断面对流体的作用力 $\mathrm{d}K_2 = P = p_1(A_2 - A_1)$,其三是液体重力的分力 $\mathrm{d}K_3 = G\cos\theta = \rho g A_2(z_1 - z_2)$。根据动量定理 $\mathrm{d}M = \sum \mathrm{d}K = \mathrm{d}K_1 + \mathrm{d}K_2 + \mathrm{d}K_3$,有

$$\rho q(v_2 - v_1) = p_1 A_1 - p_2 A_2 + p_1(A_2 - A_1) + \rho g A_2(z_1 - z_2) \tag{5.7.3}$$

根据连续方程 $q = A_1 v_1 = A_2 v_2$,有

$$(z_1 - z_2) + \frac{p_1 - p_2}{\rho g} = \frac{v_2(v_2 - v_1)}{g} \tag{5.7.4}$$

将上式代入式(5.7.1)，得

$$h_j = \frac{v_2}{g}(v_2 - v_1) + \frac{v_1^2}{2g} - \frac{v_2^2}{2g} = \frac{(v_1 - v_2)^2}{2g} \tag{5.7.5}$$

上式称为包达(Borda)公式，表明突然扩大的局部水头损失等于以平均流速差计算的流速水头。

由连续性方程 $A_1 v_1 = A_2 v_2$，得

$$h_j = \left(1 - \frac{A_1}{A_2}\right)^2 \frac{v_1^2}{2g} = \xi_1 \frac{v_1^2}{2g}$$

或

$$h_j = \left(\frac{A_2}{A_1} - 1\right)^2 \frac{v_2^2}{2g} = \xi_2 \frac{v_2^2}{2g}$$

对照局部阻力损失的通式(5.1.2)，则突然扩大的局部水头损失系数为

$$\xi_1 = \left(1 - \frac{A_1}{A_2}\right)^2 \quad (\text{用 } v_1 \text{ 计算}) \tag{5.7.6}$$

或

$$\xi_2 = \left(1 - \frac{A_2}{A_1}\right)^2 \quad (\text{用 } v_2 \text{ 计算}) \tag{5.7.7}$$

上面两个局部阻力损失系数分别与突然扩大前和突然扩大后两个断面的平均流速对应。

5.7.2　管道进口处损失

在管道的进口处，由于存在的流动很复杂，难以用理论知识来计算局部阻力损失的系数。因此通过大量的科学实验，前人总结了很多情况下进口处的局部水头损失，下面简单介绍几种。

如图5.16所示，根据实验可得各个情况下的局部阻力损失系数。

(1) 管口未作圆整时，$\xi = 0.5$。

(2) 管口稍作圆整时，$\xi = 0.2 \sim 0.25$。

(3) 管口作圆整(喇叭口)时，$\xi = 0.05 \sim 0.1$。

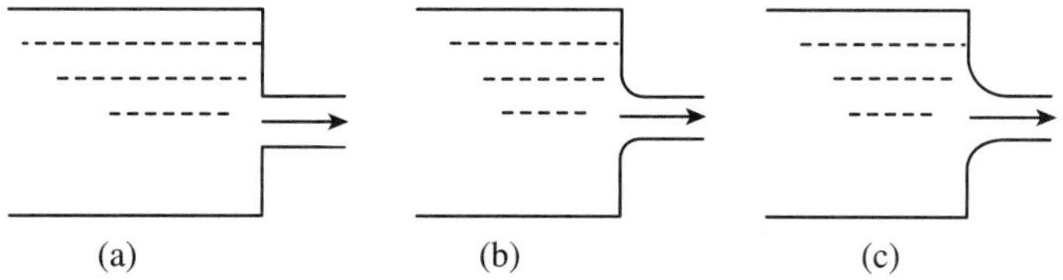

图5.16　管道进口类型

5.7.3　管道出口处损失

如图5.17所示，当液体从管道流出时，可以看成突然扩大，因为 $A_1/A_2 \to 0$，所以由式

(5.7.6)可得 $\xi=1.0$。

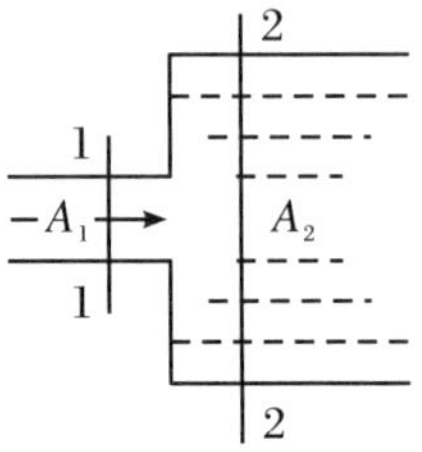

图 5.17　管道出口

5.7.4　渐扩管

线性渐扩管如图 5.18 所示,线性扩散角为 θ,这时局部阻力损失比较复杂,与 A_1/A_2 的值和 θ 角有关。对于渐扩管,局部阻力系数 ξ 可表示为

$$\xi=\frac{\lambda}{\gamma\sin\frac{\theta}{2}}\left[1-\left(\frac{A_1}{A_2}\right)^2\right]+k\left(1-\frac{A_1}{A_2}\right) \tag{5.7.8}$$

式中,λ 为沿程阻力系数;k 为与扩张角 θ 有关的系数。

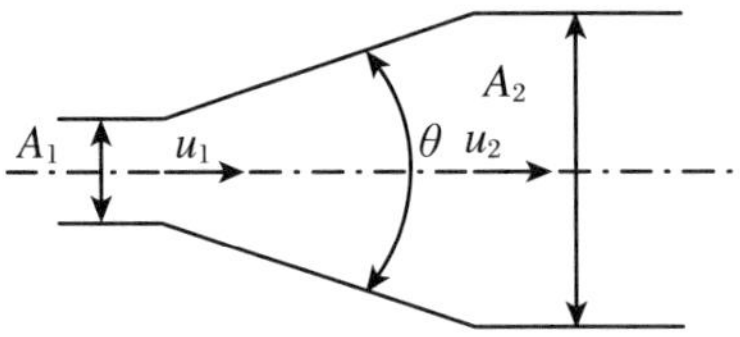

图 5.18　渐扩管

上式过于复杂,也可按突扩流动理论引入修正系数 k,表示为

$$h_j=\begin{cases}k\left(1-\dfrac{A_1}{A_2}\right)^2\dfrac{u_1^2}{2g}=k\xi_1\dfrac{u_1^2}{2g}\\[2ex] k\left(\dfrac{A_2}{A_1}-1\right)^2\dfrac{u_2^2}{2g}=k\xi_2\dfrac{u_2^2}{2g}\end{cases} \tag{5.7.9}$$

式中,k 为修正系数,$k=1.025+2.5\left(\dfrac{d_2}{d_1}\right)^2\times10^{-3}+0.8d_1\times10^{-3}$,其中直径 d_1 以 mm 计。

当 $d=25\sim76$ mm,$u=1.16\sim9.6$ m/s,$A_2/A_1=1.45\sim9.32$ 时,局部阻力损失的经验公式也可表示为

$$h_j=1.08\frac{(u_1-u_2)^{1.92}}{2g} \tag{5.7.10}$$

5.7.5　收缩管道处局部损失

收缩管道可分为突然缩小和逐渐缩小两种情况。

(1) 图 5.19 所示为突然缩小管,它的局部水头损失主要发生在细管收缩截面 c 附近的旋涡区。突然缩小的局部水头损失系数取决于收缩面积比 A_2/A_1,由实验数据列表 5.1。

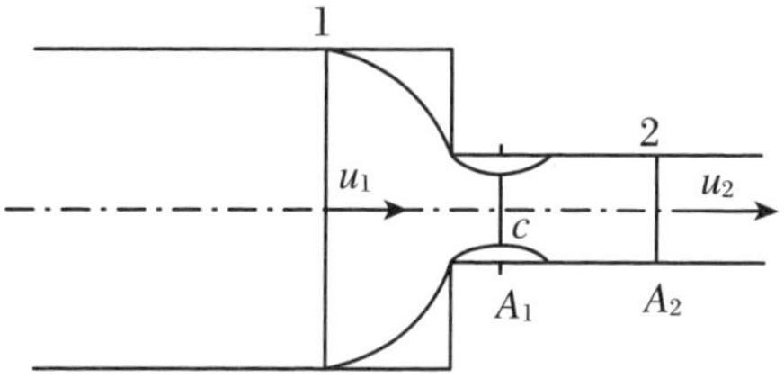

图 5.19　突缩管

表 5.1　管径突缩时局部阻力损失系数 ξ

A_1/A_2	0.01	0.1	0.2	0.3	0.4	0.5	0.6	0.7	0.8	0.9	1
ξ	0.50	0.47	0.45	0.38	0.34	0.30	0.25	0.20	0.15	0.09	0

(2) 图 5.20 是逐渐缩小的情况,这种管道不会出现流线脱离壁面的问题,其局部水头损失系数由收缩面积比 A_2/A_1 和收缩角 α 决定。局部水头损失系数由图 5.21 查得。

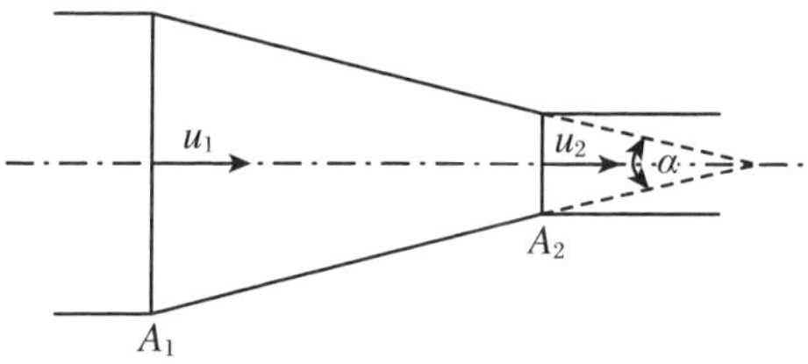

图 5.20　渐缩管

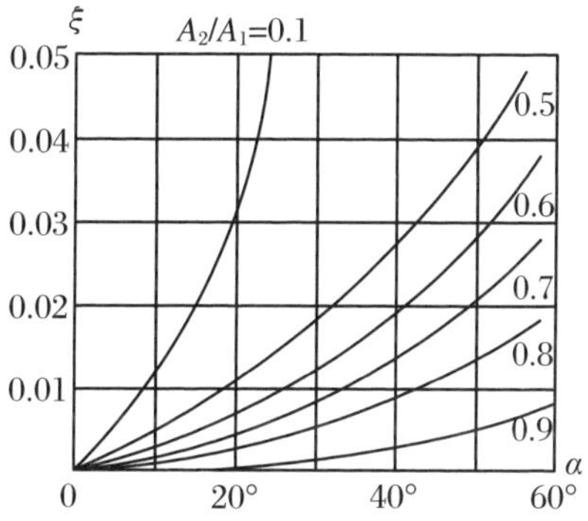

图 5.21　逐渐缩小的阻力系数

5.7.6　弯管处水头损失

在图 5.22 所示的圆滑弯管和图 5.23 所示的折角弯管中,由于管径不变,流速大小不变,但流动方向的变化造成了能量损失。

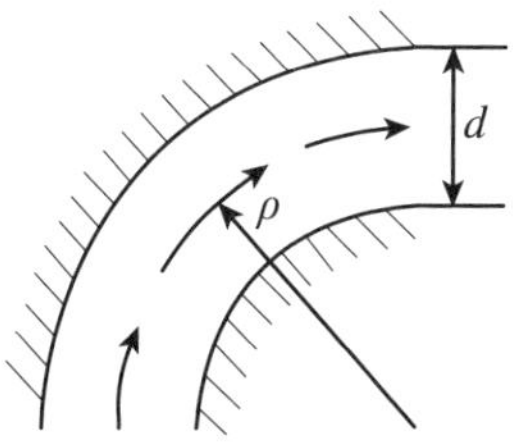

图 5.22　圆滑弯管

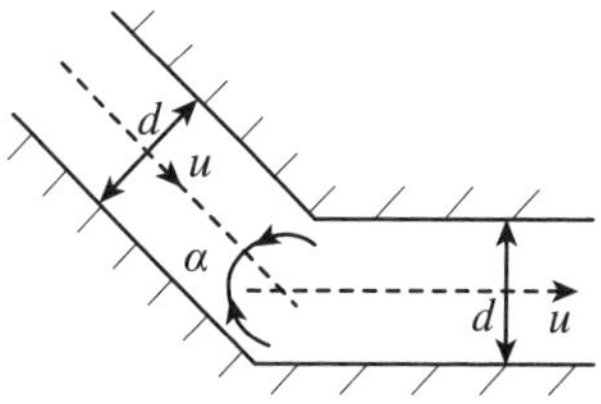

图 5.23　折角弯管

圆滑弯管的局部损失公式为

$$h_j = \xi \frac{u^2}{2g} = k \frac{\theta}{90^\circ} \frac{u^2}{2g} = \left[0.131 + 0.163 \left(\frac{d}{R}\right)^{3.5}\right] \frac{\theta}{90^\circ} \frac{u^2}{2g} \tag{5.7.11}$$

式中,θ 为弯管过渡角,$\theta = 90^\circ$时,$k = \xi = 0.131 + 0.163 \left(\frac{d}{R}\right)^{3.5}$;$d$ 为弯管直径;R 为弯管中

线曲率半径。

折角弯管的局部损失公式为

$$h_j = \xi \frac{u^2}{2g} = \left[0.946 \sin^2\left(\frac{\alpha}{2}\right) + 2.047 \sin^4\left(\frac{\alpha}{2}\right)\right]\frac{u^2}{2g} \tag{5.7.12}$$

5.7.7 管道附件处流动损失

由于管道中存在很多部件和装置，这些部件都会引起流体的局部损失。下面列出几种常见的附件。

1. 三通接头

三通接头在各种管道中很常见，特别是直三通应用最为广泛，表 5.2 列出了其局部阻力系数。

表 5.2 直三通接头的局部阻力系数

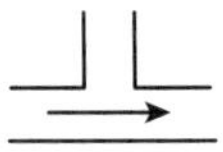		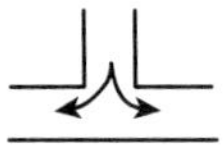	
$\xi = 0.1$	$\xi = 1.3$	$\xi = 1.5$	$\xi = 3$

2. 闸板阀与截止阀

阀门在管路中是必不可少的装置(图 5.24)，表 5.3 列举了两种常见阀门的局部阻力系数。

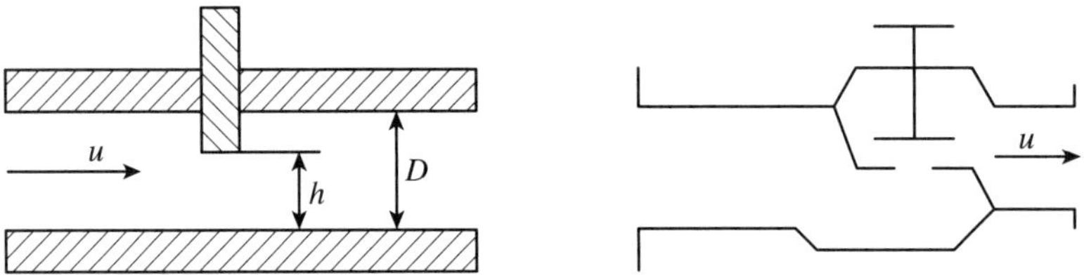

(a) 闸板阀 (b) 截止阀

图 5.24 阀门

表 5.3 阀门局部阻力系数

开度/%	10	20	30	40	50	60	70	80	90	100
闸板阀 ξ	60	15	6.5	3.2	1.8	1.1	0.6	0.3	0.18	0.1
截止阀 ξ	85	24	12	7.5	5.7	4.8	4.4	4.1	4.0	3.9

3. 液压附件

在各种管道中有很多液压附件，液压附件也存在局部水头损失，表 5.4 列举了几种常见的液压附件的局部阻力系数。

表 5.4　液压附件的局部阻力系数

液压附件	图　　形	局部阻力系数
锥形阀口	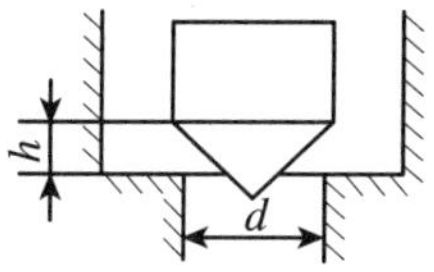	$\xi = 0.6 + 0.15\left(\dfrac{d}{h}\right)^2$
球形阀口	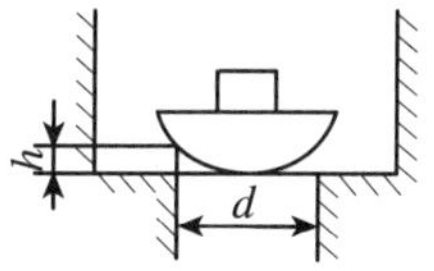	$\xi = 2.7 - 0.8\dfrac{d}{h} + 0.14\left(\dfrac{d}{h}\right)^2$
平口阀口	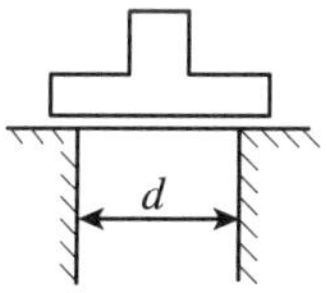	$\xi = 1 \sim 3$
过滤网络	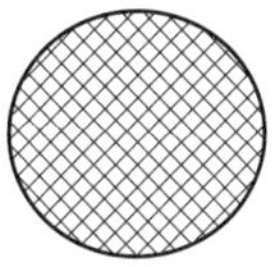	$\xi = (0.0675 \sim 1.575)\left(\dfrac{A}{A_0}\right)^2$ A 为吸口面积；A_0 为网孔有效过流面积

5.8　简单管路计算

管件与附件（如管接头、弯头等）组成一体称为管路。根据管路的构成方式，管路可分为简单管路（管径不变且没有分支）和复杂管路。简单管路是生产实践中最常见的一种，也是复杂管路的组成部分。

根据能量总损失中沿程损失和局部损失所占的比例大小，可把管路分为长管和短管。局部损失与沿程损失之比小于 5% 时，局部损失占比少，可以忽略不计，称为长管（long pipe），否则称为短管（short pipe）。如供水和输油管路为长管，液压技术中的管路为短管。

在第 4 章伯努利方程的应用中，我们忽略了能量损失的计算。下面以简单管路为例，在伯努利方程中介绍采用短管法计算能量损失的方法。

【例 5.4】　水池中引出一根具有三段不同直径的水管，如图 5.25 所示，已知面积 A_1，其直径 $D = 200$ mm；面积 A_2，其直径 $d = 50$ mm，$L = 100$ m，$H = 12$ m，局部阻力系数 $\xi_{进口} = 0.5$，$\xi_{扩大} = (A_2/A_1 - 1)^2$，$\xi_{缩小} = 0.5$，$\xi_{阀} = 0.1$，沿程阻力系数 $\lambda = 0.03$，求管中通过的流量（水的运动黏度 $\nu = 1 \times 10^{-6}\ \mathrm{m^2/s}$）。（注：本题为变径串联管路，为方便说明管路损失计算方法，特编入此节。）

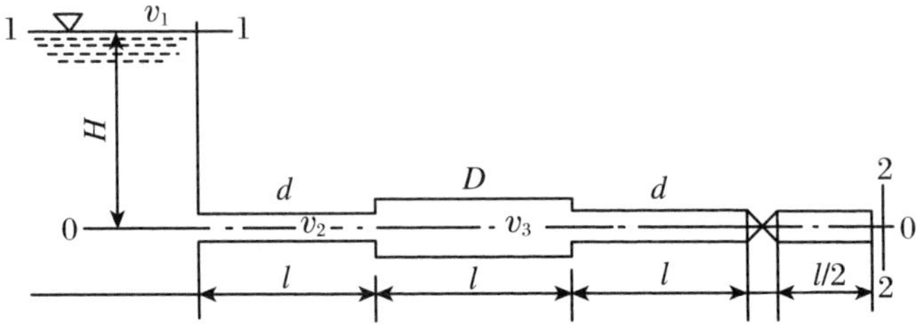

图 5.25　简单管路计算 1

【解】 以管道中心为基准，列截面 1—1 和截面 2—2 的伯努利方程，得

$$z_1 + \frac{p_1}{\rho g} + \frac{v_1^2}{2g} = z_2 + \frac{p_2}{\rho g} + \frac{v_2^2}{2g} + h_w$$

由于 $v_1 \approx 0$，$p_1 = p_2 = p_a$，简化上式得

$$H = h_w + \frac{v_2^2}{2g} = \frac{v_2^2}{2g} + \sum h_{fi} + \sum h_{ji}$$

沿程阻力损失的总和为

$$\sum h_f = 2\lambda \frac{l}{d}\frac{v_2^2}{2g} + \lambda \frac{l}{D}\frac{v_3^2}{2g} + \lambda \frac{l}{2d}\frac{v_2^2}{2g}$$

局部阻力损失的总和为

$$\sum h_j = \xi_{进}\frac{v_1^2}{2g} + \xi_{扩}\frac{v_1^2}{2g} + \xi_{缩}\frac{v_1^2}{2g} + \xi_{阀}\frac{v_1^2}{2g}$$

其中，$\xi_{扩} = \left(\frac{A_2}{A_1} - 1\right)^2 = 0.88$，$v_3 = \left(\frac{d}{D}\right)^2 v_2$。代入已知条件，得 $v_2 = 1.24\ \text{m/s}$，$v_3 = 0.08\ \text{m/s}$，所以流量为

$$Q = \frac{\pi}{4}d^2 v_2 = \frac{\pi}{4} \times 0.05^2 \times 1.24\ \text{m}^3/\text{s} = 2.44 \times 10^{-3}\ \text{m}^3/\text{s}$$

【例 5.5】 如图 5.26 所示，已知虹吸管各段管长 $l_1 = 6$ m，$l_2 = 3$ m，$l_3 = 14$ m，$l_4 = 3$ m。管径 $d = 150$ mm。沿程阻力系数 $\lambda = 0.038$，45°弯头 3 个，阻力系数 $\xi_1 = 0.15$，闸阀 1 个，$\xi_2 = 0.2$，进口阻力系数 $\xi_3 = 1$，出口阻力系数 $\xi_4 = 1$，$H_1 = 2$ m，$H_2 = 4.5$ m。试求管路中的流量和管内最低压强。

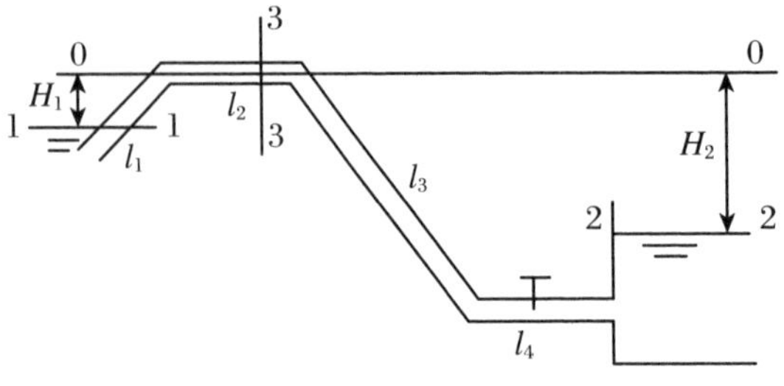

图 5.26　简单管路计算 2

【解】 (1) 求管路中的流量：

以 0—0 为基准，列 1—1 面和 2—2 面的伯努利方程，得

$$-H_1+\frac{p_1}{\gamma}+\frac{v_1^2}{2g}=-H_2+\frac{p_2}{\gamma}+\frac{v_2^2}{2g}+\lambda\frac{\sum l_i}{d}\frac{v^2}{2g}+\sum\xi_i\frac{v^2}{2g}$$

因为 $p_1=p_2=p_a$，$v_1\approx0$，$v_2\approx0$，所以

$$H_2-H_1=\lambda\frac{\sum l_i}{d}\frac{v^2}{2g}+\sum\xi_i\frac{v^2}{2g}$$

代入已知条件，得

$$2.5=0.038\times\left(\frac{6+3+14+3}{0.15}\right)\frac{v^2}{2g}+(3\times0.15+0.2+1+1)\frac{v^2}{2g}$$

解得 $v=2.3\ \mathrm{m/s}$，所以流量为

$$Q=v\times\frac{\pi d^2}{4}=2.3\times\frac{3.14\times0.15^2}{4}\ \mathrm{m^3/s}=40.6\ \mathrm{L/s}$$

（2）求管内最低压强：

以 1—1 为基准，列 1—1 面和 3—3 面的伯努利方程，得

$$\frac{p_a}{\gamma}=H_1+\frac{p_3}{\gamma}+\frac{v^2}{2g}+\lambda\frac{\sum l_i}{d}\frac{v^2}{2g}+\sum\xi_i\frac{v^2}{2g}$$

则

$$p_a-p_3=\gamma H_1+\gamma\left(1+\lambda\frac{\sum l_i}{d}+\sum\xi_i\right)\frac{v^2}{2g}$$

代入已知条件，得

$$p_a-p_3=9800\times2+9800\times\left[1+0.038\times\frac{6+3}{0.15}+(1+0.15)\right]\times\frac{2.3^2}{2g}\ \mathrm{Pa}=31200\ \mathrm{Pa}$$

即管内最低压强真空度为

$$p_v=p_a-p_3=31200\ \mathrm{Pa}$$

5.9　复杂管路计算

上一节介绍简单管路的水利计算。简单管路是生产实践中最常见的一种，也是复杂管路的组成部分。根据管路的构成方式，复杂管路又可以分为串联管路和并联管路。

5.9.1　串联管路

由直径不同的管段连接起来的管路，称为串联管路。串联管路中传输的流量不变，即 $q_1=q_2=\cdots=q_n=q$。由于管径不同，每段管路长短也不同，管路的总损失为沿程损失和局部损失之和，即

$$h_w=\sum h_{fi}+\sum h_{jj}=\sum\lambda_i\frac{l_i}{d_i}\frac{u_i^2}{2g}+\sum\xi_j\frac{u_j^2}{2g}\tag{5.9.1}$$

式中，l_i 为每段管路长度；λ_i 为第 i 段管路的阻力系数（查表）；u_i 为第 i 段管路的流速，$u_i=$

q/A_i；ξ_j 为第 j 个局部阻力系数；u_j 为第 j 个局部后的流速，$u_j = q/A_j$（i 不一定等于 j）。

对于长管，沿程损失占主导地位，局部损失 $\sum \xi_j \dfrac{u_j^2}{2g}$ 可不计，则

$$h_w = \sum h_{fi} = \sum \lambda_i \frac{l_i}{d_i} \frac{u_i^2}{2g} = \sum \lambda_i \frac{l_i}{d_i} \frac{q^2}{A_i^2 \times 2g} = \sum \lambda_i \frac{l_i}{d_i} (\overline{A}_i)^2 \frac{q^2}{2A_1^2 g} \tag{5.9.2}$$

式中，$\overline{A}_i$ 为无因次面积（面积比值），$\overline{A}_i = A_1/A_i$。

对于管径不变的单一管路，式(5.9.1)可简化为

$$h_w = \left(\sum \lambda_i \frac{l_i}{d_i} + \sum \xi_j\right)\frac{u^2}{2g} = \left(\frac{\lambda}{d}\sum l_i + \sum \xi_j\right)\frac{u^2}{2g} \tag{5.9.3}$$

对于管径不变的单一长管，局部损失不计 $\left(\sum \xi_j = 0\right)$，则

$$H_w = \sum h_f = \frac{\lambda}{d} \frac{u^2}{2g} \sum l_i = \lambda \frac{L}{d} \frac{u^2}{2g} = BLq^2 = \frac{Lq^2}{K^2} \tag{5.9.4}$$

式中，H 为净水头损失（作用水头）；L 为管路总长，$L = \sum l_i$，l_i 为分段长度；K 为流量系数，单位为 m^3/s，可以从有关手册中查出；B 为系数，$BK^2 = 1$，$B = \dfrac{8\lambda}{g\pi^2 d^5}$，单位为 $(m^3/s)^{-2}$，d 为管内径，B 可从有关手册中查出。

式(5.9.4)为计算长管流的基本公式，该式略去了 λ 的烦琐分析和计算，可根据管径大小、新旧和光滑程度，从有关手册中查出 K 或 B 的值，在工程上这种计算方法比较方便。

5.9.2 并联管路

有分支且并接两根以上管段的管路，称为并联管路。

并联管路如图 5.27 所示，液流自 A 点三支分流到 B 点又三支并流。管路 1、2、3 的损失水头是相同的，即 AB 间的损失水头为

$$h_f = h_{f1} = h_{f2} = h_{f3}$$

或

$$h_f = B_1 l_1 q_1^2 = B_2 l_2 q_2^2 = B_3 l_3 q_3^2 \tag{5.9.5}$$

按流量连续定理，得

$$q = q_1 + q_2 + q_3 = \sqrt{\frac{h_f}{B_1 l_1}} + \sqrt{\frac{h_f}{B_2 l_2}} + \sqrt{\frac{h_f}{B_3 l_3}} \tag{5.9.6}$$

以上两式即为并联管路的基本方程。

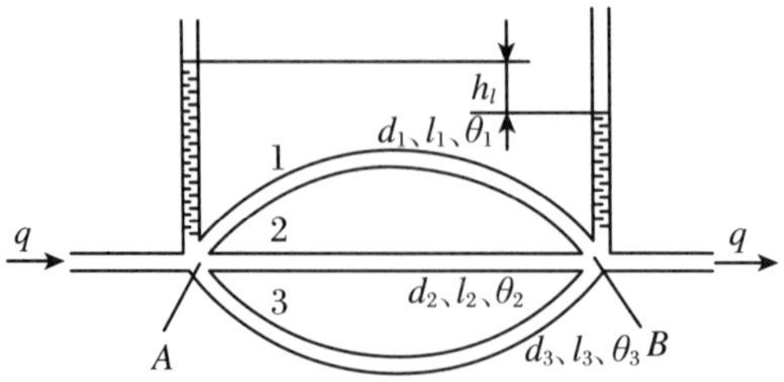

图 5.27 并联管路

5.9.3　分支管路

分支管路如图5.28所示，分支点 A 的位置高度为 z，压力水头为 h。三分支管路的位置标高依次为 z_1、z_2、z_3，压力水头依次为 h_1、h_2、h_3，流量依次为 q_1、q_2、q_3，则

$$\begin{cases} q = q_1 + q_2 + q_3 \\ H - (z + h) = Blq^2 \\ (z + h) - (z_1 + h_1) = B_1 l_1 q_1^2 \\ (z + h) - (z_2 + h_2) = B_2 l_2 q_2^2 \\ (z + h) - (z_3 + h_3) = B_3 l_3 q_3^2 \end{cases} \tag{5.9.7}$$

根据式(5.9.7)可解决分支管路的各种问题。

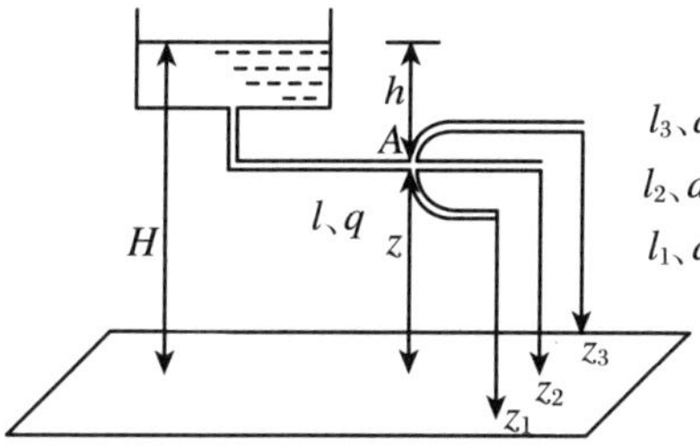

图5.28　分支管路

5.9.4　管网计算

由简单管路、串联管路和并联管路组合而成的管路，称为管网。管网广泛应用在供水供热、中央空调等系统中，从结构上又可分为枝状管网和环状管网。

1. 枝状管网的水力计算

如图5.29所示，A—B—C—D 为管网主干管，由三段管串联组成，在 B 和 C 点处各分出一枝管，枝状管网因而得名。枝状管网的计算主要是确定各管段管径；根据水头损失的大小，确定总作用水头；最后计算或校核各管道的流量。

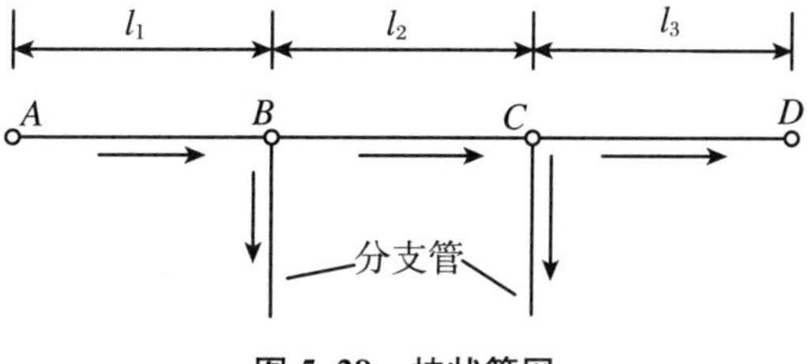

图5.29　枝状管网

(1) 管网的计算要用到经济流速 u_e，即能使管网系统综合费用最小化的流速 u_e。在确定经济流速后，根据经验公式

$$d = \sqrt{\frac{4q}{\pi u_e}} \tag{5.9.8}$$

计算出管段管径 d。

(2) 选择流量最大且水头最高的管为主干管,由下到上计算各管段的水头损失,则总水头损失就是各管段水头损失之和 $\sum h_w$ 加上各出口处的压强水头之和 $\sum h_e$,即

$$H = \sum h_w + \sum h_e \tag{5.9.9}$$

(3) 最后根据连续性方程,计算出各管段的流量。

2. 环状管网的水力计算

图 5.30 所示为一种环状管网系统,该管网由两个闭合管环组成,水流由 A 点进入,分别从 B、C、D、E、F 节点流出。根据水流流动的特点,有下面两个计算条件:

(1) 任意节点处所有流入的流量等于所有流出的流量,即流经任一节点流量代数和为零:

$$\sum q_r = 0 \tag{5.9.10}$$

(2) 对于任意闭合管环,任意两节点间,沿不同的管线计算的水头损失相等。如图 5.30 所示,对于 A、C 两点,水流沿 $A—B—C$ 方向流动的水头损失之和等于沿 $A—E—C$ 方向流动的水头损失之和,即

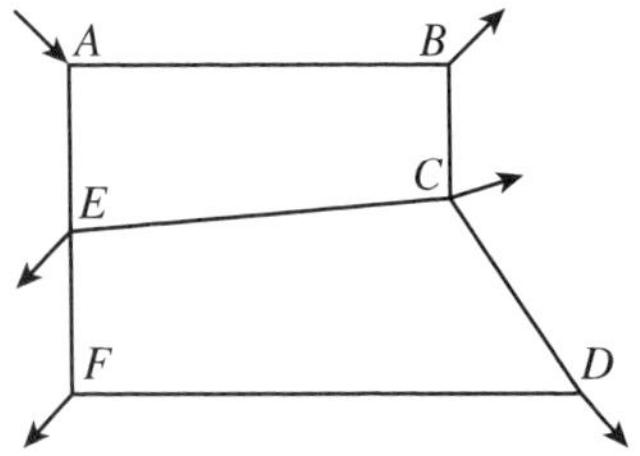

图 5.30 环状管网

$$h_{fAB} + h_{fBC} = h_{fAE} + h_{fEC} \tag{5.9.11}$$

对上面的六个节点分别列出方程,联立求解的计算过于繁杂,所以工程上一般采用逐步渐进法进行计算。首先根据各节点的情况,初步拟定管网各管段的流动方向,并对各管段的流量进行分配,初步分配流量 q,使之满足 $\sum q_r = 0$;然后根据经济流速公式,选定各管径;最后计算各段的水头损失,使之满足条件(2),如水头损失的代数和不为零,则要对分配的流量进行校正,直至满足为止。

校正流量 Δq 公式为

$$\Delta q = -\frac{\sum h_f}{2\sum \dfrac{h_{fr}}{q_r}} \tag{5.9.12}$$

式中,$\sum h_f$ 为环内各管段水头损失代数和,单位为 m;$\sum \left|\dfrac{h_{fr}}{q_r}\right|$ 为环路内各段水头损失 h_{fr} 与相应管段流量 q_r 之比绝对值总和。

校正后的各段流量 q' 为

$$q' = q + \Delta q \tag{5.9.13}$$

除上面解法以外,还可以使用有限单元法进行计算。此外,把管网的参数编成程序由计算机辅助执行,不仅速度更快,计算结果也更准确。计算机编程请参考有关书目。

【例 5.6】 如图 5.31 所示,两水池的水位差 $H = 24$ m,$l_1 = l_2 = l_3 = l_4 = 100$ m,$d_1 = d_2 = d_4 = 100$ mm,$d_3 = 200$ mm,沿程阻力系数 $\lambda_1 = \lambda_2 = \lambda_4 = 0.025$,$\lambda_3 = 0.02$,除阀门以外,其他局部阻力损失忽略。

(1) 阀门局部阻力损失系数 $\xi=30$,试求阀门打开时管路中的流量。

(2) 如果阀门关闭,求管路中的流量。

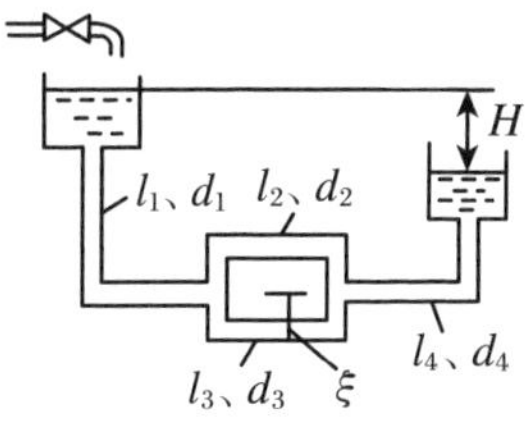

图 5.31　复杂管路计算

【解】 首先求得短路的阻力综合系数 k_1,则

$$k_1 = \frac{8\lambda_1 l_1}{\pi^2 g d_1^5} = 20656.7$$

$$\xi = \lambda \frac{l_e}{d}, \quad l_e = \frac{\xi d}{\lambda}$$

$$k_3 = \frac{8\lambda_3 (l_3 + l_e)}{\pi^2 g d_3^5} = 2065.67$$

于是

$$k_1 = k_2 = k_4 = 10k_3$$

(1) 求阀门打开时管路中的流量:

$$\frac{1}{\sqrt{k}} = \frac{1}{\sqrt{k_2}} + \frac{1}{\sqrt{k_3}}, \quad k = \left(\frac{\sqrt{k_2}\sqrt{k_3}}{\sqrt{k_2}+\sqrt{k_3}}\right)^2$$

$$H = (k_1 + k + k_4)q^2$$

$$q = 23.75 \text{ L/s}$$

(2) 求阀门关闭(串联)时管路中的流量:

$$H = (k_1 + k_2 + k_4)q^2$$

$$q = 19.6 \text{ L/s}$$

5.10　压力管路中的水锤

由于阀门突然关闭、水泵突然启动或停止等原因,管路中液体局部压强的瞬间变化而引起压力波在管内振荡的现象,称为水锤或水击现象。急剧上升的压力波在管中传播,会产生一种犹如锤子敲击管道的声音,水锤因而得名。

5.10.1　水锤现象的发生过程

如图 5.32 所示,长度为 L 的管道一端连接大容器,另一端通过阀门出流。正常流动时,各点流速均为 u_0,即 $u_A = u_B = u_0$;忽略水头损失,管内各点压强也相等,即 $p_A = p_B = p_0$(其中 $p_0 = H\rho g$)。下面将分四个阶段分析水锤现象的发生过程。

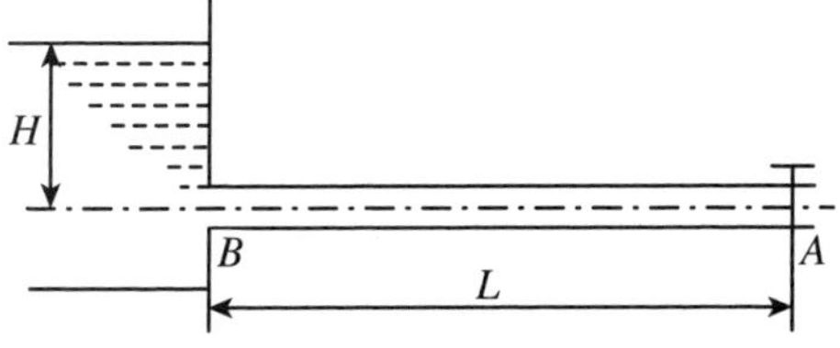

图 5.32　水锤现象

1. 从阀门向管口全线静止和增压的过程

当阀门突然关闭时,$t=0^+$,靠近 A 点的薄层流度立即降为零,压力升高 Δp;这一过程依次

以一定的速度从 A 向 B 传播，当 $t=\frac{L}{C}=T$ 时，B 点的状态就为 $t=0^+$ 时 A 点的状态。因而当 $0^+\leqslant t\leqslant T$ 时，是全线由 A 到 B 的依次停止流动和增压的过程。这一过程在 $t=T$ 时完成。

2. 从管口向阀门全线减压过程

当 $t=T$ 时，B 点的速度 $u_B=0$，压力 $p_B=p_0+\Delta p$。由于 p_B 高于大容器 B 左侧的压力 p_0，因此当 $t=T^+$ 时，B 处的流体反向流动。这一速度为 $u_B=-u_0$（流体以 u_0 冲入容器），同时压力由 $p_0+\Delta p$ 恢复到 p_0，当 $t=2T$ 时，A 点处的压力由 $p_0+\Delta p$ 恢复到 p_0，A 点的流速为 $u_A=-u_0$。在 $t=2T$ 瞬间，液流以 $-u_0$ 反向流动，各点压力与 $t=0$ 时相等。

3. 从阀门向管口全线流速由 $-u_0$ 到零的降压过程

当 $t=2T^+$ 瞬间，A 处的液体开始向 B 方向流动，使 A 处形成真空趋势，但压力下降抑制了液体的反向流动，故 $t=2T^+$ 瞬间 $u_A=0$，$p_A=p_0-\Delta p$，这一过程依次向 B 点传播，当 $t=3T$ 时完成这一过程。在 $t=3T$ 瞬间，AB 之间的管路中液体的速度归零，各点压力均下降 Δp，B 点的压力降为 $p_B=p_0-\Delta p$。

4. 从管口向阀门全线流速恢复和压力恢复过程

在 $t=3T^+$ 时，大容器内的液体压力高于 B 点的压力，以速度 u_0 流过 B 点，使 B 点附近液体压力升高为 p_0，这一过程依次从 B 向 A 推进，即任意点的速度由零变为 u_0 的瞬间，压力升高 Δp；当 $t=4T$ 时，A 点的速度为 u_0，压力 $p_0-\Delta p$ 升为 p_0，如同 $t=0$ 时的状态。

在理想的条件下，它将一直重复这四个阶段传播下去。而实际中，压力波的传播过程必然有能量损失，水锤压强不断衰弱。图 5.33 所示分别为理想情况和实际情况下阀门 A 点的压力变化规律。

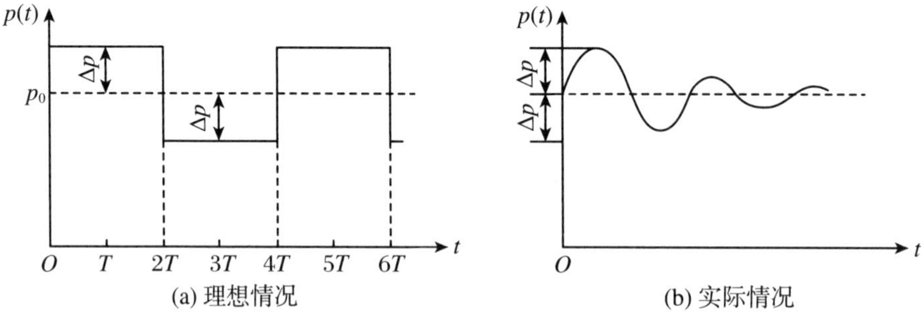

图 5.33 理想情况和实际情况下阀门 A 点的压力变化规律

5.10.2 水锤压强的计算公式

在了解了水锤产生的原因和传播过程后，下面进一步研究水锤压强的计算公式，为设计压力管道及其控制运行提供依据。

如图 5.34 所示，在阀门突然关闭时，假定在 $\mathrm{d}t$ 时间内，水波传播了 $\mathrm{d}x$，则水波的传播速度 $c=\frac{\mathrm{d}x}{\mathrm{d}t}$，且 1—1 面上的压力增量 $\mathrm{d}p$ 传递到 2—2 面上，在管道的 $\mathrm{d}x$ 段液体在 $\mathrm{d}t$ 瞬间

内压力变为 $p+\mathrm{d}p$，则液体受压缩，密度 ρ 增加到 $\rho+\mathrm{d}\rho$；同时管道为弹性体，其面积 A 变为 $A+\mathrm{d}A$。

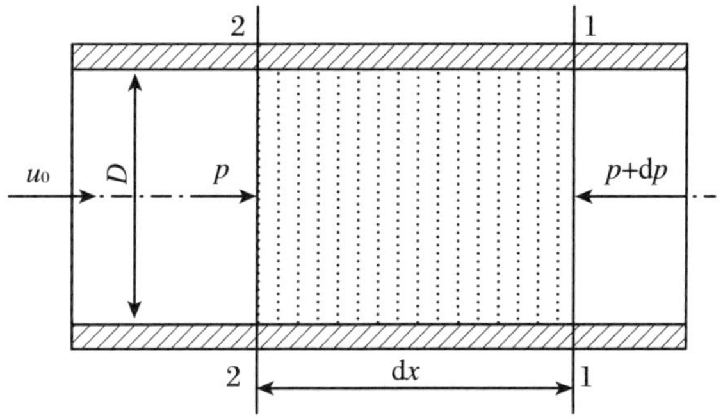

图 5.34　水锤微元

根据动量定理，列 1—1 面和 2—2 面之间的动量方程，得

$$[(p+\mathrm{d}p)(A+\mathrm{d}A)-pA]\mathrm{d}t=(\rho A\mathrm{d}x)u_0 \tag{5.10.1}$$

代入 $c=\dfrac{\mathrm{d}x}{\mathrm{d}t}$ 并略去高阶无穷小项，化简得

$$\mathrm{d}p=\rho c u_0 \tag{5.10.2}$$

上式即为水锤压强的计算公式。

5.10.3　水锤压强波的传播速度

上一小节中已经分析了水锤压强，同样地，如图 5.34 所示，取 dx 微元柱体，阀门突然关闭，假定在 dt 时间内，质量增加量 dm 为

$$\mathrm{d}m=(\rho+\mathrm{d}\rho)(A+\mathrm{d}A)\mathrm{d}x-\rho A\mathrm{d}x \tag{5.10.3}$$

根据流量连续定理，dx 段内的质量增加量等于管内流体以速度 u_0 在 dt 时间内流过未变形管道断面 A 的液面的质量 $\rho u_0 A\mathrm{d}t$，即

$$(\rho+\mathrm{d}\rho)(A+\mathrm{d}A)\mathrm{d}x-\rho A\mathrm{d}x=\rho u_0 A\mathrm{d}t \tag{5.10.4}$$

代入 $c=\dfrac{\mathrm{d}x}{\mathrm{d}t}$ 并在左边展开后略去高阶无穷小项，化简得

$$u_0=c\left(\frac{\mathrm{d}\rho}{\rho}+\frac{\mathrm{d}A}{A}\right) \tag{5.10.5}$$

根据流体可压缩性公式 $\mathrm{d}V=-V\dfrac{\mathrm{d}p}{\beta_e}$，可得

$$\frac{\mathrm{d}\rho}{\rho}=-\frac{\mathrm{d}V}{V}=\frac{\mathrm{d}p}{\beta_e} \tag{5.10.6}$$

式中，ρ、dρ 分别为流体密度及其增量；dp 为压力增量；β_e 为流体的体积弹性模量；V、dV 分别为控制域内的流体体积及增量。

由 $A=\dfrac{\pi}{4}D^2$，$\mathrm{d}A=\dfrac{\pi}{2}D\mathrm{d}D$，得

$$\frac{\mathrm{d}A}{A}=2\frac{\mathrm{d}D}{D} \tag{5.10.7}$$

由材料力学知,管壁弹性模量 E 与管件径向变形关系为

$$E = \frac{\mathrm{d}\sigma}{\mathrm{d}D/D} \tag{5.10.8}$$

式中,σ 为管壁内应力,$\mathrm{d}\sigma = \frac{\mathrm{d}pD}{2\delta}$;$E$ 为管件的弹性模量。

由上述分析可得出

$$\frac{\mathrm{d}A}{A} = \frac{D\mathrm{d}p}{\delta E} \tag{5.10.9}$$

将式(5.10.6)和式(5.10.9)代入式(5.10.5),得

$$u_0 = c\left(\frac{1}{\beta_e} + \frac{D}{\delta E}\right)\mathrm{d}p \tag{5.10.10}$$

或

$$\mathrm{d}p = \frac{u_0\beta_e}{c\left(1 + \frac{D\beta_e}{\delta E}\right)} \tag{5.10.11}$$

将上式和式(5.10.2)联立并化简,得

$$c = \sqrt{\frac{\beta_e}{\rho}} \Big/ \sqrt{1 + \frac{D\beta_e}{\delta E}} \tag{5.10.12}$$

式中,c 为压力波的传播速度。对于刚性管壁$E \to \infty$,则

$$c_0 = \sqrt{\frac{\beta_e}{\rho}} \tag{5.10.13}$$

式(5.10.13)即压力液(声波)的传播速度公式,称为茹科夫斯基(俄)公式。

5.10.4 水锤的减弱

水锤现象形成的压力冲击对管路是十分有害的。在不能完全消除水锤现象的情况下,必须设法减弱水锤的影响。由前面分析知,突然关闭阀门的压力波变化周期 $T_0 = 4T = 4\frac{L}{c}$;保持稳定周期 $t_0 = 2T = 2\frac{L}{c}$。若阀门关闭时间为 T_s,当 $T_s < T_0$ 时,压力波将在管路中交替传播,形成的水击为直接水击;当 $T_s > T_0$,压力波折回阀门处时,因阀门尚未完全关闭,这时的水击为间接水击。间接水击压强可近似为

$$\Delta p = \frac{\rho c u_0 t_0}{T_s} = 2\frac{\rho u_0 L}{T_s} \tag{5.10.14}$$

由式(5.10.14)知,以下措施可以减弱水锤的影响:

(1) 缓慢关闭阀门(延长关闭时间 T_s)和缩短管道长度可显著减小 Δp;

(2) 在管路中安装蓄能器可吸收冲击的能量,减弱压力冲击;

(3) 在管路中可以安装安全阀,限制最大冲击压力,从而保护管路安全。

本章小结

(1) 管路中水头损失由管道内黏性摩擦产生的沿程阻力损失和管路构件对流动扰动产生的局部阻力损失组成。管路中两点间的总水头损失是沿程阻力损失和局部阻力损失之和。

(2) 沿程阻力损失和局部阻力损失计算通式中的沿程阻力系数和局部阻力系数与流体的流动状态和管路的构件有关。

(3) 不可压缩流体管道内流动有层流和湍流两种状态，用 $Re=\dfrac{\rho vd}{\mu}=\dfrac{vd}{\nu}$ 判别。临界雷诺数为 $Re=2320$。

(4) 沿程损失的计算通式为 $h_\mathrm{f}=\lambda\dfrac{L}{d}\dfrac{v^2}{2g}$，其中层流沿程阻力系数 $\lambda=\dfrac{64}{Re}$，湍流沿程阻力系数可以用经验公式法或查莫迪图得到。

(5) 局部损失计算通式为 $h_\mathrm{j}=\xi\dfrac{v^2}{2g}$，局部阻力系数 ξ 与构件形状有关，大部分可以查相关图表得到。一些情况下，如突然扩大管的局部阻力系数，需要按公式计算得到。

(6) 工程中有多种管路结构及相应的流动特征，可以根据流动特征进行管道流动计算，具体有：

(a) 串联管路：$q=q_1=q_2=q_3=\cdots$ 和 $h_\mathrm{f}=h_{\mathrm{f}1}+h_{\mathrm{f}2}+h_{\mathrm{f}3}+\cdots$；

(b) 并联管路：$q=q_1+q_2+q_3=\cdots$ 和 $h_\mathrm{f}=h_{\mathrm{f}1}=h_{\mathrm{f}2}=h_{\mathrm{f}3}=\cdots$；

(c) 分支管路：$q_1=q_2+q_3$ 和管路中所有公共节点处水头 H 相等；

(d) 管网：流进某个节点的流量必然等于流出节点的流量，单管内的流动满足黏性摩擦定律及任意一个闭合环路内水头损失的代数和为0。

(7) 管路中阀门突然关闭，导致管路中液体速度和动量发生急剧变化，引起液体压力大幅度地波动的现象，称为水锤或水击现象。

思考与练习

5.1　沿程阻力损失与局部阻力损失的定义分别是什么？说明二者产生的原因、发生流段及计算通式。

5.2　说明流体流动的两种状态、流动状态的判断准则及其表达式。直径相同的管中流过相同的流体，当流速相等时，它们的雷诺数是否相等？当流过不同的流体时，它们的临界雷诺数相等吗？考虑同一种流体分别在直径为 d 的圆管和水力直径为 d_i 的矩形管中做有压流动，当 $d=d_i$ 且速度相等时，它们的流态是否相同？

5.3　说明圆管层流速度分布及其剪切力分布规律，以及平均流速与最大流速的关系。

5.4　说明圆管湍流结构。何为水力光滑管与水力粗糙管？

5.5　半径为 r_0 的管中的流动是层流，流速恰好等于管内平均流速的地方到管轴的距离等于多大？

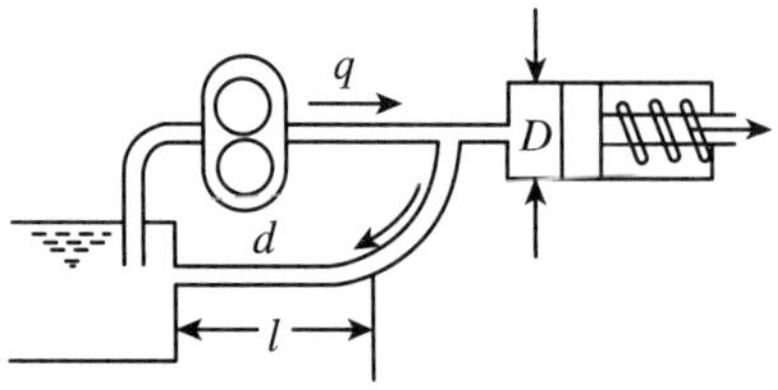

图 5.35　题 5.6 图

5.6　如图 5.35 所示，流量为 $q=0.3$ L/s 的油泵与 $l=0.7$ m 的细管组成一循环油路，借以保持直径为 $D=30$ mm 的调速阀位置恒定。已知油的动力黏度 $\mu=0.03$ Pa·s，密度 $\rho=900$ kg/m^3，调速阀上的弹簧压缩量 $s=6$ mm，弹簧刚度 $P_c=8$ N/mm。为使调速阀恒定，细管直径 d 应为多少？（管路中其他阻力忽略不计，只计细管中的沿程阻力）

5.7　做沿程水头损失实验的管道直径 $d=1.5$ cm，测量段长度 $l=4$ m，水温 $T=5$ ℃，动力黏度为 1.518×10^{-3} Pa·s，运动黏度为 1.519×10^{-6} m^2/s。试求：

（1）当流量 $q=0.03$ L/s 时，管中的流态；

（2）此时的沿程水头损失系数 λ；

（3）此时测量段的沿程水头损失 h_f；

（4）为保持管中为层流，测量段最大水头差 $\dfrac{p_1-p_2}{\gamma}$。

5.8　有一旧的生锈铸铁管路，直径 $d=300$ mm，长度 $l=200$ mm，流量 $q=0.25$ m^3/s，取粗糙度 $\Delta=0.6$ mm，水温 $t=10$ ℃，动力黏度为 1.308×10^{-3} Pa·s，运动黏度为 1.308×10^{-6} m^2/s。试分别用公式法和查图法求沿程水头损失 h_f。

5.9　有一图 5.36 所示的水平突然扩大管路，已知直径 $d_1=5$ cm，直径 $d_2=10$ cm，管中水流量 $Q=0.02$ m^3/s。试求 U 形水银压差计中的压差读数 Δh。

5.10　流速由 v_1 变到 v_2 的突然扩大管路，如分为两次扩大（图 5.37），中间流速 v 取何值时，局部损失最小？此时局部损失为多少？并与一次扩大时比较。

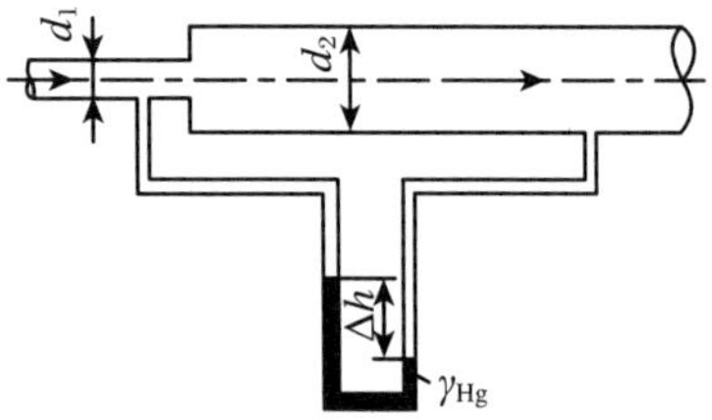

图 5.36　题 5.9 图

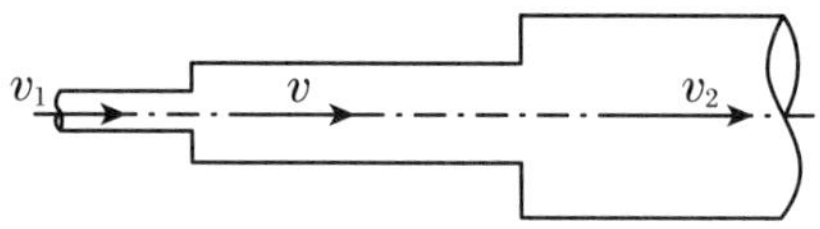

图 5.37　题 5.10 图

5.11　如图 5.38 所示，某管直径为 200 mm，流量为 60 L/s，该管原有一个 90°的折角，今欲减少其水头损失，拟换为两个 45°的折角，或换为一个 90°的缓弯（转弯半径 R 为 1 m）。试问后两者与原折角相比，各减少局部水头损失若干？哪个减少得最多？

5.12　为测定 90°弯管的局部水头损失系数 ξ 的值，可采用图 5.39 所示的装置。已知 AB 段管长为 10 cm，管径为 50 mm，在阻力平方区情况下，沿程阻力系数 λ 为 0.03。今通过流量为 2.74 L/s，管中水流处于阻力平方区，测得 1、2 两侧压管的水面高度差 h 为 62.9 cm。试求弯管的局部水头损失系数 ξ 的值。

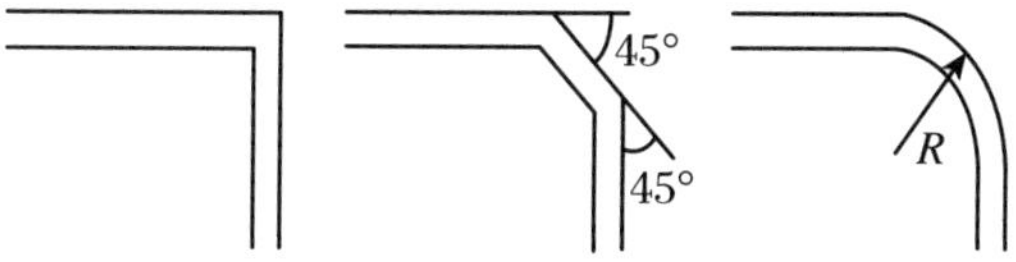

图 5.38　题 5.11 图

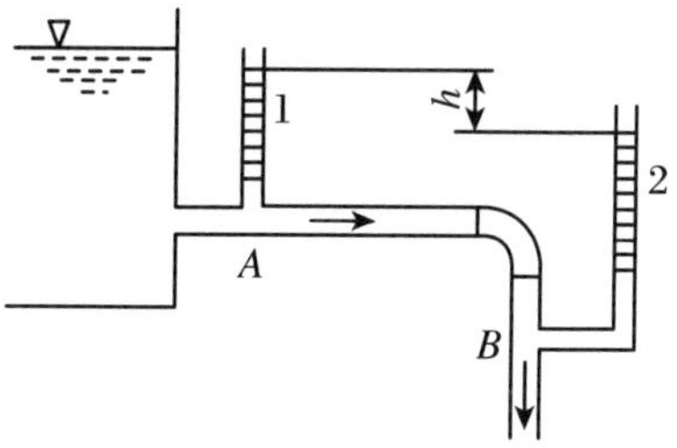

图 5.39　题 5.12 图

5.13　测定一 90°弯头的局部阻力系数如图 5.40 所示，在 A、B 两断面接测压管，已知管路直径 $d=50$ mm，AB 段管长 $l=10$ m，流量 $Q=2.74$ L/s，沿程阻力系数 $\lambda=0.03$，测压管水头差 $\Delta h=0.629$ m，求弯头的局部阻力系数 ξ 的值。

5.14　图 5.41 所示为某离心式水泵的吸水管，已知 $d=100$ mm，$l=8$ m，$q=20$ L/s，泵进口处最大允许真空度 $P_2=68.6$ kPa，此管路中有带单向底阀的吸水网一个，$\frac{d}{r}=1$ 的 90°圆管弯头两个，试问允许装机高度(即 H_s)为多少？(管子系旧的生锈钢管)

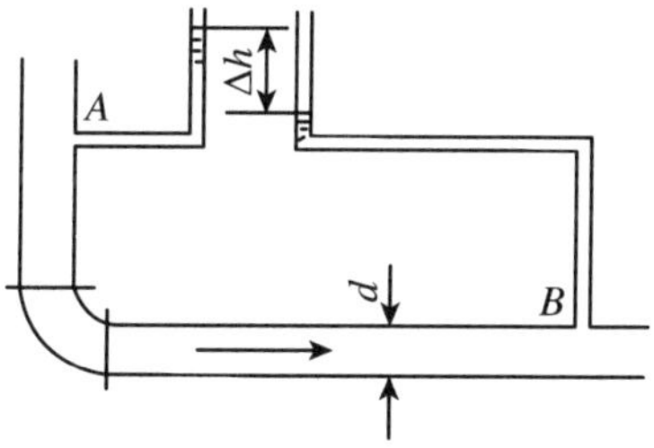

图 5.40　题 5.13 图

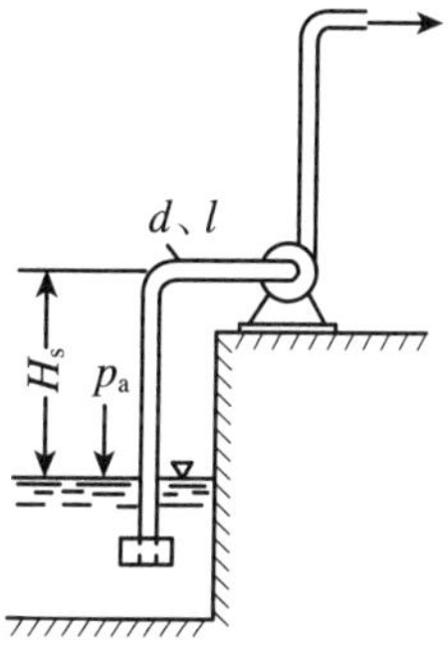

图 5.41　题 5.14 图

5.15　如图 5.42 所示，虹吸管将 A 池中的水输送到 B 池，已知管长 $l_1=3$ m，$l_2=5$ m，直径 $d=75$ mm，两池水面差 $H=2$ m，最大超高 $h=1.8$ m，进口阻力系数 $\xi_{en}=1.0$，出口阻力系数 $\xi_{ex}=1.0$，转弯的阻力系数 $\xi_b=0.2$，沿程阻力系数 $\lambda=0.025$，求流量 Q 及管道 C 点的真空度。

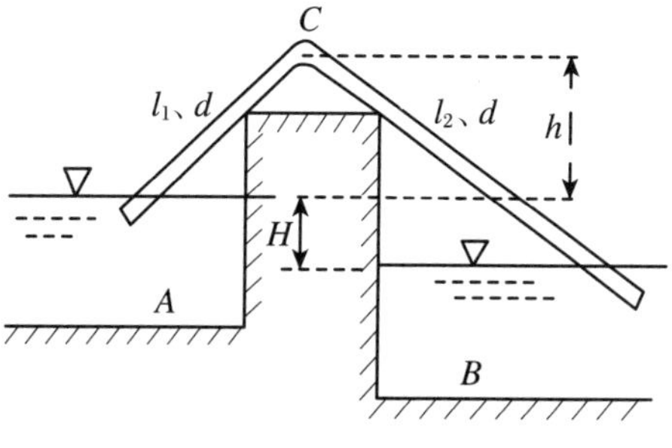

图 5.42　题 5.15 图

5.16　图 5.43 所示为正常铸铁管串联供水管路。已知 $d_1=300$ mm，$l_1=150$ m，$q_1=80$ L/s；$d_2=200$ mm，$l_2=100$ m，$q_2=50$ L/s；$d_3=100$ mm，$l_3=50$ m，$q_3=30$ L/s。试求水

塔高度 H。

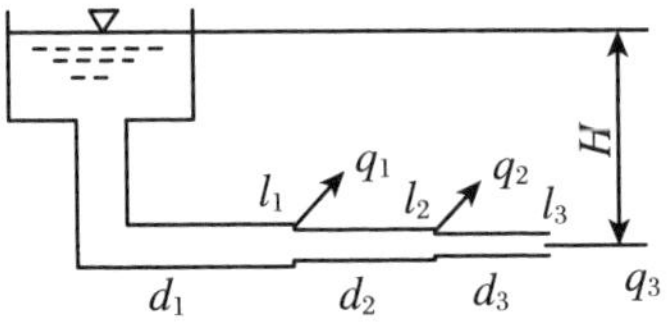

图 5.43　题 5.16 图

5.17　如图 5.44 所示，水由水塔 A 流出至 B 点后有三支管路，至 C 点又合三为一，最后流入水池 D，各管段尺寸分别为 $d_1=300$ mm，$l_1=500$ m；$d_2=250$ mm，$l_2=300$ m；$d_3=400$ mm，$l_3=800$ m；$d_{AB}=500$ mm，$l_{AB}=800$ m；$d_{CD}=500$ mm，$l_{CD}=400$ m。管子为正常情况，B 点的流量为 250 L/s。试求全段管路损失水头。

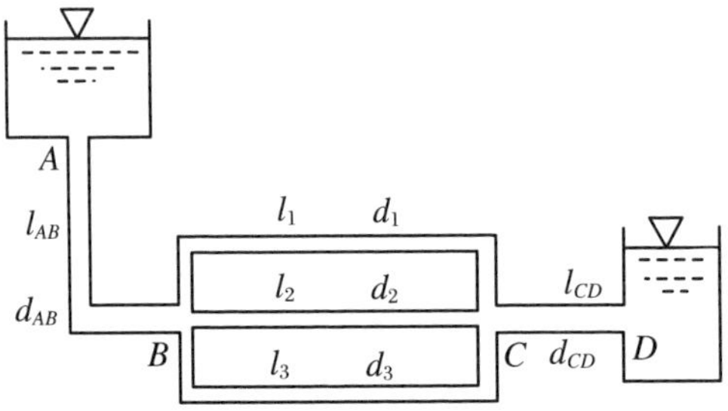

图 5.44　题 5.17 图

5.18　如图 5.45 所示，由水塔供水的输水管由三段铸铁管（$n=0.0125$）串联而成，中段为均匀泄流管道。已知 $l_1=300$ m，$d_1=200$ mm；$l_2=200$ m，$d_2=150$ mm；$l_3=100$ m，$d_3=100$ mm。节点 B 分出的流量 $q_1=15$ L/s，中段单位管长泄出的流量 $q=0.1$ L/s，管路末端通过的流量 $Q_3=10$ L/s。试求需要的水头。

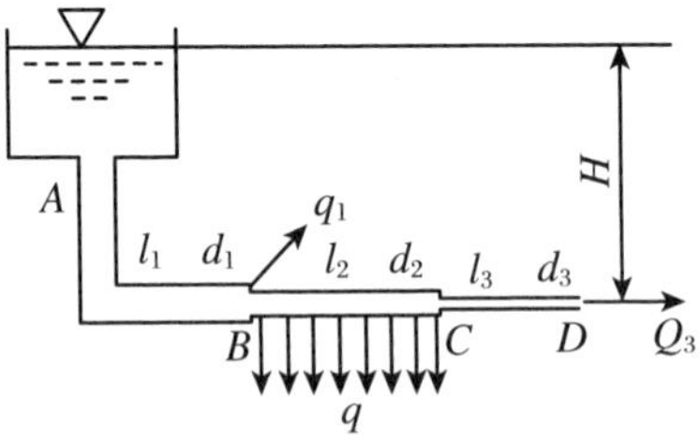

图 5.45　题 5.18 图

第6章　孔口出流

6.1　孔口分类

在容器壁上开孔，液体经孔口流出的水力现象就称为孔口出流。孔口出流是一个有着广泛应用的实际问题，大如水利工程上的闸孔，小如黏度计上的针孔。孔口出流在许多领域中都能见到，例如机械制造的液压技术中换向阀、减压阀、节流阀、溢流阀等处都是孔口出流问题。对于孔口出流问题，除考虑能量损失以外，还需要研究不同孔口出流情况下的出流速度及流量。

流体从孔口出流的情况多种多样，根据孔口管嘴结构和出流条件，可以分为自由出流(图6.1)和淹没出流(图6.2)。如果流体从孔口流出后进入大气，则称为自由出流；如果流体从孔口流出后仍进入充满液体的空间，则称为淹没出流。相应的孔口称为自由或淹没出流口。

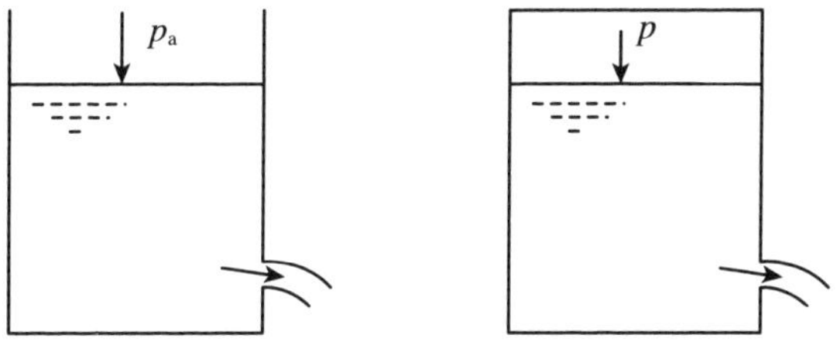

(a) 自由状态下自由出流　　(b) 压力条件下自由出流

图6.1　自由出流

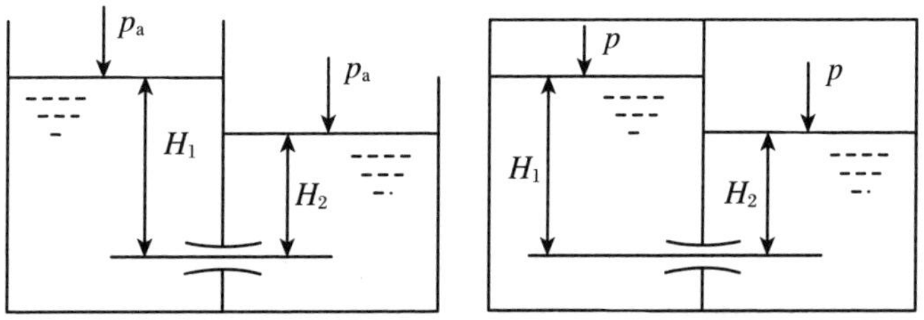

(a) 自由状态下淹没出流　　(b) 压力条件下淹没出流

图6.2　淹没出流

1. 小孔口和大孔口

小孔口和大孔口是根据孔口出流速度的均匀性来界定的。根据伯努利方程，流体的出流速度与该点的总势头$\left(H+\frac{p}{\gamma}\right)$有关。若孔口中心距离液面 $H\geqslant 10d$（d 为孔口直径），则孔口上各点的总势头差可不计，即孔口各点的速度可以认为是同一常数，那么这样的孔口称为小孔口，否则称为大孔口。

2. 薄壁孔口和厚壁孔口

如图 6.3 所示，若出流孔口的壁厚为 l，孔口直径为 d，则当 $l>3d$ 时称为厚壁孔，即管嘴，反之称为薄壁孔。管嘴根据其形状不同可分为多种类型：圆柱形外伸管嘴[图 6.4(a)]和内管嘴[图 6.4(b)]；渐缩管[图 6.4(c)]和圆锥形渐扩[图 6.4(d)]及线性管嘴[图 6.4(e)]。对于管嘴流，通常以圆柱形外伸管嘴（厚壁孔口）为研究对象。

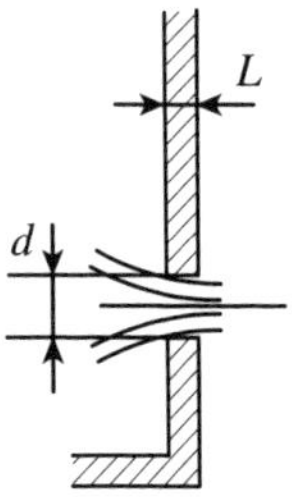

图 6.3 薄壁小孔

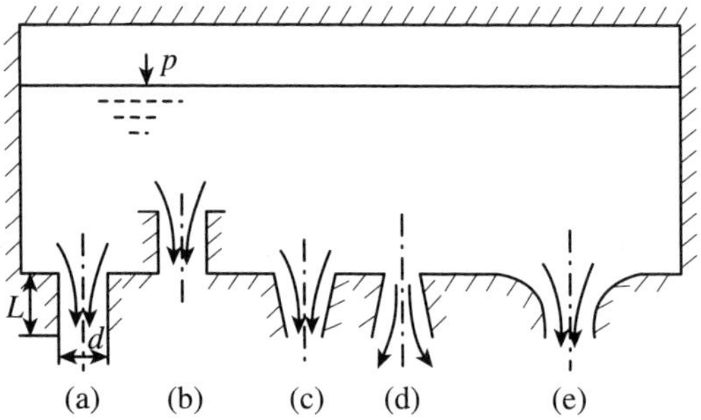

图 6.4 管嘴(厚壁孔)出流

6.2 薄壁孔出流

6.2.1 薄壁孔恒定自由出流

如前所述，自由出流是指流出孔口的液体进入大气的流动，无特别说明，孔口为圆形。若孔口流出的总势头$\left(H+\frac{p}{\gamma}\right)$保持不变，则称为恒定自由出流，否则称为变水头自由出流。本小节研究恒定自由出流。

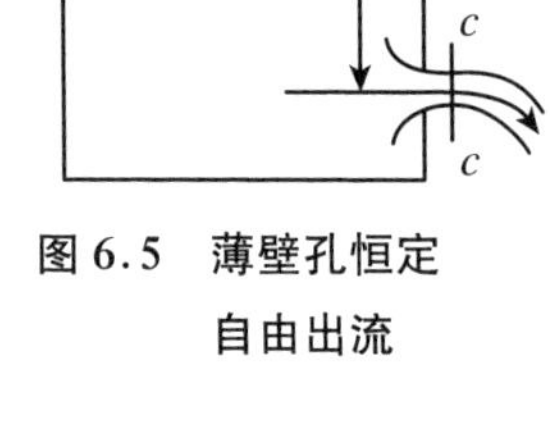

图 6.5 薄壁孔恒定自由出流

薄壁孔恒定自由出流如图 6.5 所示，容器液面上的压力为 p_1，与小孔轴线距离为 H，容器断面面积为 A，小孔面积为 A_0，射流速度为 u_1，射流收缩断面 $c—c$ 上流速为 u_c，面积为 A_c，则面积收缩系数 C_c 为

$$C_c = \frac{A_c}{A_0} \tag{6.2.1}$$

则通过小孔的流量 Q 为

$$Q = u_1 A = C_c A_0 u_c \tag{6.2.2}$$

u_c的大小可根据伯努利方程求出。以小孔中心线为位置水头零位，对过流断面1—1和c—c列伯努利方程，得

$$H + \frac{p_1}{\gamma} + \frac{u_1^2}{2g} = \frac{p_c}{\gamma} + \frac{u_c^2}{2g} + \xi \frac{u_c^2}{2g} \tag{6.2.3}$$

式中，ξ 为孔口的局部阻力损失系数。

将连续方程 $Au_1 = A_c u_c$，$p_c = p_a$代入上式，得

$$gH + \frac{p_1 - p_a}{\rho} = \left[1 + \xi - \left(\frac{A_c}{A}\right)^2\right]\frac{u_c^2}{2}$$

或

$$u_c = \frac{1}{\sqrt{1 + \xi - \left(\frac{A_c}{A}\right)^2}}\sqrt{2\left(gH + \frac{p_1 - p_a}{\rho}\right)}$$

由于容器面积 $A \gg A_c$，有

$$u_c = \frac{1}{\sqrt{1 + \xi}}\sqrt{2\left(gH + \frac{p_1 - p_a}{\rho}\right)} \tag{6.2.4}$$

则小孔流量为

$$Q = u_c A_c = \frac{C_c}{\sqrt{1 + \xi}} A_0 \sqrt{2\left(gH + \frac{p_1 - p_a}{\rho}\right)} = C_c C_v A_0 \sqrt{2\left(gH + \frac{p_1 - p_a}{\rho}\right)}$$
$$= C_d A_0 \sqrt{2\left(gH + \frac{p_1 - p_a}{\rho}\right)} \tag{6.2.5}$$

式中，C_c 为收缩系数，$C_c = \frac{A_c}{A_0}$；C_v为流速系数，$C_v = \frac{1}{\sqrt{1+\xi}}$；$C_d$为流量系数，$C_d = C_c C_v = 0.60 \sim 0.62$。

若 $p_1 = p_a$(容积液面为自由液面)，则

$$Q = C_d A_0 \sqrt{2gH} \tag{6.2.6}$$

式中，H 为孔中心到自由液面的距离。

若 $\frac{p_1 - p_a}{\rho} \gg gH$，则

$$Q = C_d A_0 \sqrt{\frac{2\Delta p}{\rho}} \tag{6.2.7}$$

式中，Δp 为压力差，$\Delta p = p_1 - p_a$(相对压力)。

当 $d > \frac{H}{10}$ 时，称为大孔。大孔自由流时，流量计算公式与小孔自由流时在形式上是一致的，即

$$Q = C_d A_0 \sqrt{2\left(gH + \frac{p_1 - p_a}{\rho}\right)} \tag{6.2.8}$$

这时流量系数 C_d变化范围较大，$C_d = 0.6 \sim 0.9$。在一般情况下，薄壁孔口流按小孔流处

理，并且一般公认 $C_d = 0.62$。

上面导出的孔口出流收缩系数 C_c、流速系数 C_v 和流量系数 C_d 决定了孔口出流的主要性能，其中的流速系数 C_v 和流量系数 C_d 取决于收缩系数 C_c 和孔口处的局部水头损失系数 ξ。在实际工程中，由于孔口出流大多为湍流，雷诺数都很大，可忽略雷诺数对孔口系数的影响，故认为上述系数主要与边界条件有关。

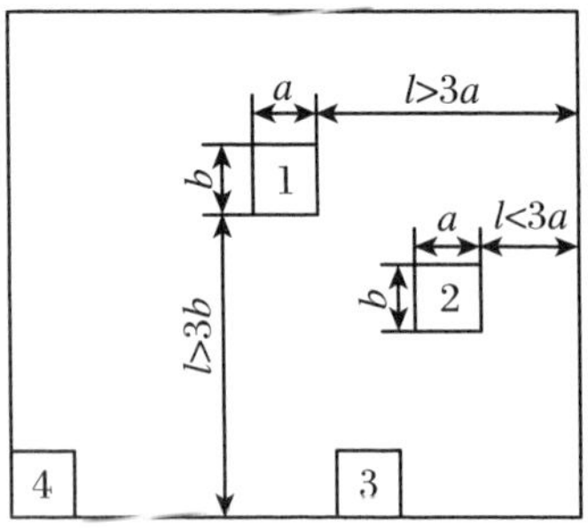

图 6.6　孔口位置

在边界条件中，孔口形状、孔口在壁面上的位置和孔口的边缘情况是影响流速系数 C_v 的主要因素。

实验表明：不同形状孔口的流速系数 C_v 差别不大，而孔口在壁面上的位置对收缩系数 C_c 影响较大，进而影响流速系数 C_v。

如图 6.6 所示，孔口 1 周边距离邻近壁面较远，侧壁对流束的收缩没有影响，这种情况称为完善收缩。实测各项系数的数值列入表 6.1。

表 6.1　薄壁孔口各项系数

收缩系数 C_c	流速系数 C_v	流量系数 C_d
0.62～0.63	0.97～0.98	0.60～0.62

如图 6.6 中孔口 2 所示，其右边距离邻近壁面较小，流束的收缩受到侧壁的影响而减弱，这种情况称为非完善收缩。对应的流量系数将比完善收缩的大。其收缩系数可按下式经验公式估算：

$$C_c = 0.63 + 0.37\left(\frac{A}{A'}\right)^2 \tag{6.2.9}$$

式中，A' 为孔口所在壁面的湿周面积，即液体与固体接触的界面周长与流体深度乘积。

孔口 3 和 4 与壁面接触，这种情况称为部分收缩，收缩系数可按下式估算：

$$C_c = 0.63\left(1 + \frac{kL}{\chi}\right) \tag{6.2.10}$$

式中，k 为孔口的形状系数(若为圆孔口，取 $k = 0.13$)；L 为无收缩周界的长度；χ 为孔口的周长。

上面讨论的是小孔口出流，对于大孔口出流，由于大孔口的收缩系数 C_c 较大，流速系数 C_v 也较大，实测值见表 6.2。

表 6.2　大孔口的流量系数

收缩情况	流速系数 C_v
全部不完善收缩	0.70
底部无收缩，侧向收缩较大	0.65～0.70
底部无收缩，侧向收缩较小	0.70～0.75
底部无收缩，侧向收缩极小	0.80～0.85

6.2.2 薄壁孔淹没流或压差流

淹没流是指出流液体流入充满液体空间的流动;压差流是由于孔口前后的压力差异而引起的流动,可称为淹没出流。同样淹没出流也可称为压差流,不过这种压差通常是用位置水头差的形式表示的;由于 $\Delta p=\gamma\Delta z$,这两种流动是可以相互表示的,或者说两者是一致的,但习惯表示形式不同。

图 6.7 是由液面 1—1 和 2—2 相对孔口轴线的差异而引起的淹没出流,以孔口轴线 0—0 为基准列伯努利方程,得

$$H_1+\frac{p_1}{\gamma}+\frac{u_1^2}{2g}=H_2+\frac{p_2}{\gamma}+\frac{u_2^2}{2g}+h_s \tag{6.2.11}$$

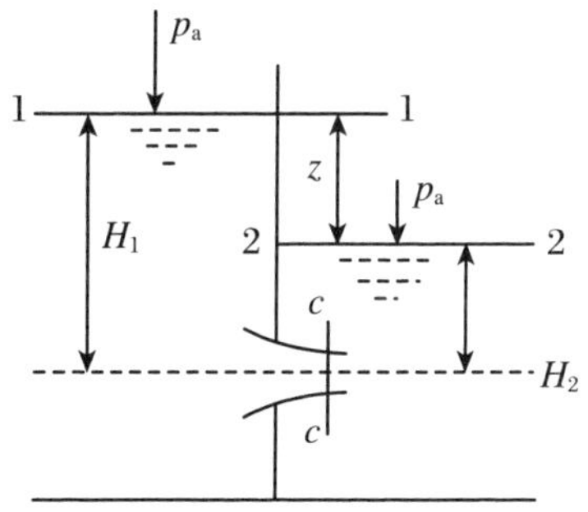

图 6.7 薄壁小孔淹没出流

由于 $p_1=p_2=p_a$,孔口前、后的水平面液面 1—1 和 2—2 的速度 u_1和 u_2可认为相等或近于为零,局部损失 $h_\xi=\sum\xi\frac{u_c^2}{2g}$, h_ξ包括孔口收缩断面的损失和孔口收缩断面到自由液面 2—2 的突然扩大损失两部分,即

$$\sum\xi=\xi+\xi'$$

式中,ξ 为孔口局部损失系数;ξ'为收缩断面 c—c 至过流断面 2—2 流束突然扩大的局部损失。

$$\Delta H=H_1-H_2=z=(\xi+\xi')\frac{u_c^2}{2g}$$

或者

$$u_c=\frac{1}{\sqrt{\xi+\xi'}}\sqrt{2g\Delta H}=C_v\sqrt{2g(H_1-H_2)} \tag{6.2.12}$$

式中,C_v 为流速系数,$C_v=\frac{1}{\sqrt{\xi+\xi'}}$。

故小孔的流量 Q 为

$$Q=A_cu_c=C_dA_0\sqrt{2g(H_1-H_2)}=C_dA_0\sqrt{2gz} \tag{6.2.13}$$

式中,z 为孔口前、后自由液面之差,$z=H_2-H_1$。

又 $g=\frac{\gamma}{\rho}$,则

$$Q=C_dA_0\sqrt{\frac{2\gamma z}{\rho}}=C_dA_0\sqrt{\frac{2\Delta p}{\rho}} \tag{6.2.14}$$

式中,Δp 为位置差(H_1-H_2)折算的压力差,$\Delta p=\gamma z=\gamma(H_1-H_2)$。

压差流如图 6.8 所示,以孔口轴线为基准,对断面 1—1 和 c—c 列伯努利方程,得

$$\frac{p_1}{\gamma}+\frac{u_1^2}{2g}=\frac{p_c}{\gamma}+\frac{u_c^2}{2g}+\xi\frac{u_c^2}{2g} \tag{6.2.15}$$

由于 $Au_1=A_cu_c$,在实际工程中,$A\gg A_c$,故 u_1可不计,则

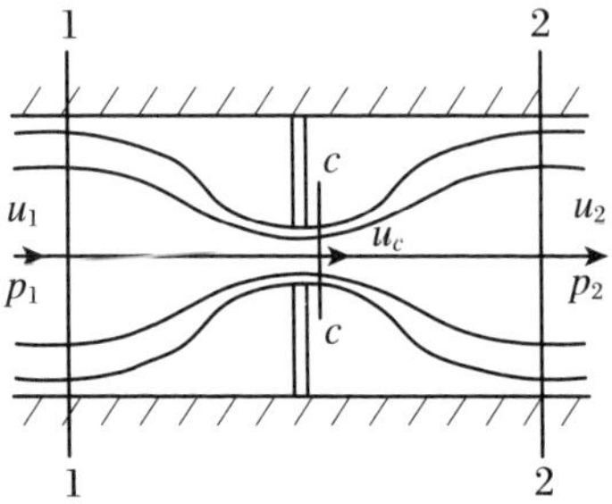

图 6.8 薄壁小孔压差流

$$u_c = \frac{1}{\sqrt{1+\xi}}\sqrt{\frac{2}{\rho}(p_1 - p_c)} = C_v\sqrt{\frac{2}{\rho}\Delta p}$$

所以通过小孔 A_0的流量为

$$Q = u_c A_c = C_v C_c A_0\sqrt{\frac{2}{\rho}\Delta p} = C_d A_0\sqrt{\frac{2}{\rho}\Delta p_c} \tag{6.2.16}$$

由于收缩喉部 c—c 的位置难以测定，通常以紧接出流口后的压力 p_2代替 p_c，故

$$Q = C_d A_0\sqrt{\frac{2}{\rho}\Delta p} = C_d A_0\sqrt{\frac{2}{\rho}(p_1 - p_2)} \tag{6.2.17}$$

式中，C_d 为流量系数，$C_d = 0.62$；A_0 为小孔面积，$A_0 = \frac{\pi}{4}d_0^2$，d_0 为小孔直径；Δp 为压力差，$\Delta p = p_1 - p_2$，p_1、p_2 为紧接小孔前、后的压力。

6.3 厚壁孔(管嘴)自由出流

当管嘴外伸长度 L 大于管嘴内径 d 的 3 倍以上($L>3d$)时，称为厚壁孔，其流量的研究方法与薄壁小孔的相同 (参看图 6.9)。以管嘴轴线为基准，对断面 1—1 和 2—2 列伯努利方程，得

$$H + \frac{p_1}{\gamma} + \frac{u_1^2}{2g} = \frac{p_2}{\gamma} + \frac{u_2^2}{2g} + \sum h \quad (u_1 \approx 0) \tag{6.3.1}$$

$\sum h$ 由三部分组成：① 断面 1—1 到 c—c 之间的能量损失，属进口损失；② 断面 c—c 之后的扩散损失；③ 射流附壁后的沿程(L_0 上)摩擦阻力损失。前两项损失之和为 $h_1 = \xi\frac{u_2^2}{2g}$，由表 5.1 知 $\xi = 0.5$；第三项损失 $h_f = \lambda\frac{L_0}{d}\frac{u_2^2}{2g}$，代入式(6.2.15)可确定管内流速 u_2为

$$u_2 = \frac{1}{\sqrt{1+\xi+\lambda\frac{L_0}{d}}}\sqrt{2\left(gH + \frac{\Delta p}{\rho}\right)} \tag{6.3.2}$$

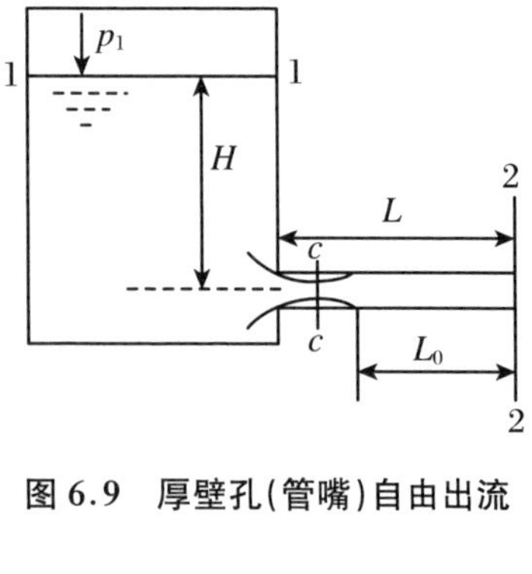

图 6.9 厚壁孔(管嘴)自由出流

式中，$\Delta p = p_1 - p_2$，当 $p_2 = p_a$ 时，$\Delta p = p_1 - p_2 = p_1$(相对压力)。

当 $L = (3\sim5)d$ 时，L_0 很小，与 $1+\xi$ 相比可不计，代入 $\xi = 0.5$，则

$$u_2 = \frac{1}{\sqrt{1.5}}\sqrt{2\left(gH + \frac{\Delta p}{\rho}\right)} = 0.82\sqrt{2\left(gH + \frac{\Delta p}{\rho}\right)} \tag{6.3.3}$$

所以管中流量为

$$Q = A_2 u_2 = 0.82 A_2 \sqrt{2\left(gH + \frac{\Delta p}{\rho}\right)} \tag{6.3.4}$$

比较式(6.2.17)和式(6.3.4),两公式形式完全一样,然而流量系数不同,薄壁孔口完善收缩的出流流量系数可取为 $C_d = 0.60 \sim 0.62$,与厚壁孔口出流的流量系数 $C_d = 0.82$ 相比要小,所以在相同的条件下,厚壁孔口的出流能力比薄壁孔口的出流能力要强。从表 6.1 可以看出,薄壁孔口出流的流速系数要大于厚壁孔口出流的流速系数,即厚壁孔口的流速小于薄壁孔口的流速,但为什么厚壁孔口的流量反而大于薄壁孔口的流量呢?这是由于厚壁孔口在出流过程中,于孔口内出现流束的收缩截面,收缩截面形成一个真空区域,具有抽吸作用,从而增大流量。下面对 c—c 面的真空区进行分析。

如图 6.9 所示,以 0—0 为轴线基准,建立收缩截面 c—c 和出口处截面 2—2 的伯努利方程,得

$$\frac{p_c}{\rho g} + \frac{a_c u_c^2}{2g} = \frac{p_a}{\rho g} + \frac{a u^2}{2g} + \xi_{se}\frac{u^2}{2g} \tag{6.3.5}$$

在忽略沿程损失的情况下,只计管道的局部损失,则根据管道突然扩大的局部损失计算公式,得 $\xi_{se} = \left(\frac{A}{A_c} - 1\right)^2 = \left(\frac{1}{C_c} - 1\right)^2$。又根据连续性方程,得 $u_c = \frac{A}{A_c}u = \frac{u}{C_c}$,代入上式,整理得

$$\frac{p_a - p_c}{\rho g} = \left[\frac{a_c}{C_c^2} - a - \left(\frac{1}{C_c} - 1\right)^2\right]\frac{u^2}{2g} = \left[\frac{a_c}{C_c^2} - a - \left(\frac{1}{C_c} - 1\right)^2\right]C_d^2 H_0 \tag{6.3.6}$$

将 $C_c = 0.64$,$C_d = 0.82$,$a = a_c = 1$ 代入上式,p_a 为当地大气压强,得厚壁孔口内最小截面的真空度为

$$\frac{p_a - p_c}{\rho g} = 0.75 H_0 \tag{6.3.7}$$

上式表明,厚壁孔口内最小截面的真空度达到作用水头的 3/4,相当于增加了 75% 的作用水头高度,这就是厚壁孔口出流量比薄壁孔口出流量大的原因。

6.4　变水头孔口自由出流

如果容器容积有限,并在出流过程中无流体补充到容器内,使位置水头 H 保持常数,则构成变水头孔口自由出流,如图 6.10 所示。对于该类出流,我们通常关心的问题是放空容器中的液体所需的时间 t。该类问题研究的方法是根据小孔出流理论和流量连续定理,以积分的方式确定时间 t。

如图 6.10 所示,设液面初始面积为 $A(H) = A(z)|_{z=H}$;当液面下降 h 而位于 z 处时,小孔瞬态流量为 $Q(t)$,根据小孔出流理论,有

$$Q(t) = C_d A_0 \sqrt{2gz(t)} \tag{6.4.1}$$

式中,C_d 为流量系数;A_0 为小孔面积,$A_0 = \frac{\pi}{4}d_0^2$,d_0 为小孔直径;$z(t)$ 为自由液面瞬态

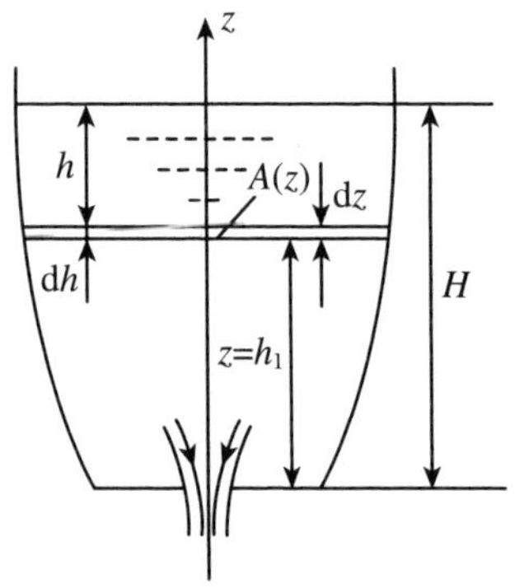

图 6.10 变水头孔口自由出流

高度。

设 t 时刻，液面 $A(z)$ 的瞬态下降速度为 u，根据流量连续方程，有

$$uA(z) = Q(t) = C_d A_0 \sqrt{2gz} \tag{6.4.2}$$

液面下降速度 u 与 z 轴方向相反，即 $u = \frac{\mathrm{d}h}{\mathrm{d}t} = -\frac{\mathrm{d}z}{\mathrm{d}t}$，则

$$-\frac{\mathrm{d}z}{\mathrm{d}t}A(z) = C_d A_0 \sqrt{2gz}$$

或

$$\mathrm{d}t = -\frac{A(z)\mathrm{d}z}{C_d A_0 \sqrt{2gz}} \tag{6.4.3}$$

对上式积分，可求得放空时间 t 为

$$t = \int_0^t \mathrm{d}t = \int_H^0 -\frac{A(z)\mathrm{d}z}{C_d A_0 \sqrt{2gz}} = \frac{1}{C_d A_0 \sqrt{2g}}\int_0^H \frac{A(z)\mathrm{d}z}{\sqrt{z}} \tag{6.4.4}$$

当 $A(z)$ = 常数时（如圆柱形容器和长方形容器），放至液面高度 $z = h_1$ 时的时间 t 为

$$t = \frac{A}{C_d A_0 \sqrt{2g}}\int_{h_1}^H \frac{\mathrm{d}z}{\sqrt{z}} = \frac{\sqrt{2}\ A}{C_d A_0 \sqrt{g}}(\sqrt{H} - \sqrt{h_1}) \tag{6.4.5}$$

$h_1 = 0$ 时为放空时间 t_0，即

$$t_0 = \frac{A\sqrt{2H}}{C_d A_0 \sqrt{g}} = \frac{2V}{C_d A_0 \sqrt{2gH}} \tag{6.4.6}$$

式中，V 为液体体积，$V = AH$。

【例 6.1】 如图 6.11 所示，圆形容器的直径 $D = 6$ m，液面深度 $H = 0.5$ m，底部开有 $d = 0.1$ m 的两泄空孔。试确定泄空时间 t。

【解】 由于泄空口直径较大，取流量系数 $C_d = 0.7$；两孔泄空互不影响。

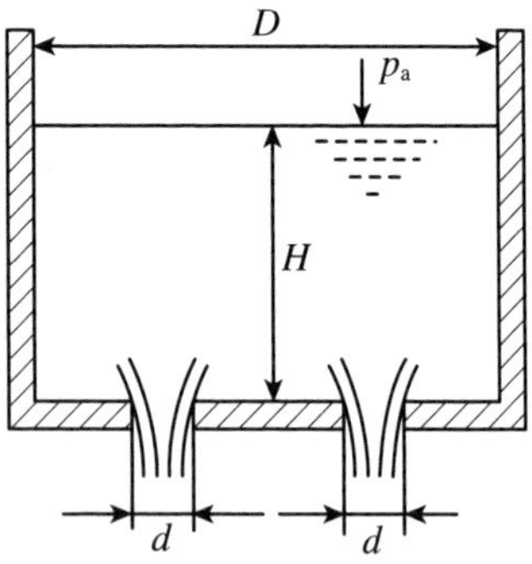

图 6.11 圆形容器

容器面积为

$$A = \frac{\pi}{4}D^2 = \frac{\pi}{4}\times 6^2\ \mathrm{m}^2 = 28.3\ \mathrm{m}^2$$

泄空口的总面积为

$$A_0 = \frac{\pi}{4}d^2 \times 2 = \frac{\pi}{4}\times 0.1^2 \times 2\ \mathrm{m}^2 = 1.57\times 10^{-2}\ \mathrm{m}^2$$

所以泄空时间 t 为

$$t = \frac{2AH}{C_d A_0 \sqrt{2gH}} = \frac{2\times 28.3\times 0.5}{0.7\times 1.57\times 10^{-2}\sqrt{19.6\times 0.5}}\ \mathrm{s} = 823\ \mathrm{s} = 13.7\ \mathrm{min}$$

【例 6.2】 如图 6.12 所示，圆柱形容器 $L = 4$ m，直径 $D = 2.6$ m，下装一出流短管，直径 $d = 60$ mm，长 $l = 120$ mm，当容器充满汽油和充油到 3/4 高度时，求所需放空时间 t_1 和 t_2。

【解】 已知数据 $D = 2.6$ m，$R = 1.3$ m；$L = 4$ m；$d = 0.06$ m，$l = 0.12$ m，$h_1 = D =$

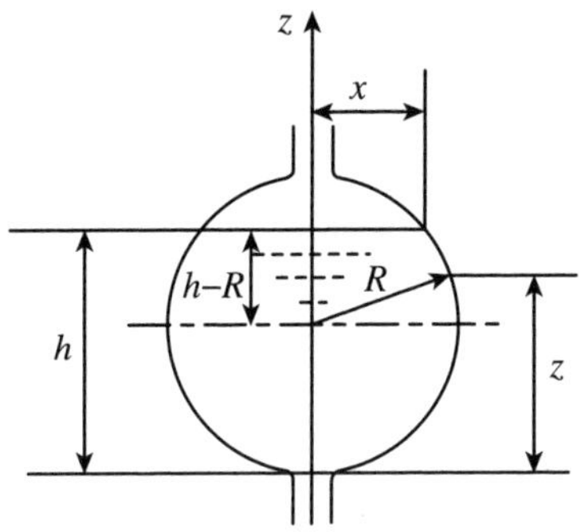

图 6.12　圆柱形容器

2.6 m，$h_2=\frac{3D}{4}=1.9$ m。

（1）高度为 z 处长方形断面面积 $A(z)$ 为

$$A(z)=2Lx=2L\sqrt{R^2-(z-R)^2}=2L\sqrt{2Rz-z^2}$$

（2）放空时间一般计算：

因汽油黏度较小，并且$\frac{l}{d}=\frac{120}{60}=2$ 属短管，取 $C_d=0.82$。根据已有公式，得

$$\begin{aligned}t&=\frac{1}{C_dA_0\sqrt{2g}}\int_0^h\frac{A(z)\mathrm{d}z}{\sqrt{z}}\\&=\frac{1}{C_dA_0\sqrt{2g}}\int_0^h\frac{2L\sqrt{2Rz-z^2}}{\sqrt{z}}\mathrm{d}z\\&=\frac{2L}{C_dA_0\sqrt{2g}}\int_0^h\sqrt{2R-z}\,\mathrm{d}z=\frac{1}{C_dA_0\sqrt{2g}}\left[\frac{2}{3}(2R-z)^{\frac{3}{2}}\right]\Bigg|_0^h\\&=\frac{4L}{3C_dA_0\sqrt{2g}}\left[(2R)^{\frac{3}{2}}-(2R-h)^{\frac{3}{2}}\right]\end{aligned}$$

（3）充满汽油时的放空时间 t_1 为（$h=h_1=2R$）

$$t_1=t\Big|_{h=2R}=\frac{8LR\sqrt{R}}{3C_dA_0\sqrt{g}}=\frac{8\times4\times1.3\times\sqrt{1.3}}{3\times0.82\times\frac{\pi}{4}\times0.06^2\times\sqrt{9.8}}\ \mathrm{s}$$

$$=2178\ \mathrm{s}=36.3\ \mathrm{min}$$

（4）充油 3/4 高度时的放空时间 t_2 为（$h=h_2=1.5R$）

$$t_2=t\Big|_{h=1.5R}=\frac{4L}{3C_dA_0\sqrt{g}}\left[(2R)^{3/2}-(0.5R)^{3/2}\right]$$

$$=\frac{4\times4}{3\times0.82\times\frac{\pi}{4}\times0.06^2\times\sqrt{19.6}}\times(2.6^{3/2}-0.65^{3/2})\ \mathrm{s}=1900\ \mathrm{s}$$

$$=31.67\ \mathrm{min}$$

本章小结

(1) 孔口出流理论:根据是伯努利方程 $z_1+\frac{p_1}{\rho g}+\frac{u_1^2}{2g}=z_2+\frac{p_2}{\rho g}+\frac{u_2^2}{2g}+\sum h_i$。对于薄壁孔,$\sum h_i$ 仅有局部损失,即 $\sum h_i=h_\xi=\xi\frac{u^2}{2g}$;对于厚壁孔(管嘴),尚有沿程损失 $h_f=\lambda\frac{L_0}{d}\frac{u^2}{2g}$。薄壁小孔的流量为 $q=C_dA\sqrt{\frac{2}{\rho}\Delta p}$。孔口出流在工程上应用广泛。

(2) 对于自由液面条件下的自由出流或淹没出流,以 $q=C_dA\sqrt{2g\Delta H}$ 计算流量比较方便。对于管道中的压差流,以 $q=C_dA\sqrt{\frac{2\Delta p}{\rho}}$ 计算流量比较方便。因 ΔH 和 Δp 可互相折算,两者本质上是一致的,对于既有位置差又有压力差的情况,$q=C_dA\sqrt{2\left(g\Delta H+\frac{\Delta p}{\rho}\right)}$,其中 $\Delta H=0$ 或 $\Delta p=0$ 即为压差流或位置差流。

思考与练习

6.1 薄壁小孔口在什么情况下产生全部完善收缩?

6.2 薄壁小孔口的自由出流和淹没出流的流量系数和流速系数有何异同?

6.3 管嘴正常工作的条件包括哪些?

6.4 薄壁圆形孔口恒定射流,孔口直径 $d=10$ mm,水头 $H=2$ m,垂直收缩系数 $C_c=0.63$,流量系数 $C_d=0.62$。求泄流量 Q。

6.5 如图 6.13 所示,用隔板将水流分成上、下两部分水体,已知小孔口的直径 $d=20$ cm,$v_1\approx v_2\approx 0$,上、下游的水位差 $H=2.5$ m。求泄流量 Q。

6.6 如图 6.14 所示,蓄水池长 $L=10$ m,宽 $b=5$ m,在薄壁外开一 $d=40$ cm 的小孔,孔中心处的水头为 3.0 m。求水面降至孔口中心处所需的时间。

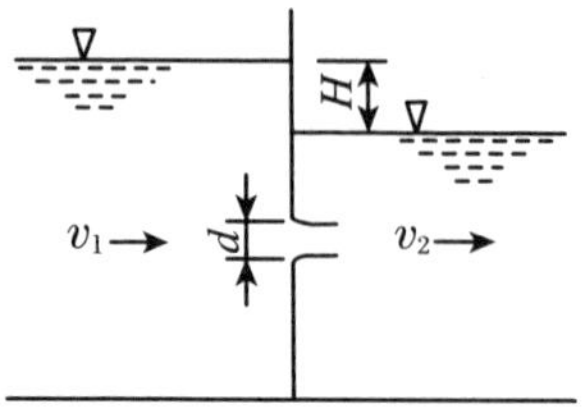

图 6.13 题 6.5 图

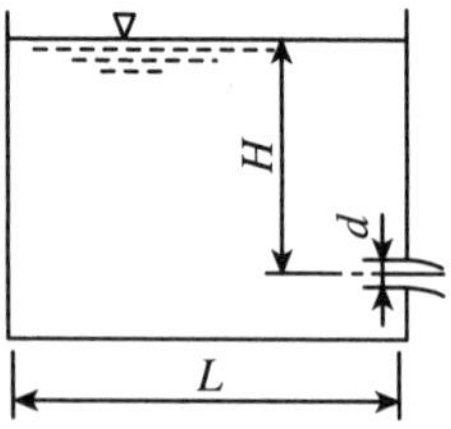

图 6.14 题 6.6 图

6.7 如图 6.15 所示,$H=4$ m(恒定),孔口直径 $d=5$ cm,容器中水面上的相对压强 $p_0=1\times10^5$ Pa,取流速系数 $C_v=0.98$,流量系数 $C_d=0.62$。试求孔口收缩断面上的流速及流量。

6.8 如图6.16所示，泄水池侧壁孔口处外加一管嘴，作用水头 $H=4$ m，通过的流量为 5 m^3/s，确定管嘴的直径 d。

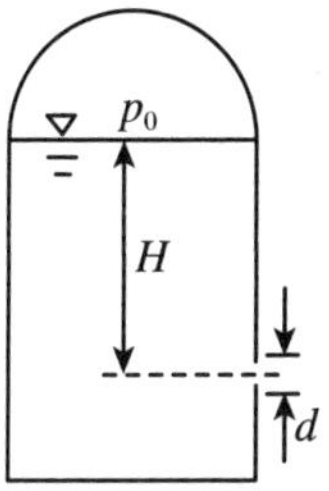

图 6.15 题 6.7 图

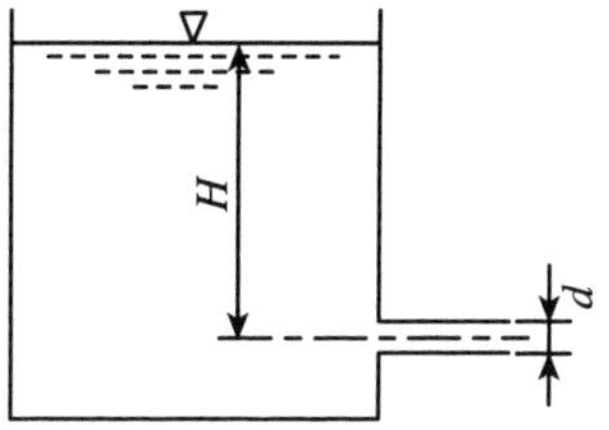

图 6.16 题 6.8 图

6.9 如图6.17所示，油槽车的油槽长为 L，直径为 D，油槽底部设卸油孔，孔口面积为 A，流量系数为 μ。试求该车充满油后所需的卸空时间。

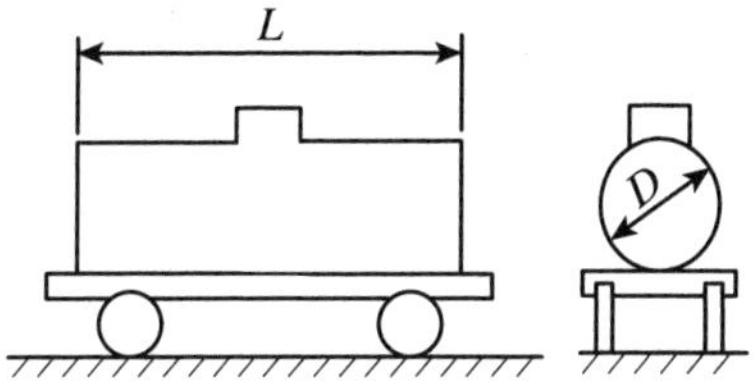

图 6.17 题 6.9 图

第 7 章　缝 隙 流 动

在机械和液压装备中，存在着各种形式的配合间隙。为减少摩擦或达到其他目的，通常使这些间隙中充满油液。只要在间隙两端存在压力差或构成间隙的运动副发生相对运动，油液便在间隙中产生流动，形成另一类层流——缝隙流。缝隙流理论在液压工程中有着重要的应用价值。缝隙流的基础理论是平行平面缝隙流。

7.1　平行平面缝隙流

平行平面间的流体运动微分方程的导出方法有两种：一种是由 N-S 方程简化而来；另一种是基于牛顿力学的动力平衡分析，并且因坐标系选择不同，得出速度分布方程也有所不同，但结论在本质上无差异。

7.1.1　由 N-S 方程简化分析

如图 7.1 所示，在平行平面缝隙流中，黏性力处于主导地位，故惯性力可不计，即$\frac{\mathrm{d}u_x}{\mathrm{d}t}=\frac{\mathrm{d}u_y}{\mathrm{d}t}=\frac{\mathrm{d}u_z}{\mathrm{d}t}=0$；因缝隙甚小，质量力可不计，即 $f_x=f_y=f_z=0$；假定流动为一维流动，即 $u_y=u_z=0, u_x=u$。在上述条件下，由 N-S 方程可得如下方程：

$$\begin{cases}-\dfrac{1}{\rho}\dfrac{\partial p}{\partial x}+\nu\left(\dfrac{\partial^2 u}{\partial x^2}+\dfrac{\partial^2 u}{\partial y^2}+\dfrac{\partial^2 u}{\partial z^2}\right)+\nu\dfrac{\partial}{\partial x}\left(\dfrac{\partial u}{\partial x}+\dfrac{\partial u_y}{\partial y}+\dfrac{\partial u_z}{\partial z}\right)=0\\ -\dfrac{1}{\rho}\dfrac{\partial p}{\partial y}+\nu\dfrac{\partial}{\partial y}\left(\dfrac{\partial u}{\partial x}+\dfrac{\partial u_y}{\partial y}+\dfrac{\partial u_z}{\partial z}\right)=0\\ -\dfrac{1}{\rho}\dfrac{\partial p}{\partial z}+\nu\dfrac{\partial}{\partial z}\left(\dfrac{\partial u}{\partial x}+\dfrac{\partial u_y}{\partial y}+\dfrac{\partial u_z}{\partial z}\right)=0\end{cases}\tag{7.1.1}$$

对于不可压缩流体，$\frac{\partial u}{\partial x}+\frac{\partial u_y}{\partial y}+\frac{\partial u_z}{\partial z}=0$。又 $u_y=u_z=0$，则$\frac{\partial u}{\partial x}=0$，于是$\frac{\partial^2 u}{\partial x^2}=0$，故式(7.1.1)进一步简化为

$$\begin{cases}-\dfrac{1}{\rho}\dfrac{\partial p}{\partial x}+\nu\left(\dfrac{\partial^2 u}{\partial y^2}+\dfrac{\partial^2 u}{\partial z^2}\right)=0\\ \dfrac{\partial p}{\partial y}=0\\ \dfrac{\partial p}{\partial z}=0\end{cases}\tag{7.1.2}$$

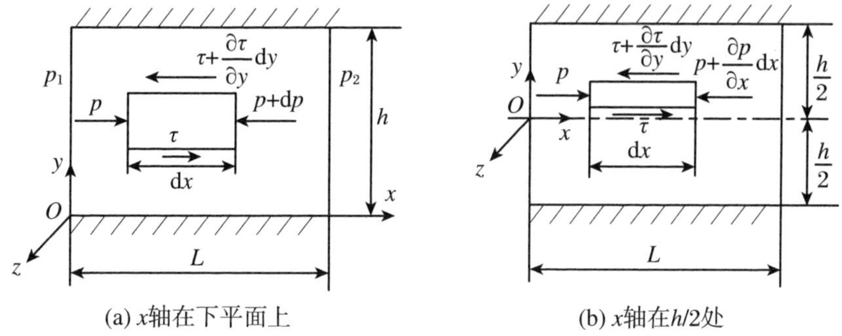

图 7.1　平行平面缝隙流

由式(7.1.2)知，压力 p 仅为 x 的函数，与 y 和 z 无关，即 $\frac{\partial p}{\partial x}=\frac{\mathrm{d}p}{\mathrm{d}x}$；另外，对于平行平面，单位长度上的压力损失是相同的，或者说压力减小服从线性分布规律，即 $\frac{\mathrm{d}p}{\mathrm{d}x}=-\frac{\Delta p}{L}$；再者，对于充分宽的平行平面，任意宽度坐标 z 处的流动状态都是相同的，即 $\frac{\partial u}{\partial z}=0$。根据上述条件，式(7.1.2)等价为

$$\frac{\mathrm{d}^2 u}{\mathrm{d}y^2}=-\frac{\Delta p}{\mu L} \tag{7.1.3}$$

7.1.2　牛顿力学分析法

微元长方体上的动力平衡分析法简洁明确，要求分析者对速度梯度和剪应力 τ 的变化规律有明确判断。如图 7.2 所示。

在图 7.2(a)中，微元体离 $O\text{-}xz$ 平面较近，τ 随 y 的增加而变小，故上部剪应力 τ' 表示为 $\tau'=\tau-\frac{\partial\tau}{\partial y}\mathrm{d}y$；而在图 7.2(b)中，由于 x 轴取在中缝线上，剪应力随 y 的增加而变大，故上部剪应力 τ' 表示为 $\tau'=\tau+\frac{\partial\tau}{\partial y}\mathrm{d}y$；同时必须注意到在图 7.2(a)中速度随 y 的增大而变大，故 $\tau=\mu\frac{\mathrm{d}u}{\mathrm{d}y}$，而在 7.2(b)中速度随 y 的增大而减小，故 $\tau=-\mu\frac{\mathrm{d}u}{\mathrm{d}y}$。两种方法导出的运动微分方程是一致的。

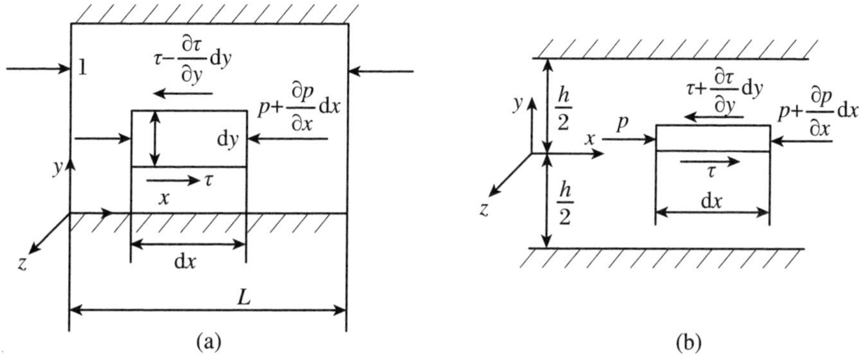

图 7.2　平行平面间微元体的力

对图 7.2(a)所示的微六面体,宽度为 dz,不计质量力和惯性力,则

$$p\mathrm{d}z\mathrm{d}y-\left(p+\frac{\partial p}{\partial x}\mathrm{d}x\right)\mathrm{d}z\mathrm{d}y+\tau\mathrm{d}x\mathrm{d}z-\left(\tau-\frac{\partial \tau}{\partial y}\mathrm{d}y\right)\mathrm{d}x\mathrm{d}z=0 \tag{7.1.4}$$

化简后,得

$$\frac{\partial \tau}{\partial y}=\frac{\partial p}{\partial x} \tag{7.1.5}$$

又 $\tau=\mu\dfrac{\mathrm{d}u}{\mathrm{d}y},\dfrac{\partial p}{\partial x}=\dfrac{\mathrm{d}p}{\mathrm{d}x}=-\dfrac{\Delta p}{L}$,则

$$\frac{\mathrm{d}^2 u}{\mathrm{d}y^2}=-\frac{\Delta p}{\mu L} \tag{7.1.6}$$

同样对图 7.2(b)中微六面体做力平衡分析,有

$$p\mathrm{d}z\mathrm{d}y-\left(p+\frac{\partial p}{\partial x}\mathrm{d}x\right)\mathrm{d}y\mathrm{d}z+\tau\mathrm{d}x\mathrm{d}z-\left(\tau+\frac{\partial \tau}{\partial y}\mathrm{d}y\right)\mathrm{d}x\mathrm{d}z=0 \tag{7.1.7}$$

化简后,得

$$\frac{\partial \tau}{\partial y}=-\frac{\partial p}{\partial x} \tag{7.1.8}$$

由于速度 u 随 y 的增大而变小,根据牛顿黏性定律 $\tau=-\mu\dfrac{\mathrm{d}u}{\mathrm{d}y}$,由式(7.1.8)也可得出式(7.1.6),可见式(7.1.5)与式(7.1.8)形式上的差异不妨碍等价性。

7.1.3 速度分布规律与流量

对式(7.1.6)积分,则

$$u=-\frac{\Delta p}{2\mu L}y^2+c_1 y+c_2 \tag{7.1.9}$$

式中,c_1 和 c_2 为积分常数,其值必须由边界条件确定(注意边界条件不同)。

1. 剪切流

在压力差 $\Delta p=p_1-p_2=0$ 条件下,因平行平面间的相对运动产生的流动称为剪切流。若下平面固定,上平面以速度 u_0 在 x 向运动,边界条件为 $y=0,u=0;y=h,u=u_0$。可定 $c_1=\dfrac{u_0}{h},c_2=0$。由于 $\Delta p=0$,代入式(7.1.9),得

$$u=\frac{u_0}{h}y\quad(y\geqslant 0) \tag{7.1.10}$$

对于图 7.3(a)所示的坐标系,若 $\Delta p=0$,又 $y=-\dfrac{h}{2},u=0;y=\dfrac{h}{2},u=u_0$,则可确定 u 的分布为

$$u=\frac{u_0}{2}\left(1+\frac{2y}{h}\right)\quad\left(-\frac{h}{2}\leqslant y\leqslant\frac{h}{2}\right) \tag{7.1.11}$$

尽管式(7.1.10)和式(7.1.11)形式上不同,但本质相同,速度分布服从线性规律。

如平行平面的宽度为 B,由式(7.1.10)或式(7.1.11)可求剪切流条件下的流量 Q,即

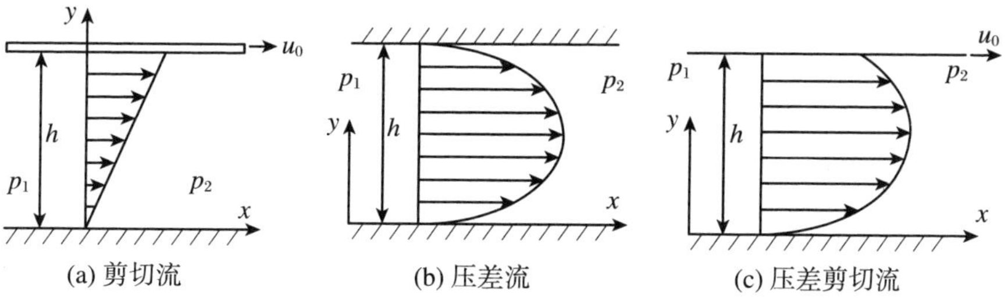

图 7.3 平行平面流的边界状态

$$Q=\int_A \mathrm{d}Q=\int_A uB\mathrm{d}y=B\int_0^h \frac{u_0}{h}y\mathrm{d}y=B\int_{-\frac{h}{2}}^{\frac{h}{2}}\frac{u_0}{2}\left(1+\frac{2y}{h}\right)\mathrm{d}y=\frac{u_0}{2}Bh \tag{7.1.12}$$

2. 压差流或泊肃叶流

上、下平面均固定不动，由两端压力差 $\Delta p=p_1-p_2>0$ 而产生的流动称为压差流或泊肃叶流。这时边界条件为 $y=0,u=0;y=h,u=0$。由式(7.1.9)可知 $c_1=\dfrac{h}{2\mu L}\Delta p,c_2=0$。将 c_1 和 c_2 重新代入式(7.1.9)，则

$$u=\frac{\Delta p}{2\mu L}(hy-y^2)\quad (y>0) \tag{7.1.13}$$

对于图 7.3(b)所示的坐标系，边界条件为 $y=-\dfrac{h}{2},u=0;y=\dfrac{h}{2},u=0$，则速度分布 u 为

$$u=\frac{\Delta p}{2\mu L}\left(\frac{h^2}{4}-y^2\right)\quad \left(-\frac{h}{2}\leqslant y\leqslant\frac{h}{2}\right) \tag{7.1.14}$$

两种速度表达式尽管有形式上的差异，但事实上完全等价，最大速度均发生在两平行平面中线处，即

$$u_{\max}=\frac{\Delta p}{8\mu L}h^2 \tag{7.1.15}$$

缝隙宽度为 B 时，平行平面间的流量 Q 为

$$Q=\int_A u\mathrm{d}A=B\int_0^h\frac{\Delta p}{2\mu L}(hy-y^2)\mathrm{d}y=B\int_{-\frac{h}{2}}^{\frac{h}{2}}\frac{\Delta p}{2\mu L}\left(\frac{h^2}{4}-y^2\right)\mathrm{d}y=\frac{Bh^3}{12\mu L}\Delta p \tag{7.1.16}$$

缝隙断面上的平均流速 v 为

$$v=\frac{Q}{A}=\frac{Q}{Bh}=\frac{\Delta p}{12\mu L}h^2 \tag{7.1.17}$$

比较式(7.1.15)和式(7.1.17)，则

$$v=\frac{2}{3}u_{\max} \tag{7.1.18}$$

3. 压差剪切流

压差流和剪切流的叠加称为压差剪切流(或剪切压差流)。其速度 u 和流量 Q 可按线

性叠加原理求出；也可由式(7.1.9)根据边界条件定出 c_1 和 c_2，确定速度 u 的分布规律，进而求出流量 Q。边界条件为 $y=0, u=0; y=h, u=\pm u_0$ $\left(\text{或 } y=-\dfrac{h}{2}, u=0; y=\dfrac{h}{2}, u=\pm u_0\right)$。压差剪切流的速度方程和流量方程分别为

$$u=\frac{\Delta p}{2\mu L}(hy-y^2)\pm\frac{u_0}{h}y \quad (0\leqslant y\leqslant h) \tag{7.1.19}$$

$$u=\frac{\Delta p}{2\mu L}\left(\frac{h^2}{4}-y^2\right)\pm\frac{u_0}{2}\left(1+\frac{2y}{h}\right) \quad \left(-\frac{h}{2}\leqslant y\leqslant\frac{h}{2}\right) \tag{7.1.20}$$

$$Q=B\left(\frac{h^3}{12\mu L}\Delta p\pm\frac{u_0}{2}h\right) \tag{7.1.21}$$

4. 剪应力与损失功率

由式(7.1.9)可确定剪应力的分布规律为

$$\tau=\mu\frac{\mathrm{d}u}{\mathrm{d}y}=\frac{\Delta p}{2L}(h-2y)\pm\frac{u_0}{h}\mu \quad (0\leqslant y\leqslant h) \tag{7.1.22}$$

或

$$\tau=\mu\frac{\mathrm{d}u}{\mathrm{d}y}=\frac{\Delta p}{2L}y\pm\frac{u_0}{h}\mu \quad \left(-\frac{h}{2}\leqslant y\leqslant\frac{h}{2}\right) \tag{7.1.23}$$

由 $N=pQ$，可知损失功率为

$$N=\Delta pQ=B\left(\frac{h^3}{12\mu L}\Delta p\pm\frac{u_0}{2}h\right)\Delta p \tag{7.1.24}$$

【例 7.1】 已知运动平板与固定平板的缝隙为 $h=0.1$ mm，中间的油液动力黏度 $\mu=0.1$ Pa·s，上平板的运动速度为 $u_0=1$ m/s，平板长 $L=10$ cm，宽 $B=10$ cm，平板右端压强为 $p=10^6$ Pa，左端压强为 0，平板运动方向是向右，如图 7.3(c)所示。

(1) 求平板间流量；

(2) 若平板间的缝隙可变，求流量最大时的缝隙 h_0 及最大流量。

【解】 (1) 两平板间的缝隙流属压差剪切流且 $\Delta p=p_1-p_2<0$，即压差流向左，剪切流向右。取平板运动方向为正，即 $u_0>0$。根据式(7.1.21)，平板间的流量为

$$\begin{aligned}Q&=B\left(\frac{u_0}{2}h-\frac{h^3}{12\mu L}\Delta p\right)\\&=0.1\times\left[\frac{1}{2}\times1\times0.1\times10^{-3}-\frac{(0.1\times10^{-3})^3}{12\times0.1\times0.1}\times10^6\right]\ \mathrm{m^3/s}\\&=4.17\times10^{-6}\ \mathrm{m^3/s}=4.17\ \mathrm{cm^3/s}\end{aligned}$$

(2) 若平板间的缝隙可变，则流量最大时的缝隙 h_0 可由 $\dfrac{\mathrm{d}Q}{\mathrm{d}h}=0$ 求出，即

$$\frac{\mathrm{d}Q}{\mathrm{d}h}\Big|_{h=h_0}=B\left(\frac{u_0}{2}-\frac{h_0^2}{4\mu L}\Delta p\right)=0$$

$$h_0=\sqrt{\frac{2\mu u_0L}{\Delta p}}=\sqrt{\frac{2\times0.1\times1\times0.1}{10^6}}\ \mathrm{m}=0.14\times10^{-3}\ \mathrm{m}=0.14\ \mathrm{mm}$$

将 h_0 代入流量公式，则最大流量为

$$Q = B\left(\frac{u_0}{2}h - \frac{h^3}{12\mu L}\Delta p\right)$$
$$= 0.1 \times \left[\frac{1}{2} \times 1 \times 0.14 \times 10^{-3} - \frac{(0.14 \times 10^{-3})^3}{12 \times 0.1 \times 0.1} \times 10^6\right] \mathrm{m^3/s}$$
$$= 4.72 \times 10^{-6}\ \mathrm{m^3/s} = 4.72\ \mathrm{cm^3/s}$$

7.2 倾斜平面间的缝隙流

倾斜平面间的缝隙流有两种形式，如图 7.4 所示，其中，图 7.4(a)为渐扩缝隙，图 7.4(b)为渐缩缝隙。本节讨论它的速度、流量和压力分布规律，其中，压力分布规律为分析滑阀阀芯液压卡紧力的基本理论依据。

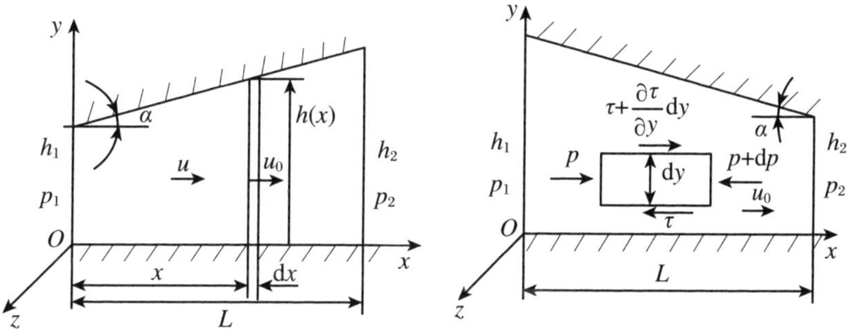

(a) 渐扩缝隙　　(b) 渐缩缝隙

图 7.4　倾斜平面缝隙流

研究速度分布规律的基础是确定流体运动微分方程，由上节分析知，不论是用 N-S 方程在约定条件下简化(不计重力、惯性力、一维流动、不可压缩)，还是取微六面体做力平衡分析，都可以得出倾斜平面缝隙流的流体运动微分方程和速度方程，并且与平行平面时的流体运动微分方程和速度方程是一致的，即

$$\frac{\mathrm{d}^2 u}{\mathrm{d}y^2} = \frac{1}{\mu}\frac{\mathrm{d}p}{\mathrm{d}x} \quad \left(\frac{\mathrm{d}p}{\mathrm{d}x} \neq -\frac{\Delta p}{L}\right) \tag{7.2.1}$$

$$u = \frac{1}{2\mu}\frac{\mathrm{d}p}{\mathrm{d}x}y^2 + c_1 y + c_2 \quad (0 \leqslant y \leqslant h) \tag{7.2.2}$$

假定上斜平面固定，下平面以 u_0 沿 x 向运动，则边界条件为 $y = 0, u = u_0$；$y = h(x)$，$u = 0$。可求出 $c_1 = -\frac{1}{2\mu}\frac{\mathrm{d}p}{\mathrm{d}x}h - \frac{u_0}{h}$，$c_2 = u_0$。将 c_1 和 c_2 代入式(7.2.2)，则

$$u = -\frac{1}{2\mu}\frac{\mathrm{d}p}{\mathrm{d}x}y(h - y) + u_0\left(1 - \frac{y}{h}\right) \tag{7.2.3}$$

若 $u_0 = 0$(即下平面也固定)，则

$$u = -\frac{1}{2\mu}\frac{\mathrm{d}p}{\mathrm{d}x}y(h - y) \tag{7.2.4}$$

必须注意的是，平行平面缝隙流中的压力梯度$\frac{\mathrm{d}p}{\mathrm{d}x}=$常数，而倾斜平面缝隙流中的压力梯度$\frac{\mathrm{d}p}{\mathrm{d}x}\neq$常数，而是 x 的函数。

由式(7.2.3)可求得流量 Q 为

$$Q=\int_A \mathrm{d}Q=\int_0^{h(x)} Bu\,\mathrm{d}y=B\int_0^{h(x)}\left[-\frac{1}{2\mu}\frac{\mathrm{d}p}{\mathrm{d}x}y(h-y)+u_0\left(1-\frac{y}{h}\right)\right]\mathrm{d}y$$

$$=B\left[\frac{hu_0}{2}-\frac{h^3(x)}{12\mu}\frac{\mathrm{d}p}{\mathrm{d}x}\right] \tag{7.2.5}$$

当 $u_0=0$ 时，有

$$Q=-\frac{Bh^3(x)}{12\mu}\frac{\mathrm{d}p}{\mathrm{d}x} \tag{7.2.6}$$

由式(7.2.5)可求得

$$\mathrm{d}p=\left(\frac{6\mu u_0}{h^2}-\frac{12\mu Q}{Bh^3}\right)\mathrm{d}x \tag{7.2.7}$$

如图 7.4(a)所示，$h=h_1+x\tan\alpha$，$\tan\alpha=\frac{h_2-h_1}{L}$，将 h 和 $\tan\alpha$ 代入式(7.2.7)，得

$$\mathrm{d}p=\left(\frac{6\mu u_0}{h^2\tan\alpha}-\frac{12\mu Q}{Bh^3\tan\alpha}\right)\mathrm{d}h$$

积分，得

$$p=\frac{6\mu}{\tan\alpha}\left(\frac{Q}{Bh^2}-\frac{u_0}{h}\right)+c\quad(h_1\leqslant h\leqslant h_2)$$

利用边界条件 $h=h_1$，$p=p_1$，可定积分常数 c 为

$$c=p_1+\frac{6\mu}{\tan\alpha}\left(\frac{u_0}{h_1}-\frac{Q}{Bh_1^2}\right)$$

代回原式，则

$$p=p_1-\frac{6\mu}{\tan\alpha}\left[u_0\left(\frac{1}{h}-\frac{1}{h_1}\right)-\frac{Q}{B}\left(\frac{1}{h^2}-\frac{1}{h_1^2}\right)\right] \tag{7.2.8}$$

上式即倾斜缝隙中的压力(强)分布规律。

当 $h=h_2$ 时，$p=p_2$，则

$$p_2=p_1-\frac{6\mu}{\tan\alpha}\left[u_0\left(\frac{1}{h_2}-\frac{1}{h_1}\right)-\frac{Q}{B}\left(\frac{1}{h_2^2}-\frac{1}{h_1^2}\right)\right] \tag{7.2.9}$$

或

$$\Delta p=p_1-p_2=\frac{6\mu}{\tan\alpha}\left[\frac{u_0(h_1-h_2)}{h_1h_2}-\frac{Q}{B}\frac{h_1^2-h_2^2}{h_1^2h_2^2}\right] \tag{7.2.10}$$

由上式可确定流量与压力差 Δp 及 u_0 的关系为

$$Q=\frac{B}{6\mu L}\frac{h_1^2h_2^2}{h_1^2+h_2^2}\Delta p+\frac{Bh_1h_2}{h_1+h_2}u_0 \tag{7.2.11}$$

若上、下平面固定不动，则 p、Δp 和 Q 分别可表示为

$$p=p_1-\frac{6\mu Q}{B\tan\alpha}\left(\frac{1}{h_2}-\frac{1}{h_1}\right)\quad(h_1\leqslant h\leqslant h_2) \tag{7.2.12}$$

$$\Delta p = \frac{6\mu QL(h_1 + h_2)}{Bh_1^2 h_2^2} \tag{7.2.13}$$

$$Q = \frac{B}{6\mu L} \frac{h_1^2 h_2^2}{h_1^2 + h_2^2} \tag{7.2.14}$$

如图 7.4(b)所示,渐缩缝隙流问题与渐扩缝隙流的运动微分方程以及缝隙的压力分布是相同或相似的,边界条件也是相同的。不同之处在于,对于渐缩缝隙,任意 x 处的缝隙高度 $h(x)$ 为

$$h(x) = h_1 - x\tan\alpha \tag{7.2.15}$$

式中,$\tan\alpha = \dfrac{h_1 - h_2}{L}(h_1 > h_2)$。记渐扩缝隙的倾角为 α',则

$$\tan\alpha' = \frac{h_2 - h_1}{L} = -\frac{h_1 - h_2}{L} \quad (h_1 > h_2)$$

因而对于渐缩缝隙而言,只要将渐扩缝隙中的 $\tan\alpha$ 改写为 $-\tan\alpha$ 即可。

7.3 环形缝隙流

环形缝隙流可以分为同心环形缝隙流、偏心环形缝隙流和锥形环形缝隙流三种,以下主要分析前两种情况。

7.3.1 同心环形缝隙流

同心环形缝隙流如图 7.5 所示,当环形缝隙 h 与直径 $d = 2r_0$ 相比甚小时,环形缝隙展开就是平行平面缝隙,此时缝隙宽度 $B = \pi d = 2\pi r_0$,其有关公式及流量可利用平行平面缝隙流的有关结论:

$$Q = \pi d\left(\frac{h^3}{12\mu L}\Delta p \pm \frac{u_0}{2}h\right) \tag{7.3.1}$$

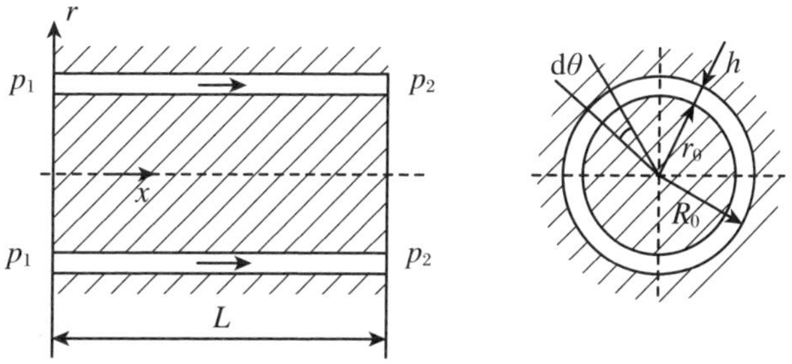

图 7.5 同心环形缝隙流

另一种方法是 $r\mathrm{d}\theta$ 微弧面上(参看图 7.5),引用平行平面缝隙流公式,得微弧面上的微流量 $\mathrm{d}Q$ 为

$$\mathrm{d}Q = r\mathrm{d}\theta\left(\frac{h^3}{12\mu L}\Delta p \pm \frac{u_0}{2}h\right) \tag{7.3.2}$$

对上式积分，得

$$Q = \int_0^{2\pi} \mathrm{d}Q = \int_0^{2\pi} r\left(\frac{h^3}{12\mu L}\Delta p \pm \frac{u_0}{2}h\right)\mathrm{d}\theta \tag{7.3.3}$$

即得出式(7.3.1)。

但环形缝隙的这一结论有很大局限性，应根据同心环形缝隙流的基本方程导出有关结论。

取 $O\text{-}xr\theta$ 圆柱坐标系，引用圆柱坐标系中的 N-S 方程，在不计惯性力和质量力的条件下，假定液体不可压缩和 x 向一维流及轴流对称条件，可得环形缝隙中的流体运动微分方程为(参看圆管层流内容)

$$\frac{\mathrm{d}^2 u}{\mathrm{d}r^2} + \frac{1}{r}\frac{\mathrm{d}u}{\mathrm{d}r} - \frac{1}{\mu}\frac{\mathrm{d}p}{\mathrm{d}x} = 0 \tag{7.3.4}$$

因 $\dfrac{\mathrm{d}p}{\mathrm{d}x} = -\dfrac{\Delta p}{L}$，故式(7.3.4)可写为

$$r\frac{\mathrm{d}^2 u}{\mathrm{d}r^2} + \frac{\mathrm{d}u}{\mathrm{d}r} = -\frac{\Delta p}{\mu L}r \tag{7.3.5}$$

即

$$\frac{\mathrm{d}}{\mathrm{d}r}\left(r\frac{\mathrm{d}u}{\mathrm{d}r}\right) = -r\frac{\Delta p}{\mu L}$$

对上式积分，则

$$r\frac{\mathrm{d}u}{\mathrm{d}r} = -\frac{\Delta p}{2\mu L}r^2 + c_1 \tag{7.3.6}$$

即

$$\frac{\mathrm{d}u}{\mathrm{d}r} = -r\frac{\Delta p}{2\mu L} + \frac{c_1}{r} \tag{7.3.7}$$

再次积分，则

$$u = c_1 \ln r - \frac{\Delta p}{4\mu L}r^2 + c_2 \tag{7.3.8}$$

根据边界条件 $r = r_0, u = 0; r = R_0, u = 0$，可定出

$$\begin{cases} c_1 = \dfrac{\Delta p}{4\mu L}\dfrac{R_0^2 - r_0^2}{\ln\dfrac{R_0}{r_0}} \\[2ex] c_2 = \dfrac{\Delta p}{4\mu L}\dfrac{R_0^2 r_0^2 \ln R_0 - R_0^2 \ln r_0}{\ln\dfrac{R_0}{r_0}} \end{cases} \tag{7.3.9}$$

将 c_1 和 c_2 代入式(7.3.8)，则

$$u = \frac{\Delta p}{4\mu L}\left[\frac{R_0^2 \ln(r/r_0) - r_0^2 \ln(r/R_0)}{\ln(R/r_0)} - r^2\right] \tag{7.3.10}$$

故通过环形缝隙流的流量为

$$Q = \int_{r_0}^{R_0} \mathrm{d}Q = \int_{r_0}^{R_0} 2\pi r u \,\mathrm{d}r = \frac{\pi \Delta p}{8\mu L}\left[(R_0^4 - r_0^4) - \frac{(R_0^2 - r_0^2)^2}{\ln(R_0/r_0)}\right] \tag{7.3.11}$$

引入平均半径 $\bar{r}=\dfrac{R_0+r_0}{2}$ 及间隙 $h=R_0-r_0$，并对 $\ln(R_0/r_0)$ 做一阶线性近似，则

$$Q=\frac{\pi\bar{d}h^3}{16\mu L}\Delta p \tag{7.3.12}$$

式中，$\bar{d}$ 为平均直径，$\bar{d}=R_0+r_0=2\bar{r}$。

对于圆管层流，$r_0\to0$，$\bar{d}=d=2R_0$，$h=R_0$，则

$$Q=\frac{\pi d^4}{128\mu L}\Delta p \tag{7.3.13}$$

通过以上分析及结论可以看出，如果以 $Q=\dfrac{\pi\bar{d}h^3}{16\mu L}\Delta p$ 作为同心环形缝隙流的公式，比引用平行平面缝隙理论 $Q=\dfrac{\pi dh^3}{12\mu L}\Delta p$ 更准确，并且在理论上可将环形缝隙流与圆管层流统一起来。

7.3.2 偏心环形缝隙流

在工程中，由于载荷、转速等的影响，在往复或旋转装置中，偏心环形缝隙多于同心环形缝隙。

偏心环形缝隙流如图 7.6 所示，偏心距 $OO_1=e$，取 $O_1A=R_0$，偏心环形缝隙 O_1A 与 x 轴所成角为 φ，过点 O 作 $OC/\!/O_1A$，则间隙 $h(\varphi)$ 为

$$\begin{aligned}h(\varphi)&=BC=OC-OB\\&=e\cos\varphi+R_0-r_0\\&=h_0+e\cos\varphi\\&=h_0(1+\varepsilon\cos\varphi)\end{aligned} \tag{7.3.14}$$

式中，h_0 为同心时间隙，$h_0=R_0-r_0$；ε 为偏心率，$\varepsilon=e/h_0$。

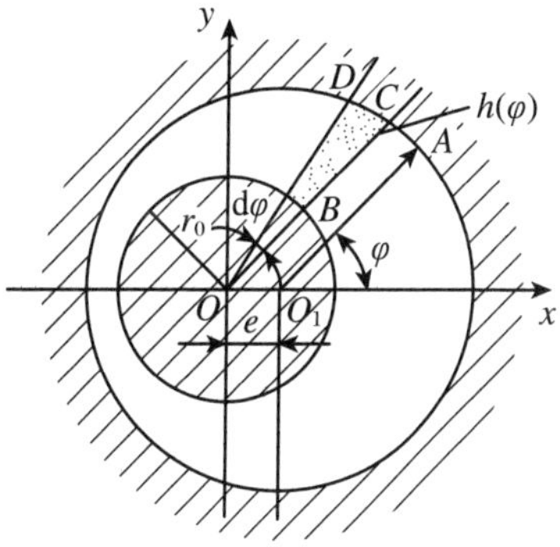

图 7.6 偏心环形缝隙流

再作 OD 使 $\angle DOC=\mathrm{d}\varphi$，取微弧长 $r\mathrm{d}\theta$；根据式(7.3.12)知，单位弧长上的流量为

$$\frac{Q}{\pi\bar{d}}=\frac{h^3(\varphi)}{16\mu L}\Delta p \tag{7.3.15}$$

则微弧长 $r\mathrm{d}\theta$ 上的微流量为

$$\mathrm{d}Q=\frac{\Delta p}{16\mu L}h^3(\varphi)\bar{r}\mathrm{d}\varphi \tag{7.3.16}$$

故偏心环形缝隙流的流量为

$$\begin{aligned}Q&=\int_0^{2\pi}\mathrm{d}Q=\frac{\Delta p}{16\mu L}h_0^3\bar{r}\int_0^{2\pi}(1+\varepsilon\cos\theta)^3\mathrm{d}\varphi=\frac{\pi\bar{d}h_0^3}{16\mu L}\Delta p(1+1.5\varepsilon^2)\\&=Q_0(1+1.5\varepsilon^2)\end{aligned} \tag{7.3.17}$$

式中，Q_0 为同心环形缝隙流的流量。

【例 7.2】 如图 7.7 所示，柱塞直径 $d=38$ mm，长度 $L=80$ mm，在 $D=40$ mm 的油缸

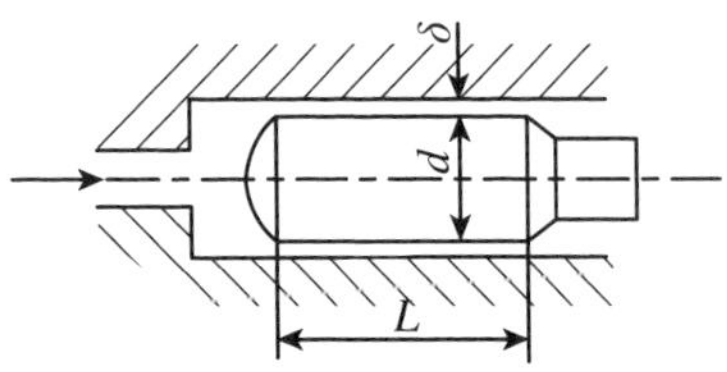

图 7.7 环形缝隙流的计算

中处于平衡状态，油液动力黏度 $\mu = 0.12\ \text{Pa} \cdot \text{s}$。试求下列两种情况下流经缝隙的液体流量：

(1) 柱塞与油缸同心，两端的压强差为 10^5 Pa；

(2) 柱塞在油缸中偏心，偏心距 $e = 1$ mm，柱塞两端的压强差为 40 kPa。

【解】 (1) 油缸与活塞之间为环形缝隙流，当柱塞与油缸同心时，已知两端的压强差为 $\Delta p = 10^5$ Pa，$h = (40-38)/2\ \text{mm} = 1\ \text{mm}$，$\overline{d} = R_0 + r_0 = (20+19)\ \text{mm} = 39\ \text{mm}$。

根据式(7.3.12)，得

$$Q_0 = \frac{\pi \overline{d} h^3}{16\mu L}\Delta p = \frac{3.14 \times 39 \times 10^{-3} \times (1 \times 10^{-3})^3}{16 \times 0.12 \times 80 \times 10^{-3}} \times 10^5\ \text{m}^3/\text{s}$$
$$= 0.0797 \times 10^{-3}\ \text{m}^3/\text{s} = 4.782\ \text{L/min}$$

(2) 如柱塞在油缸中偏心，偏心距 $e = 1$ mm，柱塞两端的压强差为 40 kPa。

根据式(7.3.17)，得

$$Q = Q_0(1 + 1.5\varepsilon^2) = 0.0797 \times 10^{-3} \times [1 + 1.5 \times (1 \times 10^{-3})^2]\ \text{m}^3/\text{s}$$
$$= 0.0797 \times 10^{-3}\ \text{m}^3/\text{s} = 4.782\ \text{L/min}$$

讨论 注意本题中的同心和偏心是在不同压强差条件下工作的，它们的泄漏量相等，这也意味着，在相同压强差工作条件下，它们的泄漏量不相等。

7.4 平行圆盘缝隙流

圆盘缝隙径向流在工程中也是常见的。该类问题有两种情况：一种是轴向间隙固定时的有源流动——放射流动，另一种是无源时的挤压流动——轴向间隙发生变化时的挤压流动。现分述如下。

7.4.1 两圆盘固定不动的情况

如图 7.8 所示，平行圆盘之间的间隙为 h = 常数，外盘外径为 R_0，压力为 p_1 的油液从下部半径为 r_0 的圆管中供入。研究的问题是速度分布和压力分布规律及供液流量 Q 与压力降 Δp 的关系。

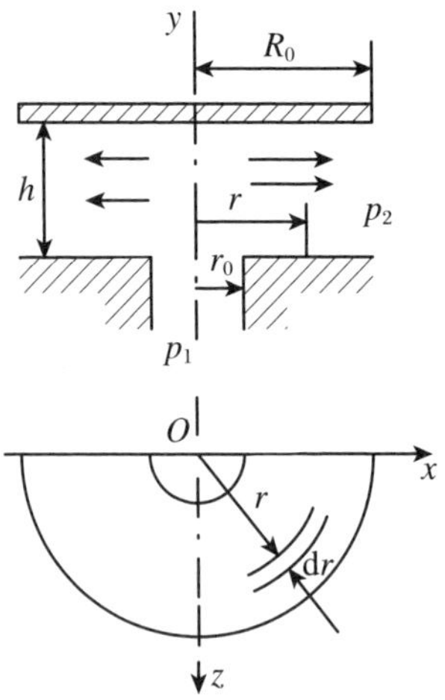

图 7.8 平行圆盘缝隙流

1. 速度分布规律

取圆柱坐标系 $O\text{-}r\theta y$，由于流动的对称性，运动参数与 θ 无关，即 $u_\theta = 0$；由于 h 甚小，u_r 可不计，即 $u_y = 0$，亦即 $u = u_r$。不计质量力和惯性力，不计油液可压缩性，则 N-S 方程可简化为

$$\begin{cases} -\dfrac{1}{\rho}\dfrac{\partial p}{\partial r}+\nu\left(\dfrac{\partial^2 u_r}{\partial r^2}+\dfrac{1}{r}\dfrac{\partial u_r}{\partial r}+\dfrac{\partial^2 u_r}{\partial y^2}-\dfrac{u_r}{r^2}\right)=0 \\ \dfrac{\partial p}{\partial \theta}=0 \\ \dfrac{\partial p}{\partial y}=0 \end{cases} \tag{7.4.1}$$

由式(7.4.1)中的后两式知，p 与 y 和 θ 无关，即$\dfrac{\partial p}{\partial r}=\dfrac{\mathrm{d}p}{\mathrm{d}r}$。又 $u_\theta=0$，$u_y=0$，并根据连续方程$\dfrac{u_r}{r}+\dfrac{\partial u_r}{\partial r}+\dfrac{1}{r}\dfrac{\partial u_\theta}{\partial \theta}+\dfrac{\partial u_y}{\partial y}=0$，上式可简化为

$$\frac{u_r}{r}+\frac{\partial u_r}{\partial r}=0 \tag{7.4.2}$$

将上式对 r 求导，得

$$\frac{1}{r}\frac{\partial u_r}{\partial r}-\frac{u_r}{r^2}+\frac{\partial^2 u_r}{\partial r^2}=0 \tag{7.4.3}$$

将式(7.4.3)代入式(7.4.1)中的第一式，则

$$\frac{\partial^2 u_r}{\partial r^2}=\frac{\mathrm{d}^2 u_r}{\mathrm{d}r^2}=\frac{1}{\mu}\frac{\mathrm{d}p}{\mathrm{d}r} \tag{7.4.4}$$

对上式做二次积分，并利用边界条件($y=0$，$u=0$；$y=h$，$u=0$)确定积分常数 c_1 和 c_2，再代入原式，得

$$u=-\frac{1}{2\mu}\frac{\mathrm{d}p}{\mathrm{d}r}(h-y)y \tag{7.4.5}$$

由上式知，$u(r)$的分布与平行平面间的速度分布是相同的，即服从抛物线分布规律，并且在 $y=\dfrac{h}{2}$处，$u=u_{\max}=\dfrac{1}{8\mu}\dfrac{\mathrm{d}p}{\mathrm{d}r}h^2$。

2. 流量和压力分布规律

取半径为 r、高度为 $\mathrm{d}y$ 的圆环，对微流量 $\mathrm{d}Q$ 积分，得

$$Q=\int_0^h \mathrm{d}Q=-\int_0^h \frac{2\pi r}{2\mu}\frac{\mathrm{d}p}{\mathrm{d}r}(h-y)y\mathrm{d}y=-\frac{\pi r h^3}{6\mu}\frac{\mathrm{d}p}{\mathrm{d}r} \tag{7.4.6}$$

或 $\mathrm{d}p=-\dfrac{6\mu\theta}{\pi h^3}\dfrac{\mathrm{d}r}{r}$，对上式积分，得

$$p=-\frac{6\mu\theta}{\pi h^3}\ln r+c \tag{7.4.7}$$

根据边界条件 $r=R_0$，$p=p_2$，有 $c=p_2+\dfrac{6\mu\theta}{\pi h^3}\ln R_0$，则

$$p=p_2+\frac{6\mu\theta}{\pi h^3}\ln\left(\frac{R_0}{r}\right) \tag{7.4.8}$$

当 $r=r_0$ 时，$p=p_1$，有

$$\Delta p=p_1-p_2=\frac{6\mu Q}{\pi h^3}\ln\left(\frac{R_0}{r_0}\right) \tag{7.4.9}$$

进一步有

$$Q = \frac{\pi h^3 \Delta p}{6\mu \ln\left(\frac{R_0}{r_0}\right)} \tag{7.4.10}$$

确定式(7.4.8)和式(7.4.10)的另一种比较简单的方法是利用平行平面缝隙流公式 $Q=\frac{Bh^3}{12\mu}\frac{\Delta p}{L}$,将 B 换成 $2\pi r$,$\frac{\Delta p}{L}$ 换成 $-\frac{\mathrm{d}p}{\mathrm{d}r}$,进一步变形则有 $\mathrm{d}p=-\frac{6\mu\theta}{\pi h^3}\frac{\mathrm{d}p}{\mathrm{d}r}$,积分可得如上结论。

7.4.2 挤压流动的情况

在挤压流动(图 7.9)中,下平面固定,上圆盘以 $-u_y$ 向下运动。挤压油液,两板间隙 $h=h(t)$。根据本节放射流理论,有如下方程:

$$\mathrm{d}p = -\frac{6\mu\theta}{\pi h^3}\frac{\mathrm{d}r}{r} \tag{7.4.11}$$

因为流过 r 处的流量 $Q=\pi r^2 u_y$,因此

$$\mathrm{d}p = -\frac{6\mu u_y}{h^3} r\mathrm{d}r \tag{7.4.12}$$

对上式积分,得

$$p = -\frac{3\mu u_y}{h^3} r^2 + c \tag{7.4.13}$$

根据边界条件 $r=R_0$,$p=p_0$,得 $c=p_0+\frac{3\mu u_y}{h^3}R_0^2$,则有

$$p = p_0 + c = p_0 + \frac{3\mu u_y}{h^3}(R_0^2 - r^2) \tag{7.4.14}$$

即压力分布服从抛物线规律(图 7.10),在 $r=R_0$ 时压力有极大值 p_m,即

$$p_m = p_0 + \frac{3\mu R_0^2}{h^3} u_y \tag{7.4.15}$$

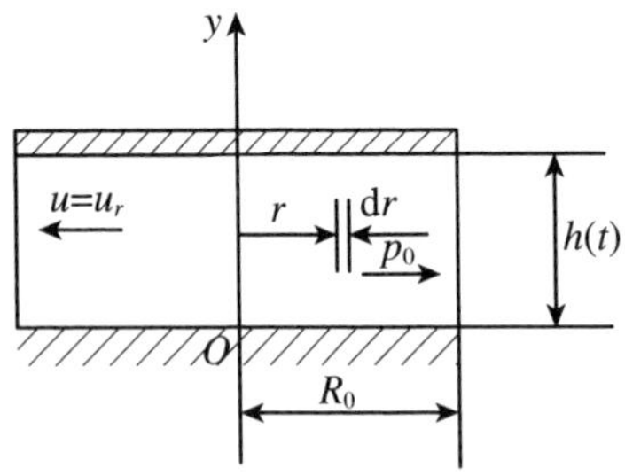

图 7.9 挤压流动

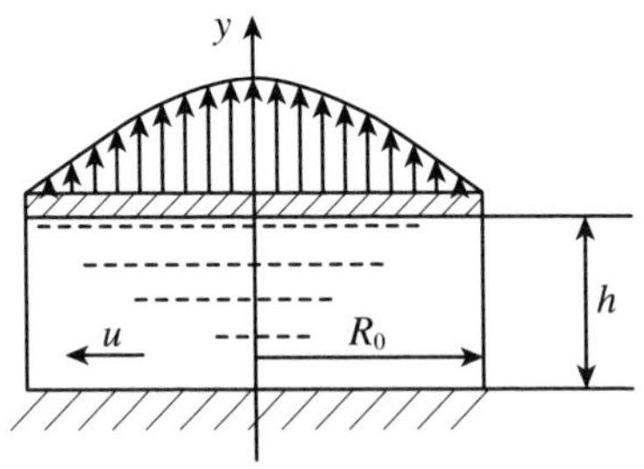

图 7.10 压力分布

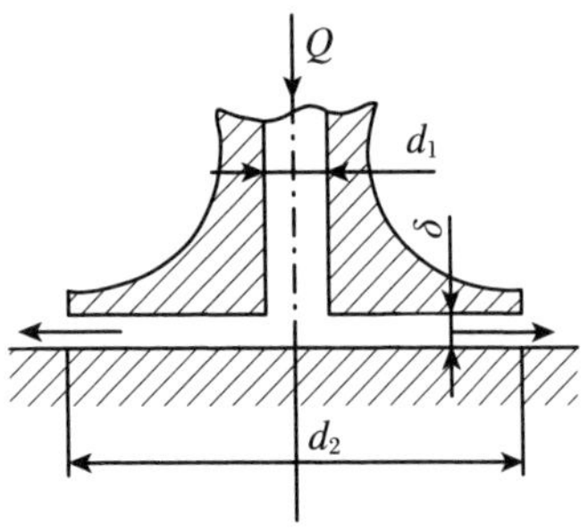

图 7.11 平行圆盘缝隙流的计算

【例 7.3】 如图 7.11 所示,动力黏度 $\mu=0.147$ Pa·s 的油液从直径 $d_1=10$ mm 的小管进入圆盘缝隙,然后经缝隙 $\delta=2$ mm 从 $d_2=40$ mm 的圆盘外缘流入大气,流量 $Q=4$ L/s,试求小管与圆盘交界处的压强 P_1 及流体作用在上圆盘的力。

【解】 (1) 求小管与圆盘交界处的压强 P_1:

由于油液从小管经圆盘缝隙流入大气,$P_2=0$(相对压强),根据式(7.4.9)可得

$$p_1 = \frac{6\mu Q}{\pi h^3}\ln\left(\frac{R_0}{r_0}\right) = \frac{6\times 0.147\times 4\times 10^{-3}}{\pi\times(2\times 10^{-3})^3}\ln\frac{20}{5}\ \text{Pa}$$
$$= 1.946\times 10^5\ \text{Pa} = 1.946\ \text{bar}$$

(2) 求流体作用在上圆盘的力：

$$F_y = \frac{3\mu Q}{h^3}(R_0^2 - r_0^2) - \pi r_0^2 p_1$$
$$= \left[\frac{3\times 0.147\times 4\times 10^{-3}}{(2\times 10^{-3})^3}\times(0.02^2 - 0.005^2) - 3.14\times 0.005^2\times 1.946\times 10^5\right]\text{N}$$
$$= 67.4\ \text{N}\quad（方向向上）$$

本章小结

(1) 平行平面缝隙流和平面渐变缝隙流的运动微分方程是一致的。在平行平面缝隙流中，$\frac{\mathrm{d}p}{\mathrm{d}x} = -\frac{\Delta p}{L} =$ 常数；而在渐变缝隙流中，$\frac{\mathrm{d}p}{\mathrm{d}x} = f(x) \neq$ 常数。坐标系的选择方式不同，不影响速度分布规律和 Q-Δp 方程。剪切压差流可由剪切流和压差流叠加构成。

(2) 圆心环形缝隙流可作为平行平面缝隙流分析，但这种分析得出的结论与从运动微分方程推演而得出的结论有差异。偏心环形缝隙流中的间隙 h 为角度 θ 的函数。

(3) 两圆盘固定不动的情况和挤压流动可利用平行平面缝隙流理论研究。

思考与练习

7.1　如图 7.12 所示，阻尼活塞直径 $d = 20$ mm，在 $F = 40$ N 的正压力作用下运动，活塞与缸体的间隙为 $\delta = 0.1$ mm，缸体长 $l = 70$ mm，油液黏度 $\mu = 0.08$ Pa·s。试求活塞下降的速度。

7.2　如图 7.13 所示，直径 $D_0 = 30$ mm 的圆盘，其中心有一直径 $d_1 = 5$ mm 的小孔，圆盘与平板的间距为 $\delta = 1$ mm，由小孔注入 $\rho = 9000$ kg/m^3，$\mu = 0.15$ Pa·s，$p_1 = 0.9\times 10^5$ Pa 的液压油。试求通过间隙的流量 Q，并求出压力沿半径的变化规律。

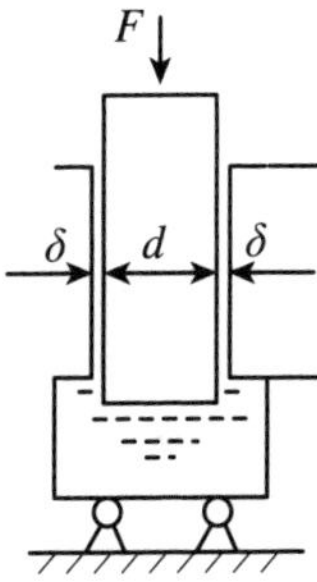

图 7.12　题 7.1 图

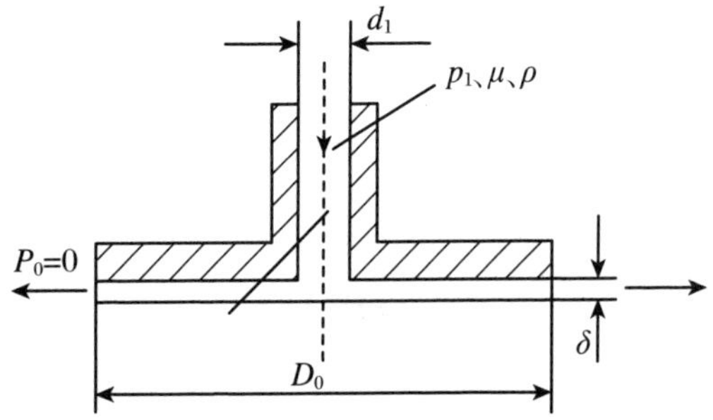

图 7.13　题 7.2 图

7.3　图 7.14 所示的强制润滑的轴承，轴径为 12 cm，轴向载荷 $F=5\times10^4$ N，中央凹部的直径是 4 cm，用油泵通入 $Q=0.1\times10^{-3}$ m^3/s 的油液时，泵供油压力应为多大？轴和轴承之间的间隙应是多少？（设 $\mu=9.8\times10^2$ Pa·s）

7.4　如图 7.15 所示，直径 $d=25$ mm 的油缸中有长度 $l=150$ mm 的柱塞，两端作用的压力差为 196 kN/m^2，油液的动力黏度 $\mu=0.147$ Pa·s，分别求下面两种情况下缝隙中的泄漏量：

(1) 柱塞有 4 个 $a=3$ mm，$b=1.5$ mm 的沟槽；

(2) 没有沟槽，但柱塞和缸壁间的环形通道面积与上述 4 个沟槽的总面积相同。

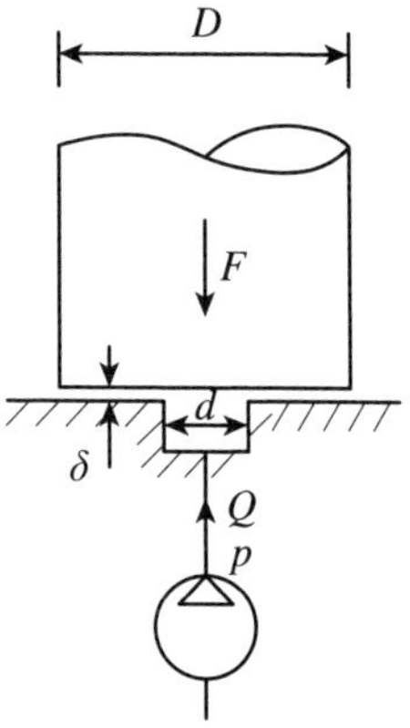

图 7.14　题 7.3 图

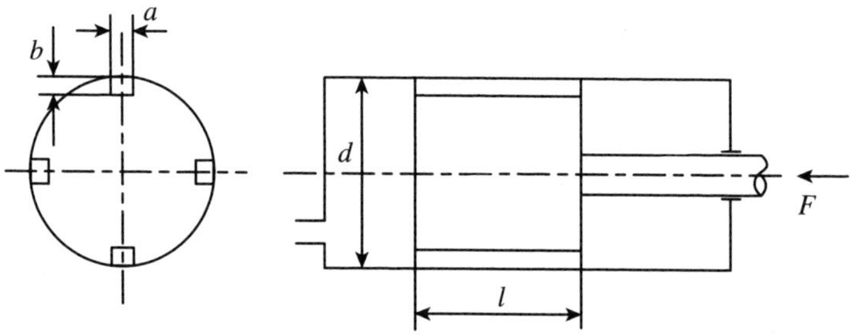

图 7.15　题 7.4 图

7.5　如图 7.16 所示，当圆盘转数 $n=400$ r/min 时，试确定圆盘的摩擦力矩 M。已知腔体间隙 $h=0.5$ mm，油的黏度为 $\mu=0.07$ Pa·s，圆盘尺寸为 $d=20$ mm，$D=110$ mm。（设流体只随圆盘做圆周运动）

7.6　如图 7.17 所示，液体的黏度为 μ，密度为 ρ，在重力作用下沿一斜板流动。斜板与水平面间的倾角为 θ，宽度无限大，液层厚度为 h，流动是恒定的且平行于板面，不计流体和空气间的摩擦，试推导液层内的速度分布，并导出板面的切应力和平均流速计算式。

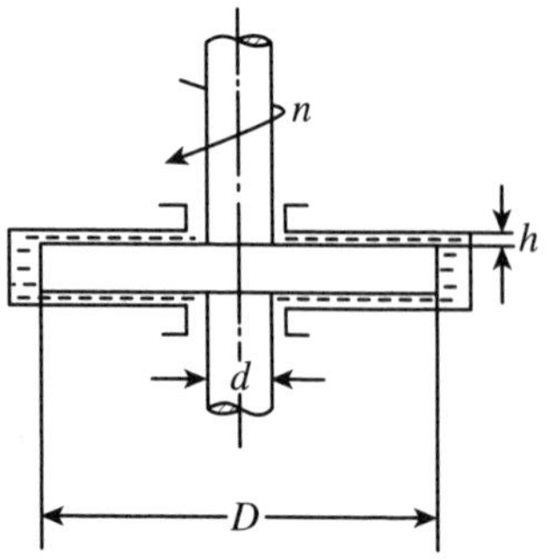

图 7.16　题 7.5 图

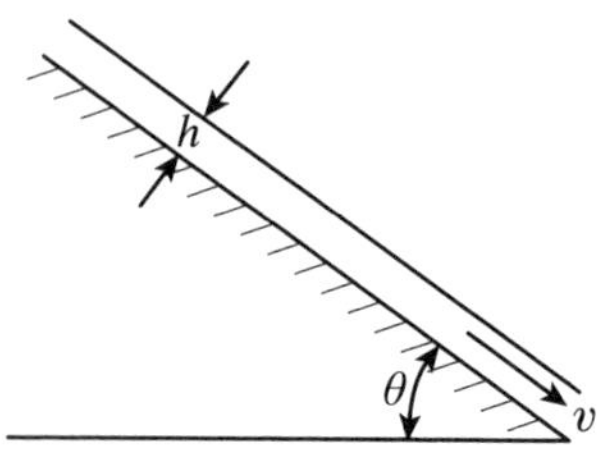

图 7.17　题 7.6 图

第8章　射流基础

8.1　概　　述

射流与管道或明渠流的不同之处在于:管流周界全部是固体,明渠流流动除水面以外大部分周界也是固体,而射流则除贴壁射流以外,大多数射流的全部周界是流体。

射流按流动形态可分为层流射流和湍流射流。工程实际问题中,多为湍流射流。射流按断面形状可分为平面(二维)射流、圆形(轴对称)射流、矩形(三维)射流等。

射流根据周围环境的条件可分为在无限空间的流体内运动的自由射流、在有限空间的流体内运动的非自由射流或有限空间射流。其中,若有一边贴附固体边界,则称为贴壁射流。另外,从环境的性质来划分,射入同种性质流体内的称为淹没射流;反之,则称为非淹没射流(如大气中的水射流)。

除上述射流周围环境的条件影响射流运动以外,周围流体因素的影响,即流体是静止的还是流动的,其流动方向是平行于射流的还是和射流有一定交角的(横流),流动的紊动强度和流体密度的变化及有无分层等因素都对射流运动有着重要影响。

除以上射流分类,按原动力,射流还可以分为动量射流、浮力羽流和浮射流三类。动量射流以出流的动量为原动力,一般情况下,等密度的射流属于动量射流;浮力羽流则是以浮力为原动力,如热源上产生的烟气;浮射流的原动力包括出流动量和浮力两方面,如火电站或核电站的冷却水排入河流或湖池中的热水射流,污水排入密度较大的河口、港湾等水域中的污水射流等都属于浮射流。

研究射流所要解决的主要问题有:对于液体射流,确定射流扩展的范围、射流中流速分布及流量沿程变化;对于气体射流,如变密度、非等温和含有污染物质的射流,还要确定射流的密度分布、温度分布和污染物质的浓度分布。本章重点介绍液体自由淹没射流的相关内容。

8.2　自由射流

8.2.1　自由射流的形成

自由射流的基本过程是一股快速流动的流体射入相对速度较小的环境中,这种主流速度与环境速度的差别在射流边界将产生剪切层，由于剪切层不稳定性的迅速增长，形成涡旋。正是涡旋导致射流对周围流体的卷吸。以自由淹没湍流圆射流为例，如图 8.1 所示，在离喷嘴很近的区域，流线基本为直线，该区域内流体保持喷嘴出口的速度；在与喷嘴一定距离的射流的边界层中，出现了涡旋结构，这些涡旋尺度不断增长，最终破碎成更小的涡旋。关于剪切层不稳定形成涡旋的过程，可以通过图 8.2 做进一步说明。

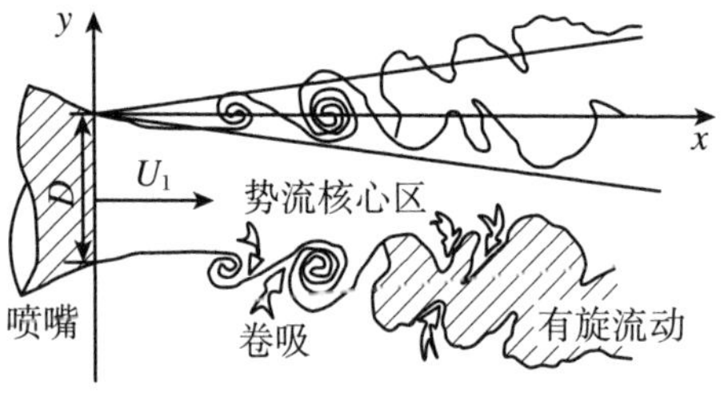

图 8.1　射流的涡旋生长和卷吸

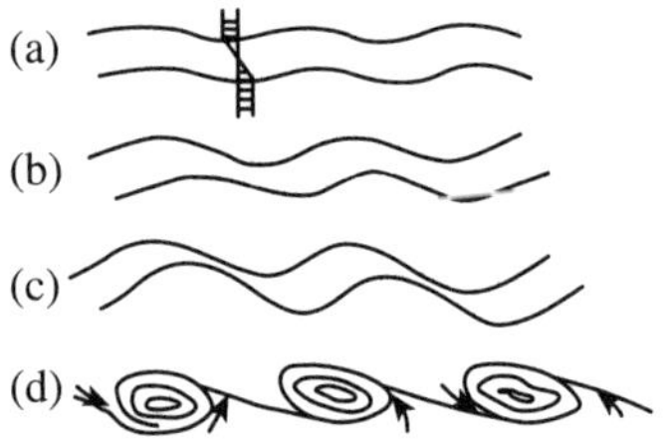

图 8.2　剪切层起始不稳定性涡旋形成

首先，扰动使含有涡量的区域边界变形，如图 8.2(a)所示；进一步周期性地增厚和减薄，如图 8.2(b)所示；涡旋区域即将出现，如图 8.2(c)所示；最后形成单个涡旋，如图8.2(d)所示。由于流体黏性的作用，每个涡旋都会影响其他涡旋，使相邻的涡旋配对。由于两个涡旋接近并不断地相互绕着旋转，以致产生合并和缠绕，最后形成新的更大的涡旋。这些涡旋运动的同时将湍流射流流体带至周围无旋流体，使周围无旋流体卷入射流。以上过程的不断发生，使射流宽度不断增加。

8.2.2　自由射流的结构

假定气流沿 x 轴的正方向自直径为 d 的喷嘴流出，初速度为 u_0，且周围是静止的相同流体（密度、黏度及温度相同），射流外边界的交点称为射流极点。只要流出的速度不是很低，则射流经过很短的距离，即变成完全的湍流。由于湍流的脉动作用，射流与周围静止流体相混，流体则被射流卷吸而向下游流动，使射流的质量增加、宽度变大，但射流的速度却逐渐衰减，并一直影响到射流的中心轴线上，最后消失。在这段距离内，经历了从发展到消失的过程，由图 8.3 所示的射流发展过程可看出，自由射流结构分为如下三个区域。

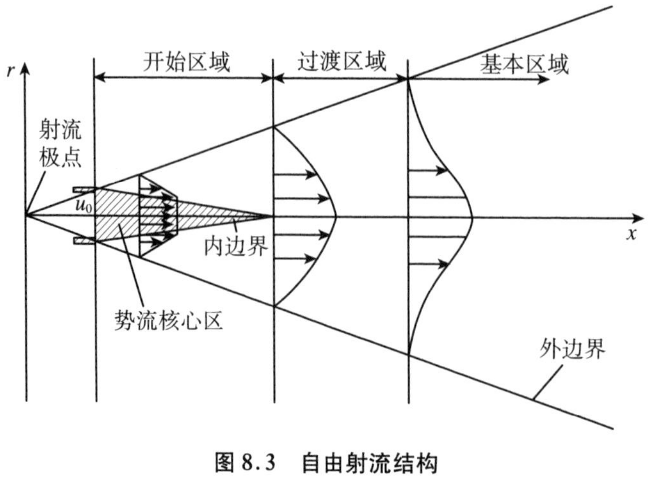

图 8.3　自由射流结构

1. 开始区域

射流刚离开喷嘴在出口截面处,未经扰动保持初速度 u_0。随着沿 x 轴方向的流动,由于射流的卷吸作用,射流的宽度变大。但在中心部分有一个保持从喷嘴流出时速度 u_0 的区域,这一区域称为势流核心区,简称势核区。在该区域中,流体速度保持不变,区域的宽度随 x 轴的增长而减小,直至为零,这就是射流发展过程中的开始区域。势流核心区的外围是混合区,混合区内有速度梯度,流动速度沿径向逐渐减小,至外边界速度为零。开始区域的长度约为 $6.4d$。

2. 过渡区域

从这个区域开始,射流轴线上的速度开始降低,不再保持为起始速度。在过渡区域内,速度分布趋于完成,整个区域均属混合区。这个区域的长度很短,位于 x 轴上 $6.4d \sim 8d$ 内,作为工程上的近似,常可忽略该区域。

3. 基本区域

在这个区域内,射流已充分发展。沿 x 轴方向,轴向时均速度的横向分布,在不同截面上具有相似的几何形状,即有相似的速度分布。基本区域的长度有 $100d$ 甚至更长。当射流中心的速度为零时,射流能量完全消失,射流终结。

8.2.3 自由射流的基本特性

自由射流具有以下基本特性:

(1) 射流边界层的宽度小于射流的长度。

(2) 在射流边界层的任何断面上,横向分速远比纵向(轴向)分速小得多,可以认为射流速度就等于它的纵向分速。

(3) 射流边界层的内外边界都是直线扩展的(严格讲,是统计平均的意义)。当主体段的外边界线延长交于轴线上的射流源或极点时,外边界线与轴线的夹角称为扩展角或极角,为常数。

(4) 射流各断面上纵向流速分布具有相似性,也称为自保性。在射流的主体段中,随着距离 x 的增加,轴线流速 u_m 逐渐减小,流速分布曲线趋于平坦,如图 8.4(a)所示。若改用无因次(量纲为一)的值表示,以 u/u_m 为纵坐标,u 是径向坐标为 r 处的流速;以 $r/b_{0.5}$ 为横坐标,$b_{0.5}$ 是流速等于 $u_m/2$ 处的径向坐标。如图 8.4(b)所示,所有断面上的无因次的流速分布曲线基本是相同的。实验表明,在射流起始段的边界层内,断面上的流速分布也具有这种相似性。

(5) 整个射流区内的压强分布是一样的。

(6) 射流各断面上动量守恒。在射流主体段内,取两断面间的一段射流作为控制体,对于水平射流来讲,$\partial p/\partial x = 0$,射流与周围环境流体的摩擦阻力和射流脉动产生的应力略去不计,质量力垂直于 x 轴,这样作用在控制体内流体上的沿 x 轴方向的合外力等于零。所以由动量方程可得射流各断面上的动量相等,即动量守恒,也就是单位时间通过射流各断面的流体总动量是常数。

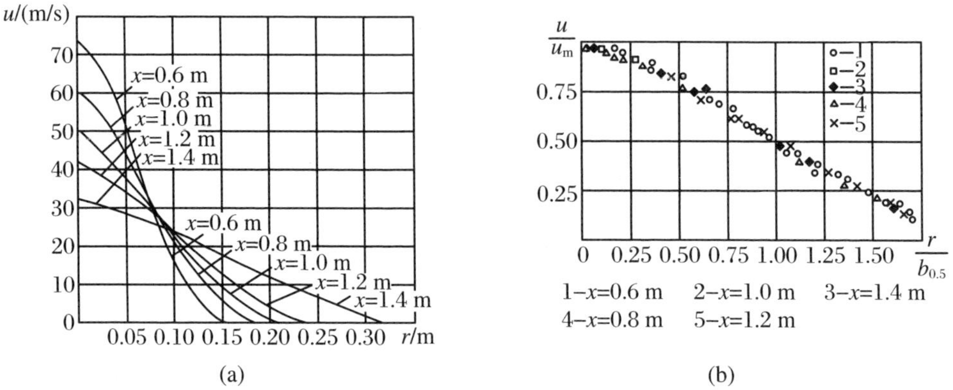

图 8.4 自由射流的速度相似

8.2.4 自由射流的速度分布

1. 圆断面自由淹没射流

圆断面自由淹没射流是比较常见的一种射流，如图 8.5 所示，设射流出口断面上的流速均为 u_0，出口断面的半径为 r_0。实验表明，当射流雷诺数 $Re>2000$ 时，可认为是湍流射流。

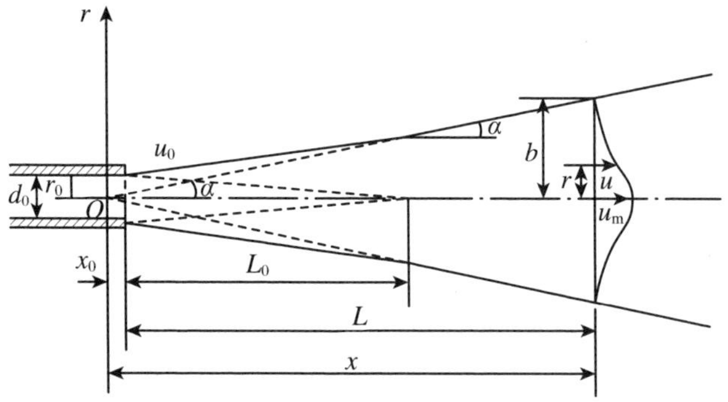

图 8.5 圆断面自由淹没射流

根据艾伯森（Albertson）等人的实验观测资料，可以认为射流主体段各断面上的流速分布为高斯正态分布形式，即

$$u = u_m \exp\left(-\frac{r^2}{b^2}\right) \tag{8.2.1}$$

式中，u_m 为射流断面半径是 b 时射流轴线处的最大速度；u 为断面半径是 b 时到轴线中心距离等于半径 r 处所对应的速度。当流速为 $u = u_m/\mathrm{e}$ 处对应的射流断面半径是 b_e 时，上式可改写为

$$u = u_m \exp\left(-\frac{r^2}{b_e^2}\right) \tag{8.2.2}$$

(a) 流速分布

主体段的流速分布包括轴线流速 u_m 沿程变化和断面上的流速分布。根据射流各断面

上的动量守恒,可得

$$\rho u_0^2 \frac{\pi d_0^2}{4} = \int_0^\infty \rho u^2 2\pi r \mathrm{d}r \tag{8.2.3}$$

将式(8.2.2)代入主体段断面的动量表达式,得

$$\int_0^\infty \rho u^2 2\pi r \mathrm{d}r = \rho \int_0^\infty u_{\mathrm{m}}^2 \exp^2\left(-\frac{r^2}{b_{\mathrm{e}}^2}\right) 2\pi r \mathrm{d}r = 2\rho\pi u_{\mathrm{m}}^2 \frac{b_{\mathrm{e}}^2}{4} \int_0^\infty \exp\left(-\frac{2r^2}{b_{\mathrm{e}}^2}\right) \mathrm{d}\left(\frac{2r^2}{b_{\mathrm{e}}^2}\right)$$

$$= \frac{\rho}{2}\pi u_{\mathrm{m}}^2 b_{\mathrm{e}}^2$$

则根据式(8.2.3),可得

$$u_0^2 \frac{\pi d_0^2}{4} = \frac{\pi}{2} u_{\mathrm{m}}^2 b_{\mathrm{e}}^2 \tag{8.2.4}$$

如前所述,由于射流厚度按直线规律扩展,设 $b_{\mathrm{e}} = \varepsilon x$,则式(8.2.4)可写为

$$\frac{u_{\mathrm{m}}}{u_0} = \frac{1}{\sqrt{2}}\left(\frac{d_0}{\varepsilon x}\right) \tag{8.2.5}$$

式中,ε 为扩展系数。根据实验资料,$\varepsilon = 0.114$,得到圆断面自由淹没射流主体段轴线流速 u_{m}沿程变化关系式为

$$u_{\mathrm{m}} = 6.2 u_0 \frac{d_0}{x} \quad (x > L_0) \tag{8.2.6}$$

上式表明,轴线处的流速 u_{m}与到极点的距离 x 成反比。将式(8.2.6)代入式(8.2.2),得到射流各断面上的流速分布为

$$u = 6.2 u_0 \frac{d_0}{x} \exp\left(-\frac{r^2}{b_{\mathrm{e}}^2}\right) \tag{8.2.7}$$

(b) 起始段长度

根据实验资料,出口断面到极点的距离为 $0.6d_0$。令 $u_{\mathrm{m}} = u_0$,则由式(8.2.6)得到 $x = 6.2d_0$。所以起始段长度为

$$L_0 = 0.6d_0 + 6.2d_0 = 6.8d_0 \tag{8.2.8}$$

(c) 流量沿程变化

射流各断面上的流量 Q 为

$$Q = \int_0^\infty u 2\pi r \mathrm{d}r = 2\pi \int_0^\infty u_{\mathrm{m}} \exp\left(-\frac{r^2}{b_{\mathrm{e}}^2}\right) r \mathrm{d}r$$

$$= 2\pi u_{\mathrm{m}} \frac{b_{\mathrm{e}}^2}{2} \int_0^\infty \exp\left(-\frac{r^2}{b_{\mathrm{e}}^2}\right) \mathrm{d}\left(\frac{r^2}{b_{\mathrm{e}}^2}\right) = \pi u_{\mathrm{m}} b_{\mathrm{e}}^2 \tag{8.2.9}$$

圆断面的出口流量 Q_0为

$$Q_0 = u_0 \frac{\pi d_0^2}{4}$$

由此可得 Q 与 Q_0的流量之比为

$$\frac{Q}{Q_0} = \frac{4 u_{\mathrm{m}} b_{\mathrm{e}}^2}{u_0 d_0^2} \tag{8.2.10}$$

将式(8.2.5)代入上式,并取 $b_{\mathrm{e}} = \varepsilon x$,按实验结果,$\varepsilon = 0.114$,则

$$\frac{Q}{Q_0} = \frac{4 b_{\mathrm{e}}^2}{d_0^2} \frac{d_0}{\sqrt{2}\varepsilon x} = \frac{4\varepsilon^2 x^2}{d_0^2} \frac{d_0}{\sqrt{2}\varepsilon x} = 0.32 \frac{x}{d_0} \tag{8.2.11}$$

上式表明,圆断面自由淹没射流各断面上的流量 Q 与此断面到极点的距离 x 成正比。

2. 平面自由淹没射流

平面自由淹没射流为流体从一条狭长的水平孔口或缝隙射入无限空间的静止流体中。与圆断面自由淹没射流问题的解决方法类似。如图 8.6 所示,假定射流出口断面的流速均为 u_0,出口断面的半高度为 b_0。实验表明,当射流雷诺数 $Re>30$ 时,可认为是湍流射流。

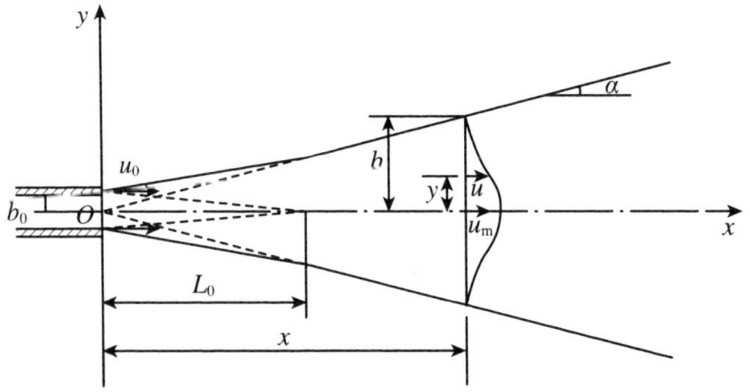

图 8.6 平面自由淹没射流

(a) 流速分布

根据实验资料,距射流中心轴线为 y 时,也可以认为平面自由淹没射流主体段断面上的流速分布为高斯正态分布形式,即

$$u = u_m \exp\left(-\frac{y^2}{b_e^2}\right) \tag{8.2.12}$$

式中,射流特征半厚度 b_e 为流速是 $u = u_m/e$ 处对应的射流断面半厚度。

由射流各断面的动量守恒,写出单位宽度上的动量守恒关系式,即

$$2\rho u_0^2 b_0 = \int_{-\infty}^{\infty} \rho u^2 \mathrm{d}y$$

将式(8.2.12)代入上式,可得

$$2\rho u_0^2 b_0 = 2\rho \int_0^{\infty} u_m^2 \exp^2\left(-\frac{y^2}{b_e^2}\right)\mathrm{d}y = 2\rho u_m^2 \int_0^{\infty} \exp\left(-\frac{2y^2}{b_e^2}\right)\mathrm{d}y$$

$$= 2u_m^2 \rho \frac{\sqrt{\pi}}{2\left(\dfrac{\sqrt{2}}{b_e}\right)} = \rho\sqrt{\frac{\pi}{2}} u_m^2 b_e \tag{8.2.13}$$

化简,得

$$2u_0^2 b_0 = \sqrt{\frac{\pi}{2}} u_m^2 b_e \tag{8.2.14}$$

将 $b_e = \varepsilon x$ 代入上式,进一步可得

$$\frac{u_m}{u_0} = \left(\sqrt{\frac{2}{\pi}}\,\frac{1}{\varepsilon}\right)\left(\frac{2b_0}{x}\right)^{\frac{1}{2}} \tag{8.2.15}$$

式中,根据艾伯森等人的实验,$\varepsilon = 0.154$,代入上式,得到平面自由淹没射流轴线流速 u_m 的沿程变化关系式为

$$u_{\mathrm{m}}=2.28u_0\left(\frac{2b_0}{x}\right)^{\frac{1}{2}}\quad(x>L_0)\tag{8.2.16}$$

上式表明,轴线处流速与极点距 x 的平方根成反比。与式(8.2.6)相比较,可以看出无论是平面自由淹没射流还是圆断面自由淹没射流,当增加射流的初速度 u_0 和喷管的出口尺寸时,都会使射流的轴向速度 u_{m}增加,即可增加射流的射出能力。

由于平面自由淹没射流中,轴向速度 u_{m}的减小与射出距离 x 的平方根成反比,而圆断面自由淹没射流 u_{m}的减小与 x 成反比,所以在射流初速度 u_0相同的条件下,圆断面自由淹没射流的速度衰减更快。故平面自由淹没射流比圆断面自由淹没射流具有更大的射出能力。

将式(8.2.16)代入式(8.2.12),得射流各断面上的流速分布为

$$u=2.28u_0\sqrt{\frac{2b_0}{x}}\exp\left(-\frac{y^2}{b_{\mathrm{e}}^2}\right)\tag{8.2.17}$$

将 $\varepsilon=0.154$ 代入 $b_{\mathrm{e}}=\varepsilon x$,得射流特征半厚度为 $b_{\mathrm{e}}=0.154x$。

(b) 起始段长度

令 $u_{\mathrm{m}}=u_0$,$x=L_0$,由式(8.2.16)可算得射流的起始段长度 L_0为

$$L_0=2b_0(2.28)^2=10.4b_0\tag{8.2.18}$$

(c) 流量沿程变化

射流任意断面上的单宽流量为

$$q=\int_{-\infty}^{\infty}u\mathrm{d}y=2\int_0^{\infty}u_{\mathrm{m}}\exp\left(-\frac{y^2}{b_{\mathrm{e}}^2}\right)\mathrm{d}y=2\frac{\sqrt{\pi}}{2\left(\dfrac{1}{b_{\mathrm{e}}}\right)}u_{\mathrm{m}}=\sqrt{\pi}b_{\mathrm{e}}u_{\mathrm{m}}\tag{8.2.19}$$

出口处的单宽流量为

$$q_0=2b_0u_0\tag{8.2.20}$$

由以上两式得

$$\frac{q}{q_0}=\frac{\sqrt{\pi}b_{\mathrm{e}}u_{\mathrm{m}}}{2b_0u_0}\tag{8.2.21}$$

将 $b_{\mathrm{e}}=0.154x$ 及式(8.2.16)代入上式,得

$$\frac{q}{q_0}=0.62\left(\frac{x}{2b_0}\right)^{\frac{1}{2}}$$

上式表明,平面自由淹没射流各断面上的流量与极点距的平方根成正比。

8.3　半限制射流

在工程上,射流喷入尺寸有限的设备中就形成了受限射流,也称有限空间射流。受限射流的特点是周围有一定的壁面边界。受限射流喷出后要卷吸周围介质,而周围介质因受壁面限制又不能无限供应被卷吸的流量,所以在射流喷出后的周围空间内形成回流区,这和自由射流有所不同。

由于受限射流在实际工程中有着广泛的应用，很多研究者对受限射流进行了深入细致的研究，得到了很多重要的结论。斯林(Thring)和纽比(Newby)以自由射流和受限射流的物理过程的简单概念为基础，得到了斯林-纽比准数 θ，即

$$\theta = \frac{d}{D} \tag{8.3.1}$$

式中，d 为喷嘴的直径；D 为受限空间通道的直径。

受限射流的另一个重要参数是回流比，定义如下：

$$\varepsilon = \frac{Q_R}{Q_0} \tag{8.3.2}$$

式中，Q_R 和 Q_0 分别为受限通道的回流量和喷嘴出口的初始流量。

若流体自喷嘴喷出后，有一部分受到固体壁面的限制，则这种受限射流称为半限制射流。半限制射流实际上是附面层和射流的混合流动，对其进行理论分析很困难，本节主要介绍半限制射流的实验结果。

8.3.1 贴壁射流

1. 贴壁射流的定义及特点

流体自喷口喷出时，流股的一面遇到一个与喷口轴线平行的平壁，使射流沿平壁扩展流动，这种射流流动称为贴壁射流。

与自由射流相比，贴壁射流的射程更大。这是因为沿平壁流动的射流与自由射流不同，它与周围流体介质的接触面减小了，卷吸周围介质的量也减少，当然吸入物质的制动作用的影响也随之减小。射流顺着平壁流动时，靠平壁的一半发生变形，好像是顺着平壁逸散，与平壁接触处射流变扁，即射流在平壁上铺开的张角增大，一般为 30°，这就是常说的射流的铺展性。

2. 贴壁射流的流场结构及速度分布

贴壁射流与自由射流相比，其速度分布发生了改变，最大速度值不在喷口轴线上，而是偏离轴线。贴壁射流的流场结构如图 8.7 所示。根据实验观察的结果，贴壁射流的结构可分为如下三个部分。

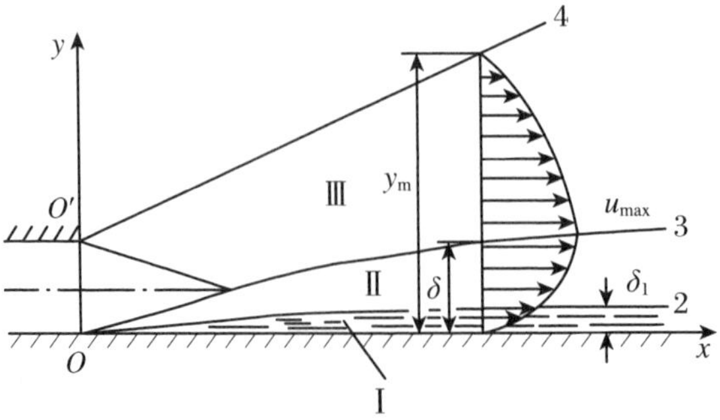

图 8.7 贴壁射流的流场结构

Ⅰ. 层流底层 Ⅱ. 湍流贴壁层 Ⅲ. 自由湍流层

层流底层：在紧贴壁的表面上，有一层很薄的层流底层Ⅰ，该层的厚度很薄，其运动受流体黏性的制约，其中的速度分布可以近似认为是线性分布，与平壁接触处的边界上速度为零。

湍流贴壁层：在层流底层以外，为湍流贴壁层Ⅱ，此层的边界可认为是在射流各截面上速度最大 u_m处，这个区域到平壁的距离为 y 时，速度分布为

$$\frac{u}{u_m}=\left(\frac{y}{\delta}\right)^{\frac{1}{n}}\quad(\delta_1\leqslant y\leqslant\delta)\tag{8.3.3}$$

式中，u_m为湍流贴壁层外边界线上射流截面的最大速度；δ 为湍流附面层的厚度；δ_1 为附面层内层流底层的厚度。

式(8.3.3)指数中的 n 随雷诺数 Re 的不同而改变。工程中常取 $n=7$。另外还要注意，贴壁射流与自由射流及管流的速度分布有所差别，它的最大速度值不是在喷口轴线上，而是在这个区域的外边界上。

自由湍流层：在层流底层Ⅰ及湍流贴壁层Ⅱ之外，为自由湍流层。因此，贴壁湍流射流的特点是，以沿射流各截面的最大速度 u_m 处为分界线，此线以下的贴壁流动即Ⅰ层与Ⅱ层，可作为湍流边界层考虑，自由湍流层Ⅲ则可作为湍流自由射流考虑。自由湍流层的速度分布为

$$\frac{u}{u_m}=\left[1-\left(\frac{y-\delta}{y_m-\delta}\right)^{\frac{3}{2}}\right]^2\quad(\delta\leqslant y\leqslant y_m)\tag{8.3.4}$$

式中，y_m 为贴壁射流外边界线上某点到平壁的距离；其他符号的意义同前。

图 8.8(a)为以水实验测得的沿平壁湍流射流不同截面上的速度分布曲线；图8.8(b)为用相对坐标 y/y_m和 u/u_m表示的各射流截面上的速度分布规律。从图中可以看出，各射流截面上的无因次速度分布曲线都重合在一条曲线上，这说明贴壁射流与自由射流一样，各截面上的速度分布是相似的。与自由射流不同的是，贴壁射流的速度分布是非对称的。

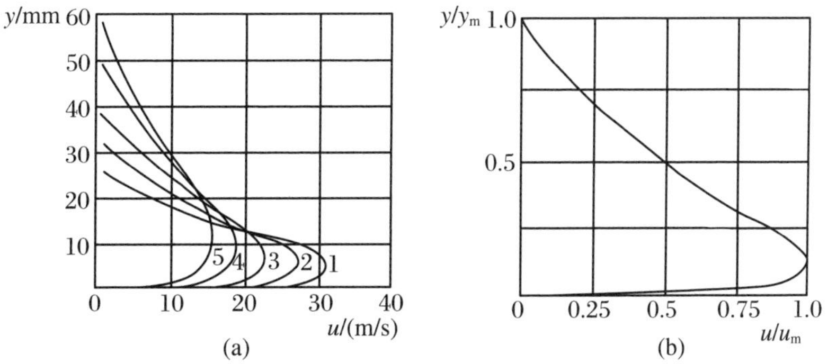

图 8.8 贴壁射流的速度分布

8.3.2 冲击射流

1. 冲击射流的定义及特点

当流体自喷口喷出形成射流后，在射流流动的方向上遇到一个与射流轴线成一定角度

的平壁,射流流体冲击平壁后继续扩散流动,这种射流流动称为冲击射流。

根据实验资料可知,冲击射流有以下特点:射流与平壁以任意交角相遇时,射流的方向即发生改变;流体自喷口喷出以后,在没有遇到平壁以前形成自由射流,而一经与平壁相遇后,在平壁附近的射流就变得扁而宽(射流的铺展性),射流在平壁上的铺展角约为 $\beta=30°+3\theta$(θ 为射流轴线与平壁的相遇角);在射流两侧的边缘上有一些流体逸散出来(射流的逸散性),射流流体与平壁的交角越大,射流朝垂直于轴线的方向及两侧的逸散越厉害。除此之外,在冲击射流截面上的速度分布也发生变化,射流速度的最大值不在射流的中心线上,而移到平壁附近附面层的外边界上,这与贴壁射流相似。射流在冲击点后的射程随着交角的增大而缩短。

2. 冲击射流的流场结构及速度分布

图 8.9 所示为冲击射流的流场结构。冲击射流的流场可以分为以下五个区域。

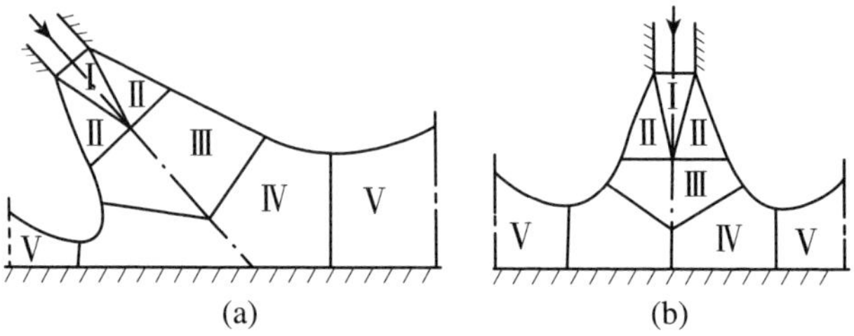

图 8.9 冲击射流的流场结构

Ⅰ. 核心区 Ⅱ. 边界层区 Ⅲ. 自动模化区 Ⅳ. 过渡区 Ⅴ. 贴壁射流区

核心区:射流的速度值仍保持初始速度 u 的圆锥形区域Ⅰ。在该区域内,各点的速度是均匀分布的。

边界层区:射流边界层区也称射流混合区,即图 8.9 中射流内、外边界之间的区域Ⅱ。在该区域内,流体的速度分布规律可用下式来表示,即

$$\frac{u}{u_0}=\left[1-\left(\frac{y}{b}\right)^{\frac{3}{2}}\right]^2 \tag{8.3.5}$$

式中,各符号的意义与自由射流中的符号意义相同。

自动模化区:图 8.9 中的Ⅲ区为射流自动模化区。在该区域内,由于射流卷吸,外围流体进行湍流扩散而产生质量和动量交换,各个射流截面上的速度分布规律是相似的,并不受固体壁面的影响。实际上,它是自由射流基本段的一部分,速度分布规律与自由射流主体段的速度分布规律相同。

过渡区:图 8.9 中的Ⅳ区为冲击射流的过渡区。在该区域内,由于射流流体受到固体壁面的作用,其流动情况及速度分布规律都是很复杂的,它们与射流轴线和固体平壁的交角有着密切的关系。

贴壁射流区:图 8.9 中的Ⅴ区为冲击射流的贴壁射流区。在该区域内,流体的流动情况及速度分布规律与前面所述的贴壁射流的相似。

本章小结

(1) 射流的定义与分类:除贴壁射流以外,大多数射流的全部周界是流体。射流按流动形态可分为层流射流和湍流射流。在工程实际问题中,多为湍流射流。射流根据周围环境的条件可分为在无限空间的流体内运动的自由射流、在有限空间的流体内运动的非自由射流或有限空间射流。其中,若有一边贴附固体边界,则称为贴壁射流。

(2) 自由射流的结构包括开始区域、过渡区域和基本区域。

(3) 自由射流的基本特性包括:射流边界层的宽度小于射流的长度;在射流边界层的任何断面上,横向分速远比纵向(轴向)分速小得多等六个方面,详见前文。

(4) 自由射流的速度分布:

圆断面自由淹没射流的速度分布为

$$u = 6.2u_0 \frac{d_0}{x}\exp\left(-\frac{r^2}{b_e^2}\right)$$

平面自由淹没射流的速度分布为

$$u = 2.28u_0 \sqrt{\frac{2b_0}{x}}\exp\left(-\frac{y^2}{b_e^2}\right)$$

(5) 流体自喷口喷出时,流股的一面遇到一个与喷口轴线平行的平壁,使射流沿平壁扩展流动,这种射流流动称为贴壁射流。

(6) 当流体自喷口喷出形成射流后,在射流流动的方向上遇到一个与射流轴线成一定角度的平壁,射流流体冲击平壁后继续扩散流动,这种射流流动称为冲击射流。

思考与练习

8.1 射流与管道或明渠流的区别是什么?射流分类有哪些?

8.2 说明自由射流的结构以及结构中各区域的特点。

8.3 圆断面与平面自由淹没射流的速度分布各是什么样的?在相同情况下,为什么平面自由淹没射流比圆断面自由淹没射流具有更大的射出能力?

8.4 喷口直径为300 mm的圆形射流,以6.0 m/s均匀分布的流速射出,求离喷口3 m处射流的半径、流量以及中心流速。

8.5 圆形射流的喷口半径 $R_0 = 200$ mm,今要求射程12 m处距轴线1.5 m的地方流速为3 m/s,求喷口流量。

8.6 平面射流的喷口长2 m,高40 mm,出口流量为0.8 m^3/s,求射程1.5 m处的轴心速度和流量。

第9章　相似理论

9.1　概　　述

1. 实验是检验和获取理论的重要方法

实验对流体力学的发展具有十分重要的意义。实验流体力学已成为流体力学的重要分支之一。流体的流动问题,有些可以做适当简化,得出解析结论,但得出的结论还必须通过必要的实验验证,才能用于实际。

描述黏性流体运动的N-S方程是二阶偏微分方程组,除少数简单的流动可获得解析解以外,对于复杂的三维流动,难以用理论方法获得精确解,即使利用高性能的计算机也难以获得精确的数字解。另外,由于流体运动的复杂性和人类认识的局限性,对于许多复杂的流动现象,从理论上也难以用运动微分方程描述。再者,流体的某些力学现象并非随时都存在,而且出现的时间又往往比较短暂,为了进行较长期的探索和多次观察分析,实验就是一个必不可少的方法。

2. 模型实验是流体力学研究的常用手段

最权威的实验就是原型或实体实验,但随着科学技术的发展,出于经济和技术上的限制,这种实验会遇到很大困难,特别是原型尚未出现之前,只能通过模型实验做出预测。例如新型航空航天器研究,要取得初步可靠的设计资料,常先制成模型,在风洞中进行系统的实验研究;新型舰船和水库堤坝设计,也是先制作模型进行实验研究。将设想的实体(原型)制成模型而进行实验研究,不仅节省经费和时间,也比较方便测试。在某些情况下,即使实物已经存在,但由于各种条件限制,也难以进行实体实验。因此更多是在实验室内进行模型实验,这是研究流体流动问题的常用手段。

3. 相似理论是模型实验的依据

进行模型实验研究,必须解决如何设计、如何制作模型,以及如何将模型实验的结果折算到实体上等问题。相似理论对如何进行模型实验以获得正确的结果,可以提供指示或答案、总结实验结果,也只有对力学相似的流动才有可能。说明相似方法的基本原理称为相似理论。所以相似原理是研究、支配力学相似的系统的性质及如何用模型实验解决实际问题的一门科学,是进行模型实验研究的依据。相似方法虽然是一种科学方法,但不是一门独立的科学研究方法,而是实验和分析研究的方法。

在流体力学研究中,构成力学相似的流动通常有两个:一个是指实际流动现象,称为原型；另一个是指在实验室进行模拟的流动现象，称为模型。本章简要介绍与实验有关的基本理论知识，其中包括作为模型实验依据的相似理论、原型和模型相互关系的模型律，以及有助于选择实验参数的量纲分析法。量纲分析法是解决流体力学问题的一个重要的数学方法，它与相似理论是实验研究方法的两个相辅相成的原理，在处理工程问题时常交错使用这两个原理。

9.2 量纲分析

9.2.1 量纲的概念

量纲也称因次，是表征各类物理量类别的标志，如密度、速度、时间和力等。定量描述物理量大小的标准为单位，如长度单位为 m、质量单位为 kg 等。量纲反映物理量的固有属性和本质特征，而单位则是人为规定的度量标准。

量纲分为基本量纲和导出量纲。基本量纲是互相独立的量纲，即不存在依赖关系；其他物理量纲可由基本量纲导出，称为导出(诱导)量纲。力学中的基本量纲一般有三个，但在某些问题中也可能多于或少于三个。流体力学中的基本量纲有长度[L]、质量[M]、时间[T]及温度[K]等，力 F 为导出量纲。

量纲与单位是密不可分的，单位也分为基本单位和导出单位。时间的基本单位为秒(s)，长度的基本单位为米(m)，质量的基本单位为千克(kg)，温度的基本单位为开尔文(K)。在国际单位制(SI)中，选用 m、kg、s、K 为一种基本单位系统。

9.2.2 量纲和谐原理

量纲和谐原理是量纲分析的基本原理，其含义是：一个完整、正确的物理方程式中的每一项都应具有相同的量纲。或者说，只有量纲相同的物理量才能够相加减。由量纲和谐原理可以得出两个结论：

(1) 凡是正确的物理方程均可以表示为由无量纲(因次)项组成的无量纲(因次)方程；

(2) 某一物理过程(或现象)中所涉及的物理量之间必然具有某种确定的关系，遵循物理量之间的这种规律性，就可能建立起表征物理过程(或现象)的数学方程。

利用量纲和谐原理，可以推导物理方程的函数结构形式，检验物理方程的正确性和推导某些物理量的量纲。

9.2.3 雷利量纲分析法

雷利量纲分析法适用于比较简单的问题。现举例如下：通过反复观测和实验发现，物体运动的加速度 a 与所作用的外力 F 和物体本身质量 M 有关。也就是说，加速度 a 是外力 F 和物体本身质量 M 的函数，即 $a=f(F,M)$，但其具体结构形式尚不清楚，假定 a 为下列形式：

$$a = kF^xM^y \tag{9.2.1}$$

式中，指数 x，y 为未知数，需要通过量纲分析法确定；k 为系数（无量纲常数）。

如果式(9.2.1)是符合客观实际的物理方程，那么按照量纲和谐原理，其左、右两端的量纲必须保持一致。以 M-L-T 制计，加速度 a 的量纲为[LT^{-2}]，力 F 的量纲为[MLT^{-2}]。现将式(9.2.1)写成量纲形式，即

$$[LT^{-2}] = [MLT^{-2}]^x \cdot [M]^y \tag{9.2.2}$$

将上式整理为

$$[L] \cdot [T]^{-2} = [L]^x \cdot [M]^{x+y} \cdot [T]^{-2x} \tag{9.2.3}$$

因为式(9.2.3)两端的量纲是一致的，因此量纲[L]、[M]、[T]的指数必须有如下关系：

$$\begin{cases} 1 = x \\ 0 = x + y \\ -2 = -2x \end{cases} \tag{9.2.4}$$

可求得 $x=1, y=-1$。将 $x=1, y=-1$ 代入式 (9.2.1)，可得

$$a = kFM^{-1} = k\frac{F}{M} \tag{9.2.5}$$

或

$$F = \frac{1}{k}Ma \tag{9.2.6}$$

通过以上分析，验证了牛顿第二定律关系的正确性。至于式中的常数 k，如果式中几个基本量所取的单位恰当，则 $k=1$。

9.2.4 π 定理(白金汉定理)

量纲分析法更为普遍的理论是著名的 π 定理。π 定理的内容是：某一物理现象，它涉及 n 个变量，则 n 个变量间的函数关系 $f(x_1, x_2, x_3, \cdots, x_n)=0$，可以用 $n-m$ 个无量纲的组合量 π 表示的关系式来描述，即

$$f(\pi_1, \pi_2, \pi_3, \cdots, \pi_{n-m}) = 0$$

以上这个结论就是著名的 π 定理，也称白金汉（Buckingham）定理，它是量纲分析的一般定理。

利用 π 定理探求物理现象函数关系的具体步骤如下：

(1) 找出影响某物理量的 n 个独立物理变量；

(2) 从 n 个变量中选择 m 个基本变量，基本变量的条件为其量纲中包括 n 个变量中的所有基本量纲。m 一般等于这些变量所涉及的基本量纲的个数。基本变量应选择最简单、最有代表性和容易测量的物理量，如物体的长度、流体的密度和黏度、速度等。

(3) 排列 $n-m$ 个 π 项，如果物理现象中的 $m=3$，基本变量为 x_1、x_2、x_3，作为重复变量，则各个 π 项的组成为

$$\pi_i = x_1^{\alpha_i} x_2^{\beta_i} x_3^{\gamma_i} x_{3+i} \quad (i = 1, 2, \cdots, n-m)$$

(4) 根据各个 π 项必须无量纲的条件，决定待定指数 α_i、β_i、γ_i 列出具体的 π 项。

(5) 将物理现象用 $n-m$ 个无量纲 π 项的函数关系来表示。

(6) 必要时，可取 π 项相互或自相乘除，尽量使 π 项成为一般所熟悉的纯数，如雷诺数

Re 等。

(7) 根据实验,决定具体的函数关系式。

现在以有压管流中的压力损失为例,进一步说明 π 定理的具体应用。

【例 9.1】 有压管流中压力损失 Δp 与管长 l、管径 d、管壁粗糙度 Δ、流体运动黏度 ν、密度 ρ 和平均流速 u 有关。试求 Δp 的表达式。

【解】 将压力损失 Δp 表示为其余 6 个变量的函数:

$$\Delta p = f(l, d, \Delta, \nu, \rho, u)$$

在 7 个变量中,基本量纲数为 3([L]、[T]、[M]),因而选择 3 个基本变量,不妨取

管径 d	$[L]$
平均流速 u	$[LT^{-1}]$
密度 ρ	$[ML^{-3}]$

用未知指数写出无量纲数 $\pi_i[i=1\sim(n-m), n-m=7-3=4]$:

$$\begin{cases} \pi_1 = u^{\alpha_1} d^{\beta_1} \rho^{\gamma_1} \nu \\ \pi_2 = u^{\alpha_2} d^{\beta_2} \rho^{\gamma_2} \Delta p \\ \pi_3 = u^{\alpha_3} d^{\beta_3} \rho^{\gamma_3} l \\ \pi_4 = u^{\alpha_4} d^{\beta_4} \rho^{\gamma_4} \Delta \end{cases}$$

将各量纲代入,导出量纲公式

$$\pi_1: [LT^{-1}]^{\alpha_1} [L]^{\beta_1} [ML^{-3}]^{\gamma_1} [L^2T^{-1}]$$
$$\pi_2: [LT^{-1}]^{\alpha_2} [L]^{\beta_2} [ML^{-3}]^{\gamma_2} [ML^{-1}T^{-2}]$$
$$\pi_3: [LT^{-1}]^{\alpha_3} [L]^{\beta_3} [ML^{-3}]^{\gamma_3} [L]$$
$$\pi_4: [LT^{-1}]^{\alpha_4} [L]^{\beta_4} [ML^{-3}]^{\gamma_4} [L]$$

对每一个 π_i 写出量纲和谐方程组:

$$\pi_1 \begin{cases} [L]: \alpha_1 + \beta_1 - 3\gamma_1 + 2 = 0 \\ [T]: -\alpha_1 - 1 = 0 \\ [M]: \gamma_1 = 0 \end{cases}$$

$$\pi_2 \begin{cases} [L]: \alpha_2 + \beta_2 - 3\gamma_2 - 1 = 0 \\ [T]: -\alpha_2 - 2 = 0 \\ [M]: \gamma_2 + 1 = 0 \end{cases}$$

$$\pi_3 \begin{cases} [L]: \alpha_3 + \beta_3 - 3\gamma_3 + 1 = 0 \\ [T]: -\alpha_3 = 0 \\ [M]: \gamma_3 = 0 \end{cases}$$

$$\pi_4 \begin{cases} [L]: \alpha_4 + \beta_4 - 3\gamma_4 + 1 = 0 \\ [T]: -\alpha_4 = 0 \\ [M]: \gamma_4 = 0 \end{cases}$$

分别解得

$$\alpha_1 = -1, \quad \beta_1 = -1, \quad \gamma_1 = 0$$
$$\alpha_2 = -2, \quad \beta_2 = 0, \quad \gamma_2 = -1$$

$$\alpha_3 = 0, \quad \beta_3 = -1, \quad \gamma_3 = 0$$
$$\alpha_4 = 0, \quad \beta_4 = -1, \quad \gamma_4 = 0$$

将α_i、β_i、γ_i代入π_i，得

$$\begin{cases} \pi_1 = u^{-1} d^{-1} \rho^0 \nu = \dfrac{\nu}{ud} = \dfrac{1}{Re} \\ \pi_2 = u^{-2} d^0 \rho^{-1} \Delta p = \dfrac{\Delta p}{\rho u^2} = Eu \\ \pi_3 = \dfrac{l}{d} \\ \pi_4 = \dfrac{\Delta}{d} \end{cases}$$

根据 π 定理，得 $f(\pi_1, \pi_2, \pi_3, \pi_4) = 0$ 或 $\pi_2 = F(\pi_1, \pi_3, \pi_4)$，即

$$Eu = \frac{\Delta p}{\rho u^2} = F\left(Re, \frac{l}{d}, \frac{\Delta}{d}\right)$$

式中，函数的具体形式由实验确定。由实验得知，压差 Δp 与管长 l 成正比，因此

$$\Delta p = \lambda\left(Re, \frac{\Delta}{d}\right)\frac{l}{d}\frac{\rho u^2}{2}$$

这样运用 π 定理，结合实验，就得到了大家熟知的管流沿程损失公式。

由量纲分析法导出的物理方程的具体形式尚需通过实验确定。本例题中的 $\lambda\left(Re, \dfrac{\Delta}{d}\right)$ 是通过类似尼古拉兹实验研究方法确定的。

9.3 相似理论

相似的概念来源于几何学，相似理论是判定两个现象是否相似的理论。物理现象相似的概念是指两个同一类物理现象全部物理量（如力、速度、时间等）成一定的比例，或者说表征一个系统的物理现象的所有物理量的数值，可由第二个系统中的相对应的诸量乘以一个不变的无量纲数而得到。属于力学现象的，称为力学相似。在流体力学中，力学相似是指两个流动现象中相应点处的物理量彼此之间相互平行（指矢量物理量的方向，如力和速度的方向），并且成一定比例（指矢量的模和标量的大小，标量如长度和时间等）。

力学相似的三个条件是几何相似、运动相似和动力相似。

9.3.1 几何相似

几何相似（geometric similarity）是指流动的几何空间相似，或模型与原型形状相似，即两者对应部分的夹角相等，几何线段长度对应成比例，或者说模型是按照一定的比例缩小而制成的，这个常数称为长度比尺（相似常数）C。以 L_n表示原型的特征长度，以 L_m表示模型的特征长度。当几何相似时，有

$$C_L = \frac{L_n}{L_m} \tag{9.3.1}$$

$$\theta_n = \theta_m \tag{9.3.2}$$

$$C_A = \frac{A_n}{A_m} = \left(\frac{L_n}{L_m}\right)^2 = C_L^2 \tag{9.3.3}$$

$$C_V = \frac{V_n}{V_m} = \left(\frac{L_n}{L_m}\right)^3 = C_L^3 \tag{9.3.4}$$

式中，下标 n 表示原型，m 表示模型；C_L、C_A、C_V分别表示原型与模型的长度比尺、面积比尺和体积比尺；θ_n和 θ_m分别表示原型与模型相应处的角度。

由上可见，只要任意对应的长度的几何相似常数都保持不变，就保证了原型流动与模型流动的几何相似。几何相似是力学相似的前提。只有几何相似，模型流动与原型流动之间才能存在对应点、对应线段、对应面积和对应体积这一系列互相对应的几何要素，进而才有可能在两种流动之间存在对应速度、对应加速度和对应作用力等一系列互相对应的运动学和动力学物理量，最终才有可能通过模型流动的对应点、对应断面上的力学物理量的测定，预测原型流动的流体力学特性。

9.3.2 运动相似

运动相似(kinematic similarity)是指两种流动的对应几何流线相似，即原型与模型对应点上的流速方向相同、大小成比例。速度成比例即对应距离的时间成比例。时间比尺(相似常数)C_t为

$$C_t = \frac{t_n}{t_m} \tag{9.3.5}$$

式中，t_n为原型液流质点通过距离 L_n段所需的时间；t_m为与原型液流对应的模型液流质点通过相应的距离 L_m所需的时间。由几何相似，可得速度比尺 C_u和加速度比尺 C_a分别为

$$C_u = \frac{u_n}{u_m} = \frac{L_n/t_n}{L_m/t_m} = \frac{C_L}{C_t} \tag{9.3.6}$$

$$C_a = \frac{a_n}{a_m} = \frac{u_n/t_n}{u_m/t_m} = \frac{C_u}{C_t} = \frac{C_L}{C_t^2} = \frac{C_u^2}{C_L} \tag{9.3.7}$$

由式(9.3.7)可得

$$C_u = \sqrt{C_a C_L} \tag{9.3.8}$$

9.3.3 动力相似

动力相似(dynamic similarity)是指原型与模型流体的对应质点，所受到的同名平行力 F_n与 F_m成比例，即力场的几何相似。根据牛顿第二定律，动力相似比尺(相似常数)C_F为

$$C_F = \frac{F_n}{F_m} = \frac{m_n a_n}{m_m a_m} = \frac{\rho_n V_n a_n}{\rho_m V_m a_m} = C_\rho C_L^3 C_a = C_\rho C_L^2 C_u^2 \tag{9.3.9}$$

或

$$C = \frac{C_F}{C_\rho C_L^2 C_u^2} = 1 \tag{9.3.10}$$

式中，$C_\rho=\rho_n/\rho_m$，称为密度相似常数，当原型与模型液流为同一流体时，$C_\rho=\rho_n/\rho_m=1$；C 称为相似指标。

式(9.3.10)是两种几何流动中动力相似的充要条件，或者说两种几何流动的动力相似的条件是由相似常数组成的相似指标 $C=1$。这一结论也称为相似第一定理。

两种物理现象的力学相似是由几何相似、运动相似和动力相似三种形式的现象相似组成的。几何相似是运动相似的先决条件，运动相似是动力相似的必要前提。只有具备几何相似和运动相似条件时，动力相似才有存在的可能。如果两种流动现象是动力相似，那么其几何形状和运动状况必然是相似的。

9.4 相似准则

9.4.1 相似准数

作用在流体上的力有重力、黏性力、压力、弹性力和惯性力。惯性力是企图维持流体运动状态的力，其余力是企图改变流体运动状态的力。流体运动状态的变化，是惯性力与其他力相互作用的结果。按照牛顿第二定律，惯性力是合力作用的结果。按照达朗贝尔原理，对受力体施加一个与合力方向相反、大小相等的惯性力，则合力与惯性力是平衡的。

流体力学的动力现象同其他力学现象一样，是用运动微分方程描述的。力学相似的两种流动，其同名力平行，大小成比例，必然有相同的微分方程；反之，如果两种流动有相同的运动微分方程，那么两者必定是动力相似的。

N-S 方程是根据牛顿第二定律推导的黏性流体动力学的基本方程。两种力学相似的流动必然符合 N-S 方程：

$$\boldsymbol{G}-\frac{1}{\rho}\nabla\boldsymbol{p}+\nu\nabla^2\boldsymbol{u}+\nu\nabla(\mathrm{div}\ \boldsymbol{u})=\boldsymbol{a} \tag{9.4.1}$$

式中，$\boldsymbol{G}$ 为单位质量的重力，$\boldsymbol{G}=\frac{\boldsymbol{F}_G}{m}=\frac{mg}{m}=\boldsymbol{g}$；$\nabla\boldsymbol{p}$ 为压力梯度，$\nabla\boldsymbol{p}=\boldsymbol{i}\frac{\partial p}{\partial x}+\boldsymbol{j}\frac{\partial p}{\partial y}+\boldsymbol{k}\frac{\partial p}{\partial z}$；$\nabla^2\boldsymbol{u}$ 为算子，$\nabla^2\boldsymbol{u}=\boldsymbol{i}\nabla^2u_x+\boldsymbol{j}\nabla^2u_y+\boldsymbol{k}\nabla^2u_z=\frac{\partial^2u}{\partial x^2}+\frac{\partial^2u}{\partial y^2}+\frac{\partial^2u}{\partial z^2}$；div $\boldsymbol{u}$ 为散度，$\mathrm{div}\ \boldsymbol{u}=\frac{\partial u_x}{\partial x}+\frac{\partial u_y}{\partial y}+\frac{\partial u_z}{\partial z}$；$\rho$ 为密度，单位为 $\mathrm{kg/m^3}$；ν 为运动黏度，单位为 $\mathrm{m^2/s}$。

流体的可压缩性很小，可不计($\mathrm{div}\ \boldsymbol{u}=0$)；另外，由于力学相似含有同名力平行的约定，式(9.4.1)可等价为

$$\boldsymbol{g}-\frac{1}{\rho}\nabla\boldsymbol{p}+\frac{\mu}{\rho}\nabla^2\boldsymbol{u}=\boldsymbol{a} \tag{9.4.2}$$

进一步将式(9.4.2)中的分量改写成符号和量纲的形式：

$$\begin{cases} \boldsymbol{a} = \dfrac{\boldsymbol{F}_I}{m} & \Rightarrow \quad \boldsymbol{F}_I/(\rho L^3) \\ \boldsymbol{g} = \dfrac{\boldsymbol{F}_G}{m} & \Rightarrow \quad \boldsymbol{F}_G/(\rho L^3) \\ \dfrac{1}{\rho}\nabla \boldsymbol{p} = \dfrac{\partial}{\partial h}\left(\dfrac{A\boldsymbol{p}}{\rho A}\right) & \Rightarrow \quad \boldsymbol{F}_p/(\rho L^3) \\ \dfrac{\mu}{\rho}\nabla^2 \boldsymbol{u} = \dfrac{\partial}{\partial h}\left(\dfrac{\boldsymbol{u}}{\rho}\dfrac{\partial u}{\partial h}\right) = \dfrac{\partial}{\partial h}\left(\dfrac{\boldsymbol{F}_\nu}{\rho L^2}\right) & \Rightarrow \quad \boldsymbol{F}_\nu/(\rho L^3) \end{cases} \tag{9.4.3}$$

式中，$\boldsymbol{F}_I$为惯性力，$\boldsymbol{F}_I = ma$，m 为质量，a 为加速度；$\boldsymbol{F}_G$为重力，$\boldsymbol{F}_G = mg$，m 为质量，g 为重力加速度；$\boldsymbol{F}_p$为液压力，$\boldsymbol{F}_p = Ap$（或 $A\nabla p$），A 为面积；$\boldsymbol{F}_\nu$ 为黏性力，$\boldsymbol{F}_\nu = \mu A\dfrac{\mathrm{d}\boldsymbol{u}}{\mathrm{d}h}$，$A$ 为面积，$\dfrac{\mathrm{d}\boldsymbol{u}}{\mathrm{d}h}$为速度梯度。

将式(9.4.2)代入式(9.4.3)，整理得

$$\boldsymbol{F}_G - \boldsymbol{F}_p + \boldsymbol{F}_\nu = \boldsymbol{F}_I \tag{9.4.4}$$

式(9.4.4)两边同除以特征惯性力 $\rho_0 L_0^2 u_0^2$，得

$$\frac{1}{Fr} - En + \frac{1}{Re} = Ne \tag{9.4.5}$$

式中，Ne 为牛顿数，$Ne = \dfrac{F_I}{\rho_0 L_0^2 u_0^2}$；$Re$ 为雷诺数，$Re^{-1} = \dfrac{F_\nu}{\rho_0 L_0^2 u_0^2}$；$Eu$ 为欧拉数，$Eu = \dfrac{F_p}{\rho_0 L_0^2 u_0^2}$；$Fr$ 为弗劳德数，$Fr^{-1} = \dfrac{F_G}{\rho_0 L_0^2 u_0^2}$。

由式(9.4.5)知，力学相似的两种流动必定是牛顿数相同、雷诺数相同、欧拉数相同和弗劳德数相同，反之亦真。这些数称为相似准数。但实际上，在模型实验中，对流动起作用的各种性质的力之间都具有同一相似常数，是很难实现的。因此为使问题简化，只考虑起主要作用的一种力，使其满足牛顿数相等要求，而将其他一些次要的力忽略不计。这样得到的结果是一种近似的动力相似，称为局部相似。

9.4.2 牛顿相似准则——牛顿数

牛顿数是流体质点上的惯性力(大小等于外力之和)与特征惯性力的比值。所谓特征惯性力，是指具有代表性的惯性力，它具有易测量和易确定的特点。

牛顿数也称为牛顿准数或牛顿相似准则，其含义是在两种相似的流动中，原型和模型相应点的牛顿数是相等的。设原型和模型相应点上的惯性力分别为 F_{In}和 F_{Im}，特征惯性力分别为 F_{In0}和 F_{Im0}。根据动力相似条件[见式(9.3.9)]，有

$$C_F = \frac{F_{In0}}{F_{Im0}} = \frac{F_{In}}{F_{Im}} = \frac{\rho_n L_n^2 u_n^2}{\rho_m L_m^2 u_m^2} = \frac{\rho_{n0} L_{n0}^2 u_{n0}^2}{\rho_{m0} L_{m0}^2 u_{m0}^2} \tag{9.4.6}$$

或

$$\frac{\rho_n L_n^2 u_n^2}{\rho_{n0} L_{n0}^2 u_{n0}^2} = \frac{\rho_m L_m^2 u_m^2}{\rho_{m0} L_{m0}^2 u_{m0}^2} \tag{9.4.7}$$

即

$$Ne_{\rm n} = Ne_{\rm m} \tag{9.4.8}$$

由式(9.4.8)也可以看出,如果两种流动的牛顿数相等,那么两种流动是相似的。牛顿相似准则是流动动力相似的基本准则。

9.4.3 雷诺相似准则——雷诺数

雷诺数是惯性力 F_I 与黏性力 F_ν 的比值,即

$$Re = \frac{F_I}{F_\nu} \tag{9.4.9}$$

如果在两种相似的流动中,当黏性力起主导作用时,原型流动和模型流动的相应点上雷诺数相等,这就是黏性力相似准则,也称为雷诺相似准则。完全封闭的流动(如管流、风机和水轮机等)和浸没在流体中的物体运动(如潜艇、飞机等),其黏性力起主导作用,适用于雷诺相似准则。

原型和模型相应点上的惯性力和黏性力分别为

$$F_{I\rm n} = \rho_{\rm n} L_{\rm n}^2 u_{\rm n}^2, \quad F_{\nu\rm n} = \mu_{\rm n} L_{\rm n} u_{\rm n} \tag{9.4.10}$$

$$F_{I\rm m} = \rho_{\rm m} L_{\rm m}^2 u_{\rm m}^2, \quad F_{\nu\rm m} = \mu_{\rm m} L_{\rm m} u_{\rm m} \tag{9.4.11}$$

若两种流动是相似的,则

$$C_F = \frac{F_{I\rm n}}{F_{I\rm m}} = \frac{F_{\nu\rm n}}{F_{\nu\rm m}} \tag{9.4.12}$$

即

$$\frac{\rho_{\rm n} L_{\rm n}^2 u_{\rm n}^2}{\rho_{\rm m} L_{\rm m}^2 u_{\rm m}^2} = \frac{\mu_{\rm n} L_{\rm n} u_{\rm n}}{\mu_{\rm m} L_{\rm m} u_{\rm m}} \tag{9.4.13}$$

或

$$\frac{\rho_{\rm n} L_{\rm n}^2 u_{\rm n}^2}{\mu_{\rm n} L_{\rm n} u_{\rm n}} = \frac{\rho_{\rm m} L_{\rm m}^2 u_{\rm m}^2}{\mu_{\rm m} L_{\rm m} u_{\rm m}} \tag{9.4.14}$$

即

$$Re_{\rm n} = \frac{\rho_{\rm n} L_{\rm n} u_{\rm n}}{\mu_{\rm n}} = \frac{\rho_{\rm m} L_{\rm m} u_{\rm m}}{\mu_{\rm m}} = Re_{\rm m} \tag{9.4.15}$$

这就证明了在以黏性力为主导的两种相似的流动中,雷诺数是相等的。在研究黏性力作用的相似问题时,雷诺数是决定性的相似准数。雷诺数相等是牛顿数相等的一个特例。

9.4.4 欧拉相似准则——欧拉数

欧拉数是液压力与惯性力的比值,也称为欧拉相似准则。当液压力占流动的主导地位时,适应这一准则,其含义是:如果压力处于主导地位,那么两种流动动力相似的条件是欧拉数相等。同样,欧拉数相等也是牛顿数相等的特例。

设原型和模型相应点上的液压力和惯性力分别为

$$F_{p\rm n} = \Delta p_{\rm n} L_{\rm n}^2, \quad F_{I\rm n} = \rho_{\rm n} L_{\rm n}^2 u_{\rm n}^2 \tag{9.4.16}$$

$$F_{p\rm m} = \Delta p_{\rm m} L_{\rm m}^2, \quad F_{I\rm m} = \rho_{\rm m} L_{\rm m}^2 u_{\rm m}^2 \tag{9.4.17}$$

若两种流动是相似的,则

$$C_F = \frac{F_{In}}{F_{Im}} = \frac{F_{pn}}{F_{pm}}$$

即

$$\frac{\rho_n L_n^2 u_n^2}{\rho_m L_m^2 u_m^2} = \frac{\Delta p_n L_n^2}{\Delta p_m L_m^2} \tag{9.4.18}$$

或

$$Eu_n = \frac{\Delta p_n}{\rho_n u_n^2} = \frac{\Delta p_m}{\rho_m u_m^2} = Eu_m \tag{9.4.19}$$

这就证明了压力占主导地位的两种相似流动中，其欧拉数必然是相等的。反之，如果两种流动的欧拉数相等，那么这两种流动的压力(或压力差)起主要作用时动力相似。

9.4.5　弗劳德准则——弗劳德数

弗劳德数表征了重力对动力相似的影响，它是惯性力 F_I 与重力 F_G 的比值，即 $Fr = F_I/F_G$。

弗劳德数也称为弗劳德准则，它适用于重力起主导作用的流动。

设原型和模型相应点上的重力 F_{Gn} 和 F_{Gm} 分别为

$$F_{Gn} = \rho_n g_n L_n^3 \tag{9.4.20}$$

$$F_{Gm} = \rho_m g_m L_m^3 \tag{9.4.21}$$

若两种流动是动力相似的，则

$$C_F = \frac{F_{In}}{F_{Im}} = \frac{F_{Gn}}{F_{Gm}} \quad \rightarrow \quad 1 \tag{9.4.22}$$

即

$$\frac{\rho_n L_n^2 u_n^2}{\rho_m L_m^2 u_m^2} = \frac{\rho_n g_n L_n^3}{\rho_m g_m L_m^3} \tag{9.4.23}$$

或

$$Fr_n = \frac{u_n^2}{g_n L_n} = \frac{u_m^2}{g_m L_m} = Fr_m \tag{9.4.24}$$

式(9.4.24)表明，以重力为主导的两种流动，如果是动力相似的，那么弗劳德数是相等的。弗劳德数相等，意味着原型和模型对应点的惯性力与重力的比值是相同的，这是重力为主导时的动力相似准则。同样，弗劳德数相等是牛顿数相等的又一特例。

重力起主导作用的实例有堰流、明渠流、孔口及管嘴流等。

9.4.6　相似理论的基本定理

流动的力学相似是确定实验方案、设计模型、组织实验及整理实验数据和将实验结果转化为原型的依据。只有严格或比较严格地按照流动的力学相似条件进行的实验研究，才能获得符合实际的结果。流动的力学相似的根据是相似理论——研究相似现象的理论。相似理论建立在三个相似定理的基础上，它是指导模型实验的基本理论。相似理论将回答在什么条件下进行实验、实验中应当测量哪些物理量，以及如何处理实验数据和整理实验结果等问题。

1. 相似第一定理

当流动的力学现象相似时，它们的物理量应分别相似。相似第一定理对相似现象的这种性质明确表示为：彼此相似的现象，相同名称的相似准数分别相等。对于不可压缩流体，两种流动现象相似时，它们的 Ne、Re、Eu 和 Fr 应分别相等。

相似第一定理是关于相似准则存在的定理，它回答了在实验中应当测量哪些物理量。

2. 相似第二定理

相似第二定理回答相似准数之间的关系问题：描述相似现象的物理量组成的相似准数，相互间存在函数关系。在研究不压缩流体流动时，决定流体平衡的四种力（黏性力、重力、压力和惯性力）并非都是独立的，其中必有一个力是被动的，只要其中的三个力是分别相似的，则第四个力必然相似。在决定动力相似的三个准数 Eu、Fr、Re 中，也必有一个是被动的，相互之间存在依赖关系：

$$Eu = f(Re, Fr) \tag{9.4.25}$$

在大多数流动问题中，欧拉数通常是被动相似准数。对流动起决定作用的准数称为决定性相似准数或决定型相似准数；被动的准数称为被决定的相似准数或非定型相似准数。

相似第二定理解决了实验数据的整理方法和实验结果的应用问题，对如何安排实验同样有指导作用。

3. 相似第三定理

相似第一、第二定理表明相似现象的性质，但并没有给出判定现象彼此相似所需的条件，以及进行模拟实验时应该在各参数间保持何种比例关系。相似第三定理回答了这些问题：凡是单值性条件相似，定型准则数值相等的那些同类现象必定彼此相似。相似第三定理回答现象相似的充分和必要条件。

单值性条件是指那些有关流动过程特点的条件。有了这些条件就能把某一现象从无数现象中划分出来。单值性相似包括几何相似、边界相似和初始条件相似，以及由单值性条件中的物理量所组成的相似准则在数值上相等。在实验中，要求模型与原型的单值性条件全部相似是很困难的，但是在保证足够的准确度下，保持部分相似或近似是完全可以做到的。

9.4.7 模拟实验

在实验条件下，实现与原型相似现象的过程称为模拟或模拟实验。在一般情况下，模型尺寸越大越能反映原型的流动情况，但是由于实验条件限制，模型往往不能做得太大，模型尺寸最好选择中等大小，最好做到模型的所有尺寸符合同一比例尺度，即所谓常态模型。如果因各种条件限制而做不到这一点，可设计比例尺度不一致的变态模型，但在模型设计时，应该抓住对流动起决定作用的力，并在模型与原型流动中保持与该力相应的准则数相等。

模型的结构外形，在很大程度上是由所研究的问题和研究方法决定的。例如，当管流雷诺数相当大时，断面流速接近均匀分布，湍流达到成熟阶段，进入阻力平方区。说明阻力和惯性力均与流速平方成比例，这样模型设计不受相似准数的制约，只是要求提高模型流动的雷诺数，使它进入阻力平方区。由于这个缘故，阻力平方区也称为自动模型（拟）区。也就是说，当某一个相似准数在一定的数值范围内时，流动的相似性与该准数无关，即使原型与模型的该准则数数值不相等,流动仍保持相似,准则数的这一范围就称为自动模型(拟)区。

在研究管流时,起主导作用的力是黏性力,只要满足雷诺数相同,即可保证动力相似。具有自由液面的急变流动,无论是流速的变化还是水面的波动,都强烈受到重力作用,一般采用弗劳德准则(重力相似准则)。

【例 9.2】 燃油管路中的文丘里流量计,入口直径为 300 mm,喉部直径为 150 mm。在 1∶3$\left(C_L=\dfrac{L_n}{L_m}=3\right)$的模型上用水进行实验。已知燃油的密度 $\rho_n=820\ \mathrm{kg/m^3}$,水的密度 $\rho_m=1000\ \mathrm{kg/m^3}$,燃油和水的运动黏度分别为 $4.5\ \mathrm{mm^2/s}$ 和 $1.0\ \mathrm{mm^2/s}$。

(1) 已知原型燃油流量 $Q_n=100\ \mathrm{L/s}$,为达到动力相似,模型中的水流量 Q_m应为多少?

(2) 若在模型中测得入口与喉部断面的测管水头差 $\Delta h_m=1.05\ \mathrm{m}$,则原型中测管水头差 Δh_n应为多少?

【解】 此流动的主要作用力为压力和阻力,决定性准则数为 Re,非决定准则数为 Eu。

(1) 由阻力相似比尺关系,得

$$C_uC_L=C_\nu$$

$$C_Q=C_uC_L^2=C_\nu C_L=\frac{4.5}{1.0}\times 3=13.5$$

则

$$Q_m=\frac{Q_n}{C_Q}=\frac{100}{13.5}\ \mathrm{L/s}=7.41\ \mathrm{L/s}$$

(2) 由压力相似比尺关系,得

$$C_{\Delta p}=C_\rho C_u^2=C_\gamma C_{\Delta h}=C_\rho C_g C_{\Delta h}$$

又由于 $C_g=1$,故

$$C_{\Delta h}=C_u^2=\left(\frac{C_\nu}{C_L}\right)^2=\left(\frac{4.5}{3}\right)^2=2.25$$

则

$$\Delta h_n=C_{\Delta h}\Delta h_m=2.25\times 1.05\ \mathrm{m}=2.36\ \mathrm{m}$$

【例 9.3】 某一桥墩长 24 m,宽 4.3 m,两桥墩的距离为 90 m,水深 8.2 m,平均流速为 2.3 m/s。若实验室供水流量为 $0.1\ \mathrm{m^3/s}$,问该模型可选取多大几何比尺?并计算该模型的尺寸、平均流量和流速。

【解】 (1) 桥下过流主要是重力作用,按弗劳德准则设计模型。由 $Fr_n=Fr_m$,得

$$\left(\frac{u^2}{gL}\right)_n=\left(\frac{u^2}{gL}\right)_m$$

可得出比尺表达形式,又注意到 $g_n=g_m$,故

$$C_u^2=C_L$$

同理,可得

$$C_Q=C_uC_L^2=C_L^{0.5}C_L^2=C_L^{2.5}$$

原型流量为

$$Q_n=u_n(B_n-b_n)h_n=2.3\times(90-4.3)\times 8.2\ \mathrm{m^3/s}=1616\ \mathrm{m^3/s}$$

模型流量为

$$Q_m = 0.1\ m^3/s$$

于是

$$C_L = \frac{L_n}{L_m} = \left(\frac{Q_n}{Q_m}\right)^{0.4} = \left(\frac{1616}{0.1}\right)^{0.4} = 48.24$$

一般模型尺寸多选用整数值，为使模型实验流量不大于 0.1 m^3/s，应选取比 48.24 稍大的整数，取 $C_L = 50$，则

$$C_Q = C_L^{2.5} = 50^{2.5} = 17677.7$$

所以

$$Q_m = \frac{Q_n}{C_Q} = \frac{1616}{17677.7}\ m^3/s < 0.1\ m^3/s$$

满足模型实验要求。

(2) 计算模型比尺：

桥墩长

$$L_m = \frac{L_n}{C_L} = \frac{24}{50}\ m = 0.48\ m$$

桥墩宽

$$b_m = \frac{b_n}{C_L} = \frac{4.3}{50}\ m = 0.086\ m$$

桥墩跨距

$$B_m = \frac{B_n}{C_L} = \frac{90}{50}\ m = 1.8\ m$$

水深

$$h_m = \frac{h_n}{C_L} = \frac{8.2}{50}\ m = 0.164\ m$$

(3) 模型平均流速：

$$u_m = \frac{u_n}{C_u} = \frac{u_n}{C_L^{0.5}} = \frac{2.3}{50^{0.5}}\ m/s = 0.325\ m/s$$

本章小结

本章内容可分为相似理论与量纲分析两部分。

(1) 力学相似的概念：同名物理量的方向平行并且大小成比例(标量仅仅成比例)。力学相似的三要素是几何相似、运动相似和动力相似。几何相似是先决条件，运动相似是必要前提，动力相似是运动相似的保证。两种相似流动可以用同一运动微分方程描述，反之，如果两种流动具有相同的运动微分方程，那么它们必定运动相似和动力相似，几何相似必然包含其中。

(2) 相似准则又称为相似准数，不可压缩流体的两种流动现象的动力相似，在理论上的要求是相应点的黏性力、压力、重力和惯性力均为同一无因次比例常数。只考虑一种外力的动力相似条件称为相似准则(或特种模型定律)。常用的相似准数有 ***Re***、***Ne***、***Fr*** 和 ***Eu***，分别

称为黏性力、惯性力、重力和压力相似准则。

(3) 量纲也称因次,是物理量纲的标志,物理量的定量描述为单位。基本量纲为独立量纲,由此推导出来的量纲为诱导量纲。力学上的量纲一般有3个(也可能有4个或少于3个)。常用基本量纲为[L](长度)、[T](时间)、[M](质量),也有采用[L](长度)、[T](时间)、[F](力)为基本量纲的。常用单位为m、kg、s。量纲与单位是密不可分的。

(4) 量纲和谐定理的含义:物理方程的各项量纲必须是一致的。量纲分析的普遍定理是 π 定理,也称白金汉定理。需要掌握根据 π 定理进行量纲分析的方法。

思考与练习

9.1 直径为600 mm的光滑风管,平均流速为10 m/s,现用直径为50 mm的光滑水管进行模型实验,为了动力相似,水管中的流速应为多大?若在水管中测得压差为500 mm水柱,则在原型风管中将产生多大的压差?设水和空气的温度均为20 ℃。

9.2 油的运动黏滞系数为 $4.645\times10^{-5}\ \mathrm{m^2/s}$,用于黏滞阻力和重力都起作用的现象中,若模型几何比尺 $\alpha_1=5$,求模型液体所应有的黏滞系数值。

9.3 在直径为0.3 m的水管中,流速为1 m/s,水温为20 ℃,某段压降为70 kN/m²。现用几何比尺为3的小型风管做模型实验,空气的温度也为20 ℃,两管流动均为水力光滑。试求:

(1) 模型中的风速;

(2) 模型相应管段的压降。

9.4 长1.5 m、宽0.3 m的平板,在温度为20 ℃的水内拖曳。当速度为3 m/s时,阻力为14 N,计算相似板的尺寸。它在速度为19 m/s、绝对压强为101.4 kN/m²、温度为15 ℃的空气流中形成动力相似条件,它的阻力估计为多少?

9.5 球形固体颗粒在流体中的自由沉降速度 u_f 与颗粒的直径 d、密度 ρ_s,以及流体的密度 ρ、动力黏滞系数 μ、重力加速度 g 有关,试用 π 定理确定自由沉降速度关系式为

$$u_f = f\left(\frac{\rho_s}{\rho},\frac{\rho u_f d}{\mu}\right)\sqrt{gd}$$

9.6 流体的压强降 Δp 是速度 v,密度 ρ,线性尺度 l、l_1、l_2,重力加速度 g,黏滞系数 μ,表面张力 σ 及体积弹性模量 E 的函数,即

$$\Delta p = f(v,\rho,l,l_1,l_2,g,\mu,\sigma,E)$$

取 v、ρ、l 作为基本物理量。试利用量纲分析法,将上述函数写为无量纲式。

附录　本书物理量的符号、单位与量纲

常见物理量	符　号	单位名称(简称)	单位符号	量　纲
长度	l、L	米	m	L
时间	t、T	秒	s	T
质量	m	千克	kg	M
力、压力	F	牛顿(牛)	N	MLT^{-2}
体积	V	立方米、升	m^3、L	L^3
热力学温度	T	开尔文(开)	K	1
摄氏温度	t	摄氏度	℃	1
质点速度、平均速度	u、v	米每秒	m/s	LT^{-1}
加速度	a	米每二次方秒	m/s^2	T^{-2}
功、能、热量	W、E、Q	焦耳(焦)	J	ML^2T^{-2}
功率	N	瓦特(瓦)	W	ML^2T^{-3}
力矩	T、M	牛米	N・m	ML^2T^{-2}
转速	n	转每分	r/min	T^{-1}
角速度	ω	弧度每秒	rad/s	T^{-1}
切应力、压强	τ、p	帕斯卡(帕、巴)	Pa、bar	$ML^{-1}T^{-2}$
密度	ρ	千克每立方米	kg/m^3	ML^{-3}
比体积	V	立方米每千克	m^3/kg	L^3M^{-1}
体积膨胀系数	β_t	负一次方开	K^{-1}	
等温压缩率	β_p	每帕	Pa^{-1}	LT^2M^{-1}
体积模量	K	帕	Pa	$ML^{-1}T^{-2}$
气体常数	R_g	焦耳每千克开	J/(kg・K)	
比定压热容	C_p	焦耳每千克开	J/(kg・K)	
比定容热容	C_v	焦耳每千克开	J/(kg・K)	
动力黏度	μ	帕斯卡秒(帕秒)	Pa・s	$ML^{-1}T^{-1}$
运动黏度	ν	平方米每秒	m^2/s	L^2T^{-1}
恩氏度	$^\circ E_t$	恩氏度	$^\circ E$	

续表

常见物理量	符　号	单位名称(简称)	单位符号	量　纲
黏温指数	λ	每开	K^{-1}	1
黏压指数	α	每帕	Pa^{-1}	LT^2M^{-1}
速度梯度	C	每秒	s^{-1}	T^{-1}
表面张力系数	σ	牛顿每米	N/m	LT^{-2}
汽化压强	p_v	帕	Pa	$ML^{-1}T^{-2}$
单位质量力	a_m	米每二次方秒	m/s^2	LT^{-2}
单位质量力的投影	f_x、f_y、f_z	米每二次方秒	m/s^2	LT^{-2}
气体绝热指数	γ			1
压力体体积	V_F	立方米	m^3	L^3
对流层温度下降率	β	开每米	K/m	1/L
同温层温度	T_d	开	K	
汞柱高度	h	毫米	mm	L
水柱高度	h	米	m	L
惯性矩	I_m、I_c	四次方米	m^4	L^4
偏距	ε	米	m	L
管壁上的应力	σ	帕	Pa	$ML^{-1}T^{-2}$
机械效率	η			1
超高	Δh	米	m	L
物理量的质点导数	dN/dt			
体积流量	q	立方米每秒、升每分	m^3/s、L/min	L^3T^{-1}
质量流量	q_m	千克每秒	kg/s	MT^{-1}
净通量	q_v	立方米每秒、升每分	m^3/s、L/min	L^3T^{-1}
断面上的平均速度	v	米每秒	m/s	LT^{-1}
动能	E	焦耳(焦)	J	ML^2T^{-2}
动量	K	牛顿秒	N·s	MLT^{-1}
动能修正系数	α			1
动量修正系数	β			1
直线应变速度	θ	每秒	s^{-1}	T^{-1}
剪切变形角速度	ε	每秒	s^{-1}	T^{-1}

续表

常见物理量	符　号	单位名称(简称)	单位符号	量　纲
旋转角速度	ω	弧度每秒	rad/s	T^{-1}
水头损失	h_w	米	m	L
扬程	H	米	m	L
驻点压强	P_O	帕	Pa	$ML^{-1}T^{-2}$
流速系数	C_v			1
流量系数	C_d			1
管壁上的切应力	τ_0	帕	Pa	$ML^{-1}T^{-2}$
相似比例尺	δ			1
弗劳德数	Fr			1
欧拉数	Eu			1
雷诺数	Re			1
马赫数	Ma			1
无量纲数	π			1
沿程阻力系数	λ			1
局部阻力系数	ξ			1
绕流阻力系数	C_D			1
临界雷诺数	Re_c			1
水力直径	d_H	米	m	L
层流起始段长度	L	米	m	L
湍流时均速度	$\overline{u}$	米每秒	m/s	LT^{-1}
湍流脉动速度	u	米每秒	m/s	LT^{-1}
混合长度	l'	米	m	L
湍动黏度	μ	帕秒	Pa·s	$ML^{-1}T^{-1}$
黏性底层厚度	δ	米	m	L
绝对粗糙度	Δ	米	m	L
当量管长	L	米	m	L
当量阻力系数	ξ_e			
管路总阻力系数	ξ			
管路综合参数	K	二次方秒每五次方米	s^2/m^5	T^2L^{-5}

续表

常见物理量	符　号	单位名称(简称)	单位符号	量　纲
管材的弹性模量	E	帕	Pa	$ML^{-1}T^{-2}$
孔口收缩系数	C_v			
气穴系数	c			
空气分离压强	P_g	帕	Pa	$ML^{-1}T^{-2}$
无泄漏缝隙	δ_0	米	m	L
最佳缝隙	δ_b	米	m	L
偏心矩	e	米	m	L
相对偏心矩	ε			1
平板宽度	B、b	米	m	L
承载系数	k	牛顿每米	N/m	MT^{-2}
声速	c	米每秒	m/s	LT^{-1}
比焓	h	焦耳每千克	J/kg	L^2T^{-2}
质量热力学能	e	焦耳每千克	J/kg	L^2T^{-2}
滞止湿度	T_o	开	K	1
滞止压强	p_o	帕	Pa	$ML^{-1}T^{-2}$
临界声速	C^*	米每秒	m/s	LT^{-1}
临界压强	P^*	帕	Pa	$ML^{-1}T^{-2}$
临界密度	ρ^*	千克每立方米	kg/m^3	ML^{-3}
最大速度	u_{max}	米每秒	m/s	LT^{-1}

参考文献

[1] 张也影.流体力学[M].2版.北京:高等教育出版社,1999.

[2] 江宏俊.流体力学[M].北京:高等教育出版社,1985.

[3] 刘振侠.流体力学基础[M].北京:北京科学技术出版社,2022.

[4] 许贤良,王开松,孟利民.流体力学[M].2版.北京:国防工业出版社,2011.

[5] 曾亿山,郭永存.流体力学[M].2版.合肥:合肥工业大学出版社,2021.

[6] 于海明,邓杰文,周岭.流体力学[M].北京:机械工业出版社,2022.

[7] 韩占忠,王国玉.工程流体力学基础[M].北京:北京理工大学出版社,2012.

[8] 李伟锋,刘海峰,龚欣.工程流体力学[M].2版.上海:华东理工大学出版社,2016.

[9] 齐鄂荣,曾玉红.工程流体力学[M].2版.武汉:武汉大学出版社,2012.

[10] 董志勇.射流力学[M].北京:科学出版社,2005.

[11] 周亨达.工程流体力学[M].2版.北京:冶金工业出版社,1988.

[12] 林建忠,阮晓东,陈邦国,等.流体力学[M].北京:清华大学出版社,2005.